U0169016

理论力学
简明教程及案例解析

郭文晶　编著

湖南大学出版社
·长沙·

图书在版编目（CIP）数据

理论力学简明教程及案例解析／郭文晶编著．—长
沙：湖南大学出版社，2023.4
　　ISBN 978-7-5667-2869-2

Ⅰ.①理…　Ⅱ.①郭…　Ⅲ.①理论力学　Ⅳ.① O31

中国国家版本馆 CIP 数据核字 (2023) 第 038887 号

理论力学简明教程及案例解析

LILUN LIXUE JIANMING JIAOCHENG JI ANLI JIEXI

编　　著：郭文晶
责任编辑：黄　旺　张　毅
印　　装：天津中印联印务有限公司
开　　本：710 mm×1000 mm　1/16　**印张**:21　**字数**:320 千
版　　次：2023 年 4 月第 1 版　印次：2023 年 4 月第 1 次印刷
书　　号：ISBN 978-7-5667-2869-2
定　　价：66.00 元

出 版 人：李文邦
出版发行：湖南大学出版社
社　　址：湖南·长沙·岳麓山　邮编：410082
电　　话：0731-88822559（营销部）88649149（编辑室）88821006（出版部）
传　　真：0731-88822264（总编室）
电子邮箱：743220952@qq.com
网　　址：http://www.hnupress.com

前　言

　　理论力学是高等学校工科专业学生必修的专业基础课，目前国内的相关教材比较多，其中不乏可供不同专业学生学习参考的优秀经典教材。由于部分工科专业对理论力学等基础力学要求不是很高，力学课计划学时较少，目前适合这类专业学生使用的力学教材并不多。在课堂革命浪潮的推动下，教材的编写容易陷入"高大上"的误区，容易模糊特色专业与一般工科专业的界限，混淆应用型人才培养与研究型人才培养的区别。本书是作者在总结多年力学课程教学经验基础上编写的，突出"少而精"的编写理念，主要供高等学校工科非力学专业，且理论力学计划学时少于60学时的学生使用。

　　本书包括静力学、运动学、动力学三部分共十六章内容，涵盖了一般工科专业学生发展所需的理论力学的大部分内容，深入浅出，通俗易懂。为贴近工程实际，提高学生的学习兴趣和自主研究能力，拓展学生的知识面，本书编写了第十六章案例解析，三个案例既分别对应于静力学、运动学和动力学的相关理论，又是对常规分析思路的拓展，可以强化学生理论联系实际的工程思维，启发学生探索解决问题的新方法、新思路。每章开头的学习指南分别给出了本章的学习目标、学习重点和难点，帮助学生理清知识脉络，把握学习重难点。其中，学习目标涵盖了知识、能力、素质三个维度，为学生搭建学习架构，指明学习方向。每章内容穿插的视频动画与例题或案例相对应，形象直观，有助于读者理解书中相关知识点。

本书由郭文晶编著，沈英、周显波任副主编。绪论和第一、二、三章由郭文晶编写；第四章由黄凤晓编写；第五章由张忠君、刘铁军共同编写；第六章由姜东梅编写；第七章由王岩、潘春祥共同编写；第八、九、十章由沈英、戚晓艳、陈淑清共同编写；第十一、十二、十三章由周显波、袁长清、赵光共同编写；第十四章由刘金刚、赵晓东共同编写；第十五章由张维君、金大玮共同编写；第十六章由郭文晶、李学谦、王晓利、王露共同编写。本书配套的视频动画由沈英、王永垣、郭文晶制作完成。李伟、杨秀丽绘制了书中的插图。李香、范晓光编写了每章的学习指南。平冲、万众参与了文字校对工作。在本书撰写过程中，参考了国内的有关教材与文献，引用了其中的一些内容和实例，在此向所有原作者和同仁表示感谢！本书由郭文晶主持的一项科研重点项目资助出版，在此，编者向关心与支持本书出版的有关部门、专家和同事，表示衷心感谢！

限于编者水平，书中难免有不妥之处，敬请读者批评指正！

郭文晶

2022 年 9 月

目录
Contents

第一篇　静力学

第二篇　运动学

第三篇　动力学

扫码看动画

绪　论

一、理论力学的研究对象和内容

理论力学是研究物体机械运动一般规律的一门学科。

所谓机械运动，是指物体在空间的位置随时间而发生的变化。机械运动是最常见、最普遍的一种运动。物体的平衡是物体机械运动的特殊情况。宇宙间一切物质都在不停地运动。在客观世界中，存在着各种各样的物质运动。在多种多样的运动形式中，机械运动是最简单的一种。物质的各种运动形式在一定的条件下可能相互转化，任何比较复杂的物质运动形式总是与机械运动存在着或多或少的联系。

物体的机械运动都遵循某些一般规律，这些一般规律就是理论力学研究的对象。

理论力学属于以牛顿定律为基础的经典力学的范畴。近代物理学的发展说明了经典力学的局限性，经典力学仅适用于低速、宏观物体的运动。当物体的速度接近于光速时，其运动应当用相对论力学来研究；当物体的大小接近于微观粒子时，其运动应当用量子力学来研究；而对于速度远低于光速的宏观物体的运动，经典力学推得的结果具有足够的精确度。因此，一般工程中所遇到的大量力学问题，经典力学仍然是研究机械运动的既准确又方便的工具。

本书的内容包括以下三个部分：

静力学——研究物体在力系作用下的平衡规律，同时也研究力系的等效与简化的方法等。

运动学——研究物体机械运动的几何性质，而不涉及引起物体运动的原因。

动力学——研究物体机械运动与所受力之间的关系。

二、理论力学的研究方法

研究科学的过程，就是认识客观世界的过程。力学发展的历史表明，理论力学与任何一门科学一样，它的方法也遵循认识过程的客观规律。概括地说，理论力学的研究方法是从观察、实践和科学实验出发，经过分析、综合和归纳，总结出力学的最基本的概念和规律；在对事物观察和实验的基础上，经过抽象化建立起力学模型；并在建立力学模型的基础上，从基本规律出发，利用数学工具推理演绎，得出正确的具有物理意义和实用意义的结论和定理，从而将通过实践得来的大量感性认识上升为理性认识，构成力学理论；然后再回到实践过程中去验证理论的正确性，并在更高的水平上指导实践，同时从这个过程中获得新的材料，这些材料的积累又为力学理论的完善和发展奠定基础。

三、学习理论力学的目的

理论力学是现代工程技术的基础理论，在工程实际中得到了广泛的应用。各种机械、设备和结构的设计，机器的自动调节，机器和结构振动的研究，航空、航天技术等，都要以理论力学理论为基础。为了正确理解和利用航空及工程中出现的各种力学现象，也需要理论力学的知识。

理论力学是一门理论性较强的技术基础课。通过本课程的学习，我们要掌握物体机械运动的基本规律，为解决航空及工程实际问题打下一定的基础，并为学习飞行力学、空气动力学、流体力学、材料力学、机械原理等后继课程做好相应的知识储备。另外，充分的理解力学的研究方法，有助于学习其他基础理论，也有助于建立辩证唯物主义世界观，培养正确的分析问题和解决问题的能力。

第一篇
静力学

静力学是研究物体在力系作用下的平衡条件的科学。

在静力学中，我们将着重研究两个基本问题：力系的简化；力系的平衡条件及其应用。

所谓力系的简化就是用一个简单力系等效地替换一个复杂力系。在研究力系等效替换的问题时，物体并不一定处于平衡状态，我们可以暂不考虑物体的运动，而仅研究作用力的替换。例如，飞行中的飞机，受到升力、牵引力、重力、空气阻力等作用，这群力错综复杂地分布在飞机的各个部分，每个力都影响飞机的运动。要想确定飞机的运动规律，必须了解这群力的总的作用效果，这就需要用一个简单的等效力系来代替这群复杂的力，然后再进行运动分析。所以研究力系的简化是为了导出力系的平衡条件，同时也是为动力学研究提供基础。

所谓力系的平衡条件是物体平衡时，作用在物体上的各种力系所需满足的条件。力系的平衡条件是设计构件、结构和机械零件时进行静力计算的基础。由此可见，静力学在工程实际中有着广泛的应用。

第一章 静力学的基本概念与公理

学习指南 ┏

1.学习目标

（1）知识目标。能阐述理论力学在人才培养中的地位作用；说出理论力学的主要内容、研究对象和研究方法；解释静力学基本概念；阐述静力学公理及推论，并区分公理及推论的适用范围。解释约束、约束力、主动力的概念；说明工程中常见约束的类型；根据约束类型的特点和性质画出相应的约束力；对单个刚体和刚体系统进行受力分析，并熟练画出受力图。

（2）能力目标。建模能力、逻辑分析能力。将工程实际抽象为静力学模型，对静力学模型进行受力分析；知识迁移能力，力学语言表达能力。

（3）素质目标。学习理论力学的兴趣和热情。发散思维，探索精神；科学、严谨、细致、求真。

2.学习重点

（1）理论力学在人才培养中的地位作用。

（2）静力学公理和推论。

（3）工程中常见的约束及约束力。

（4）对单个刚体及简单刚体系统进行受力分析并画出受力图。

3.学习难点

（1）静力学公理和推论。

（2）分辨二力杆。

（3）应用三力平衡汇交定理对刚体进行受力分析。

（4）刚体系统的受力分析。

本章将介绍作为静力学理论基础的几个公理，并阐述在研究静力学时遇到的几个基本概念，最后介绍物体的受力分析和受力图。

第一节　静力学的基本概念

在静力学中，经常用到平衡、刚体和力这三个基本概念，下面分别加以阐述。

一、平衡的概念

所谓平衡，是指物体相对于地面保持静止或做匀速直线运动的状态。如建在地面上的楼房、桥梁，做匀速直线飞行的飞机等，都是处于平衡状态。平衡是物体运动的一种特殊形式。值得注意的是，运动是绝对的，而平衡则是相对的。建在地面上的楼房，它只是相对于地球处于静止状态，实际上楼房随地球在宇宙间以极高的速度在运动。

二、刚体的概念

所谓刚体，就是在任何情况下永远不变形的物体。这一特征表现为刚体内任意两点之间的距离始终不变。它是一个理想化的力学模型。实际物体在力的作用下，都会产生程度不同的变形。但是，这些微小的变形，不影响所研究问题的实质，就可以略去不计，这样可使问题的研究大为简化。这种撇开次要矛盾，抓住主要矛盾的作法是科学的抽象。当然，同一物体，在理论力学问题里被看作刚体，而在材料力学问题中，当需要了解作用力和变形之间的关系时，就要被看成是变形体。

在理论力学的静力学中，所研究的物体只限于刚体，故又称刚体静力学，它是研究变形体力学的基础。

三、力的概念

力是物体间相互的机械作用，这种作用使物体的机械运动状态发生变化。在理论力学中，并不探究力的物理来源，而仅研究力的表现，即力对于物体作用的效应。物体受到力的作用后，一方面改变了运动状态，同时也改变了物体的形状，即产生了变形。前者称为力的外效应，后者称为力的内效应。在理论力学中主要研究力的外效应。

实践表明，力对物体的作用效果决定于三个要素：力的大小；力的方向；力的作用点。

力是矢量，可以用一个矢量来表示力的三个要素，如图1-1所示。这矢量的长度（AB）按一定的比例尺表示力的大小，矢量的方向表示力的方向，矢量的始端（点A）或终端（点B）表示力的作用点。矢量$\overrightarrow{AB}$所沿着的直线表示力的作用线。以后书中以字母上方加箭头表示矢量，如$\vec{F}$等，并用相应的普通字母，如F表示力的大小，即矢量的模。

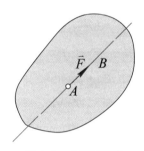

图1-1   力的三要素

为了测定力的大小，必须确定力的单位。在国际单位制（SI制）中，以"牛顿"作为力的单位，记作N。有时也以"千牛顿"作为单位，记作kN。

力系是指作用在物体上的一群力。力系有各种不同的类型，按照力系中各力的作用线是否在同一平面内来分，可将力系分为平面力系和空间力系两类；按照力系中各力的作用线是否相交来分，力系又可分为汇交力系、平行力系和任意力系三类。

若物体在某力系的作用下保持平衡，则称这个力系为平衡力系。若两力系分别作用于同一物体而效应相同时，则这两力系称为等效力系。若力系与一力等效，则此力就称为该力系的合力，而力系中的各力，则称为此合力的分力。把各分力代换成合力的过程，称为力系的合成；把合力代换成几个分力的过程，则称为力的分解。

第二节　静力学公理

公理是人们经过长期的生产实践得到的经验总结，又经过实践的反复检验；不可能用更简单的原理去代替，也无需证明而为大家所公认的道理。静力学公理是关于力的基本性质的概括和总结，是静力学全部理论的基础。

公理1（二力平衡公理）　作用在刚体上的两个力，使刚体处于平衡的必要和充分条件是：这两个力的大小相等，方向相反，且在同一直线上。对于刚体而言，这个条件是必要与充分的，图1-2表示了满足公理1的两种情况。但对于非刚体，这个条件是不充分的。

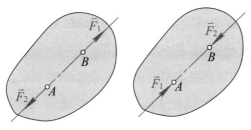

图1-2　二力平衡公理

工程上遇到的只受两个力作用而平衡的构件，称为二力构件或二力杆。根据公理1，二力杆上两个力必沿两个力作用点的连线。

公理2（加减平衡力系公理）　在已知力系上加上或减去任意的平衡力系，并不改变原力系对刚体的作用。这就是说，如果两个力系只相差一个或几个平衡力系，则它们对刚体的作用是相同的，因此可以等效替换。

这个公理对于研究力系的简化问题很重要。

推论1（力的可传性）　作用于刚体上某点的力，可以沿着它的作用线移到刚体内任意一点，并不改变该力对刚体的作用。

证明　设有一力 $\vec{F}$ 作用于刚体的 A 点，如图1-3（a）所示，在其作用线上任取一点 B，并在 B 点添加一对相互平衡的力 $\vec{F_1}$ 和 $\vec{F_2}$，且令 $\vec{F_1} = -\vec{F_2} = \vec{F}$，由公理2可知，这不影响原来的力 $\vec{F}$ 对刚体的效应，见图1-3（b）。根据公理1得知 $\vec{F}$ 与 $\vec{F_2}$ 相互平衡，再由公理2减去这两个力，这样只剩下一个力 $\vec{F_1}$，见

图 1-3（c）。显然它与原来作用于 A 点的力 $\vec{F}$ 等效。可见，力可沿其作用线在刚体内任意移动，而不改变它对刚体的效应。力的这种性质称为力的可传性。

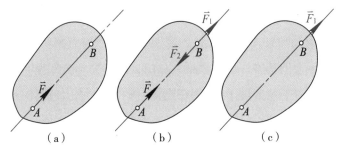

图 1-3　力的可传性

作用于刚体上的力矢可以沿着作用线移动，这种矢量称为滑动矢量。

公理3（力的平行四边形法则）　作用在物体上同一点的两个力，可以合成为一个合力。合力的作用点也在该点，合力的大小和方向由这两个力为边构成的平行四边形的对角线确定。该法则指出，两个力合成不能简单地求算术和，而要用平行四边形法则求几何和，即矢量和，它是力系简化的基础。如图 1-4（a）所示，设在物体的 A 点作用有力 $\vec{F_1}$ 和 $\vec{F_2}$，若以 $\vec{F_R}$ 表示它们的合力，则可写成矢量表达式，即

$$\vec{F}_{R} = \vec{F}_{1} + \vec{F}_{2}$$

式中，"+"号表示按矢量相加，即按平行四边形法则相加（合成）。

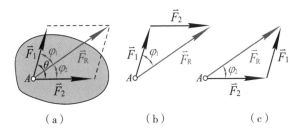

图 1-4　力的平行四边形法则

求合力的大小及方向也可不必作出整个平行四边形，见图 1-4（b），在点 A 画出 $\vec{F_1}$ 后再以力矢 $\vec{F_1}$ 的末端 B 作为力矢 $\vec{F_2}$ 的始端画出 $\vec{F_2}$，则矢量 AD 就是合力矢 $\vec{F_R}$。分力矢和合力矢所构成的三角形 ABD 称为力三角形，这种求合

力的方法称为力的三角形法则。如果先画 $\vec{F}_2$，后画 $\vec{F}_1$，见图 1–4（c），同样可得合力矢 $\vec{F}_R$。这说明合力矢与两分力矢的作图先后次序无关。

反过来，也可以根据这个公理将一力分解为作用于同一点的两个分力。由于用同一对角线可以作出无穷多个不同的平行四边形，所以如不附加其他条件，一个力分解为相交的两个分力可以有无穷多解。在实际问题中，通常遇到的是把一个力分解为方向已知的两个分力，特别是分解为方向相互垂直的两个力，这种分解称为正交分解，所得的两个分力称为正交分力。

推论2（三力平衡汇交定理）　作用于刚体上三个相互平衡的力，若其中两个力的作用线汇交于一点，则此三力必在同一平面内，且第三个力的作用线通过汇交点。

证明　如图 1–5 所示，在刚体的 A、B、C 三点上，分别作用三个相互平衡的力 $\vec{F}_1$、$\vec{F}_2$、$\vec{F}_3$。根据力的可传性，将力 $\vec{F}_1$ 和 $\vec{F}_2$ 移到汇交点 O，然后根据力的平行四边形法则，得合力 $\vec{F}_R$，则力 $\vec{F}_3$ 应与 $\vec{F}_R$ 平衡。由于两个力平衡必共线，所以力 $\vec{F}_3$ 必定与力 $\vec{F}_1$ 和 $\vec{F}_2$ 共面，且通过力 $\vec{F}_1$ 与 $\vec{F}_2$ 的交点 O。定理得证。

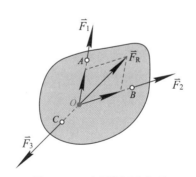

图 1–5　三力平衡汇交定理

以后常用三力平衡汇交定理来确定第三个力的作用线方位。

公理4（作用与反作用定律）　作用力和反作用力总是同时存在，两力的大小相等、方向相反、沿着同一直线，分别作用在两个相互作用的物体上。

这个公理指出，力总是成对出现的，有作用力必然有反作用力。它是分析物体受力时必须遵循的原则，尤其是在同时分析多个物体的受力情况时，相当重要。

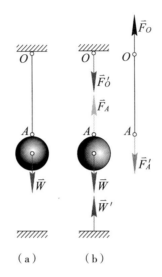

图 1-6　作用力与反作用力和二力平衡的区别

必须注意，作用力与反作用力是分别作用在两个物体上的，因此不要错误地与公理 1 混淆。例如，图 1-6（a）所示，绳子 OA 下端系一球，其重力为 $\vec{W}$，上端固定在顶板上，绳重略去不计。现分别研究球、绳子和顶板所受的力，如图 1-6（b），球受到地球的引力，即它的重力 $\vec{W}$，此力作用在球的重心上，球被绳子系住不能下落，绳对球作用一向上的拉力 $\vec{F}_A$，其作用点为 A。绳子的 A 端受到球向下的拉力 $\vec{F}_A'$，但其 O 端固定在顶板上，它受到顶板向上的拉力 $\vec{F}_O$。顶板上 O 点受到绳向下的拉力 $\vec{F}_O'$。地球的中心受到球对它的引力 $\vec{W}'$。

可以看出，$\vec{F}_A$ 和 $\vec{F}_A'$ 是分别作用在球和绳子上的作用力和反作用力，$\vec{F}_O$ 和 $\vec{F}_O'$ 是分别作用在顶板和绳子上的作用力和反作用力，$\vec{W}$ 和 $\vec{W}'$ 是分别作用在球和地球上的作用力和反作用力。它们都是成对出现的，"谁"对"谁"作用，作用在"哪个"物体上，必须要分清。千万不要把 $\vec{F}_O$ 和 $\vec{F}_A'$，$\vec{F}_A$ 和 $\vec{W}$ 当成是作用力和反作用力，它们属于二力平衡中的一对力。

公理 5（刚化公理）　变形体在某一力系作用下处于平衡，如将此变形体刚化为刚体，则平衡状态保持不变。

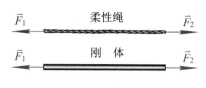

图 1-7　刚化公理

这个公理提供了把变形体抽象成刚体模型的条件。如图 1-7 所示，变形体绳索在等值、反向、共线的两个拉力作用下处于平衡，如将绳索刚化成刚体，则平衡状态保持不变。而绳索在两个等值、反向、共线的压力作用下则不能平衡，这时绳索就不能刚化为刚体。但刚体在上述两种力系的作用下都是平衡的。

由此可见，刚体的平衡条件是变形体平衡的必要条件，而非充分条件。在刚体静力学的基础上，考虑变形体的特性，可进一步研究变形体的平衡问题。

第三节　约束和约束反力

有些物体，例如飞行的飞机、火箭和人造卫星等，它们在空间的位移不受任何限制。位移不受限制的物体称为自由体。而有些物体，例如机车、钢索上悬挂的重物和停在跑道上的飞机等，它们在空间位移都受到一定的限制。如机车受铁轨的限制，只能沿轨道运动；重物受钢索的限制，不能下落；跑道限制飞机不能下沉等。位移受到限制的物体称为非自由体。对非自由体的某些位移起限制作用的周围物体称为约束。例如，铁轨对于机车，钢索对于重物，跑道对于飞机等都是约束。

当物体受到约束作用时，约束阻碍、限制着物体的自由运动，改变了物体的运动状态。物体与约束之间相互作用着力。约束给予物体的作用力称为约束反力，简称反力或约束力，它属于被动力。约束反力的作用点在约束与物体的相互接触处，约束反力的方向总是与该约束所能阻止的运动方向相反，这是确定约束反力方向的准则。应用这个准则，可以确定约束反力的方向或作用线位置。至于约束反力的大小总是未知的。在静力学中，约束反力和物体受到的主动力（除约束反力以外的力）组成平衡力系，而主动力往往是给定的或可测的，因此，约束反力的大小可用平衡条件求出。

下面介绍几种在工程实际中常遇到的简单的约束类型和确定约束反力的方法。

一、光滑接触面（线）约束

忽略摩擦，接触表面视为理想光滑的。这类约束的特点是不论支承接触表面的形状如何，不能承受拉力，只能承受压力；不能限制物体沿约束表面切线的位移，只能阻止物体沿接触表面法线并向约束内部位移。所以光滑接触面（线）对物体的约束反力，作用在接触处，方向沿着接触表面的公法线，并指向受力物体。这种约束反力称为法向反力，通常用 $\vec{F}_N$ 表示，见图 1-8。凡只能阻止物体沿某一方向运动而不能阻止物体沿相反方向运动的约束称为单面约束；否则称为双面约束。图 1-8（a）（b）为单面约束，而图 1-8（c）的 B 处为双面约束。

扫码看动画

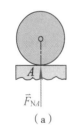

（a）

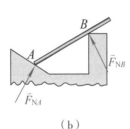

（b）

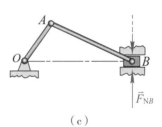

（c）

图 1-8　光滑接触面（线）约束

需要说明，若接触处面积很小，则约束反力可视为集中力，如钢板对钢球的反力，接触点和接触处的公法线可以预先确定，因而这种反力的方向也可以预先确定。在图 1-8（c）中，由于滑槽在上下两面限制滑块构成一双面约束，若不能肯定滑槽的哪一面限制滑块的运动，则反力 $\vec{F}_{NB}$ 的指向可假设，最后由平衡条件确定。

二、柔性体约束

忽略刚性，不计重量，视为绝对柔软。属于这类约束的有绳索、胶带、链条等。这类约束的特点是只能承受拉力，不能承受压力和弯曲，只能限制物体沿着柔性体伸长的方向运动。所以柔性体的约束反力只能是拉力，作用在连接点或假想截割处，方向沿着柔性体的轴线而背离物体。通常用 $\vec{F}$ 或 $\vec{F}_T$ 表示这类约束反力，如图 1-9。柔性体约束为单面约束。

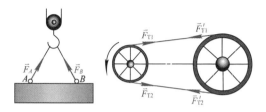

扫码看动画

图 1-9　柔性体约束

三、光滑铰链约束

光滑铰链约束，是由圆柱销插入两构件的圆柱孔构成，忽略摩擦及销和孔的余隙。它在工程中常有以下四种形式。

（一）圆柱形铰链约束

两个构件被钻上同样大小的孔并用圆柱销连接起来，这种约束称为圆柱形铰链约束。这类约束工程上比较常见，如图 1-8 中曲柄与连杆之间和连杆与滑块之间的连接等。此类约束示意图见图 1-10（a），简图表示如图 1-10（b）。这类约束的特点是只能限制物体的任意径向移动，不能限制物体绕圆柱销轴线的转动和平行于圆柱销轴线的移动。由于圆柱销与圆柱孔之间光滑接触，因此，约束反力总是沿着接触线上的一点到圆柱销中心的连线且垂直于轴线，如图 1-10 所示。因为接触的位置不能预先确定，因而约束反力的方向也不能预先确定。所以，光滑圆柱铰链约束的反力只能是压力，在垂直于圆柱销轴线的平面内，通过圆柱销中心，方向不定。在分析计算时，可简化为沿坐标轴正方向且作用于圆柱孔中心的两个分力 $\vec{F}_{Ax}$、$\vec{F}_{Ay}$，见图 1-10（c）。

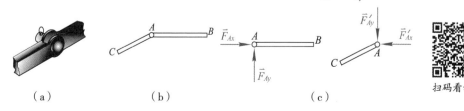

（a）　　　　　　　　（b）　　　　　　　　　　（c）

扫码看动画

图 1-10　圆柱形铰链约束

当圆柱销连接几个构件时，连接处称为铰结点。顺便指出，圆柱铰链虽由三个构件组成，但也可把圆柱销看作固连于其余两个物体中的某一个，这样，就简化成只有两个构件的结构，这并不影响约束反力的特征。

（二）固定铰链支座

两个构件用圆柱销钉连接，其中一个构件固定在地面或机器上，这种约束称为固定铰链支座，简称铰支座。此类约束示意图见图 1-11（a），简图表示为图 1-11（b）。这种支座约束的特点是物体只能绕铰链轴线转动而不能发生垂直于铰轴的任何移动。所以，铰支座约束的反力在垂直于圆柱销轴线的平面内，通过圆柱销中心，方向不定。与圆柱铰链约束相似，通常也表示为相互垂直的两个分力 $\vec{F}_{Ax}$、$\vec{F}_{Ay}$，如图 1-11（c）。

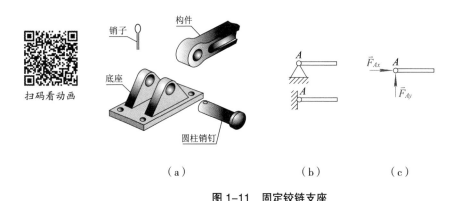

扫码看动画

（a）　　　　　　　　（b）　　　　　　　　（c）

图 1-11　固定铰链支座

（三）可动铰链支座

在铰支座的底座与支承面之间装上辊轴（滚柱），就成为可动铰链支座，或称为辊轴支座，如图 1-12（a），简图表示为图 1-12（b）。如略去摩擦，该约束的特点是只能阻止物体沿垂直于支承面方向的运动，而不能限制物体沿支承面的运动，所以可动铰链支座约束的反力应垂直于支承面，通过圆柱销中心，通常为压力，用字母 $\vec{F}_N$ 表示，如图 1-12（c）。

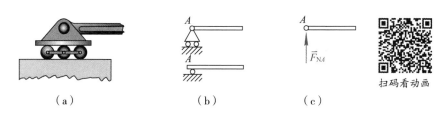

扫码看动画

（a）　　　　　　　（b）　　　　　　　（c）

图 1-12　可动铰链支座

（四）向心轴承

图 1-13（a）所示为轴承装置，可画成如图 1-13（b）所示的简图。轴可在孔内任意转动，也可沿孔的中心线移动；但是，轴承阻碍着轴沿径向向外的位移。设轴和轴承在点 A 接触，且摩擦忽略不计，则轴承对轴的约束反力 $\vec{F}_A$ 作用在接触点 A，沿公法线且指向轴心，见图 1-13（b）。

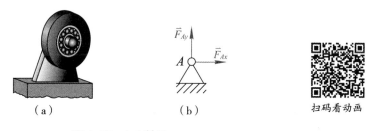

扫码看动画

（a）　　　　　　　　　　（b）

图 1-13　向心轴承

但是，随着轴所受的主动力不同，轴和孔的接触点的位置也随之不同。所以，当主动力尚未确定时，约束反力的方向预先不能确定。然而，无论约束反力朝向何方，它的作用线必垂直于轴线并通过轴心。通常把这样一个方向不能预先确定的约束反力，用通过轴心的两个大小未知的正交分力 $\vec{F}_{Ax}$、$\vec{F}_{Ay}$ 来表示，如图 1-13（b）所示。

以上只介绍了几种简单约束，在工程实际中，约束的类型远不止这些，将在适当的地方加以介绍。

第四节　受力分析和受力图

在解决力学问题时，首先要选定需要进行研究的物体，即确定研究对象；然后再考察分析它的受力情况，这个过程称为受力分析。把研究对象从周围物体中分离出来，解除其全部约束，孤立地画出其简图，这种被解除了约束的物体称为分离体。将作用于该分离体的所有的主动力和约束反力以力矢表示在简图上，这种图形称为分离体的受力图。

画受力图，可概括为以下几个步骤：

①确定研究对象。根据问题的已知条件和题意要求，确定研究对象，画出分离体简图。

②明确研究对象受到的作用力。先画主动力，再画约束反力。约束反力的方向要根据约束类型及其特性定出，这是关键。

③有时要根据二力平衡共线、三力平衡汇交等平衡条件，确定某些约束反力的指向或作用线方位。

例1-1　绞车通过钢丝绳牵引重为 W 的矿车沿光滑斜面轨道运动，如图1-14（a）所示。画出矿车的受力图。

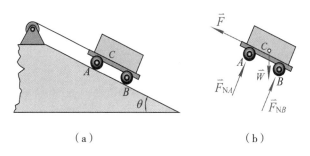

（a）　　　　　　　　　　　　（b）

图1-14　矿车受力分析

解　取矿车为研究对象。将矿车从钢丝绳和斜面钢轨的约束中分离出来，画出其轮廓简图。作用于矿车上的主动力只有重力 $\vec{W}$ ，铅垂向下。矿车所受的约束反力有：钢丝绳是柔性体约束，它给车的拉力 $\vec{F}$ ，方向沿绳中心线背离矿车；斜面轨道是光滑接触面约束，它给车的约束反力 $\vec{F}_{NA}$ 、 $\vec{F}_{NB}$ ，方向沿轨道法线方向指向矿车。受力如图1-14（b）所示。

例1-2　水平梁 AB 两端用铰支座和可动铰支座支承，如图1-15（a），在 C 处作用一集中载荷 $\vec{F}$ ，梁重不计，画出梁 AB 的受力图。

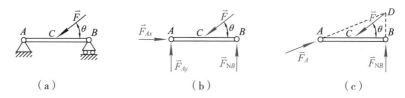

图 1-15 简支梁受力分析

解 取梁 AB 为研究对象。将梁 AB 从两支座中分离出来，画出分离体图。作用于梁上的主动力为集中载荷 $\vec{F}$；B 端可动铰支座的反力 $\vec{F}_{NB}$ 垂直于支承面铅垂向上，A 端铰支座的反力用通过 A 点的相互垂直的两个分力 $\vec{F}_{Ax}$、$\vec{F}_{Ay}$ 表示。受力如图 1-15（b）所示。因 AB 梁受三个力作用而平衡，且有两个力方向已知。根据三力平衡汇交定理，可确定 A 点约束反力的方向。已知力 $\vec{F}$ 和 $\vec{F}_{NB}$ 相交于 D 点，A 点约束反力 $\vec{F}_A$ 也必交于 D 点，即 $\vec{F}_A$ 沿 A、D 两点连线。因此受力图也可画成如图 1-15（c）。

顺便指出，一端用铰支座，而另一端用可动铰支座的这种支承方式称为简支，受这样约束的梁则称为简支梁。

例 1-3 简易起重架如图 1-16（a）所示，A、C、D 三处都是圆柱铰，被吊起的重物重为 W，绳端拉力为 $\vec{F}$，不计自重，画出下列各研究对象的受力图：（1）重物连同滑轮 B；（2）斜杆 CD；（3）横梁 AB；（4）整体。

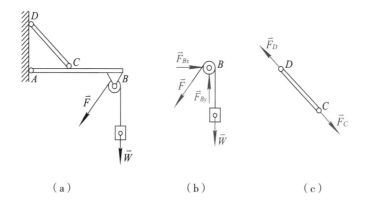

（a）　　　　　　（b）　　　　　　（c）

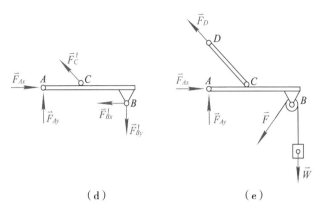

（d）　　　　　　　　　　（e）

图 1-16　简易起重架受力分析

解 （1）重物连同滑轮 B。作用力有重力 $\vec{W}$，拉力 $\vec{F}$，滑轮轴相当圆柱铰，其约束反力用通过滑轮轴中心的相互垂直的两个分力 $\vec{F}_{Bx}$、$\vec{F}_{By}$ 表示，见图 1-16（b）。

（2）斜杆 CD。CD 杆自重不计，只在两端受约束反力，为二力杆。因此 $\vec{F}_{C}$、$\vec{F}_{D}$ 必沿 C、D 两点连线，力的指向通常由假设杆受拉而定，见图 1-16（c）。

（3）横梁 AB。梁 AB 上有三处约束。A 端受铰支座的约束反力，以通过 A 点的 $\vec{F}_{Ax}$、$\vec{F}_{Ay}$ 表示；C 处受斜杆 CD 的约束反力 $\vec{F}_{C}'$，它与 $\vec{F}_{C}$ 是作用力与反作用力的关系；B 端受滑轮作用于滑轮轴的力，它与力 $\vec{F}_{Bx}$、$\vec{F}_{By}$ 也为作用力与反作用力的关系，以 $\vec{F}_{Bx}'$、$\vec{F}_{By}'$ 表示，如图 1-16（d）。

（4）整体。作用于整体这个研究对象上的已知力为重力 $\vec{W}$、拉力 $\vec{F}$、约束反力为 $\vec{F}_{Ax}$、$\vec{F}_{Ay}$，D 处的约束反力为 $\vec{F}_{D}$。一定注意，C 铰与 B 铰处的约束反力都是成对地作用在整个系统内，故称为内力。内力对系统的作用效果相互抵消，因此，在受力图上不画，如图 1-16（e）。

正确地画出物体的受力图，是分析、解决力学问题的基础。画受力图时必须注意以下几点：

①必须明确研究对象。根据解题的需要，可以取单个物体为研究对象，也可以取由几个物体组成的系统为研究对象。不同的研究对象的受力图是不同的。

②正确地确定研究对象所受的力，不能多画，也不能漏画。每画一个力要有依据。

③正确画出约束反力。约束反力的方向必须严格按照约束的类型来画，不能靠主观猜测或者根据主动力的方向来简单地推想约束反力的方向。

④物体间的相互约束力在拆开分别画时，要符合作用与反作用定律。当画整个系统的受力图时，由于内力成对出现，组成平衡力系，因此不画。

👍 本章小结

1. 平衡、刚体、力以及约束是静力学的基本概念。平衡是指相对于地面的静止或匀速直线运动。刚体是不变形的物体，它是一种抽象的力学模型。力是物体间相互的机械作用。力对物体有两种效应：外效应（运动效应）和内效应（变形效应），理论力学只研究外效应（运动效应）。作用于刚体上的力是滑动矢量。约束是限制非自由体某些位移的周围物体。

2. 静力学的公理是静力学理论的基础。

3. 掌握常见的约束类型及其约束反力的画法，为正确地画出受力图奠定了基础。

4. 取分离体，并对其正确地进行受力分析，画出受力图，是解决力学问题的关键步骤。

5. 静力学研究两个基本问题：力系的简化；力系的平衡条件及其应用。

第二章 平面汇交力系

学习指南

1.学习目标

（1）知识目标。计算力在坐标轴上的投影；能够阐述力在坐标轴上的投影和力沿坐标轴的分解的本质区别和联系；说明平面汇交力系的简化过程和结果；解释合力投影定理；应用平面汇交力系平衡方程求解平衡问题。

（2）能力目标。对平面汇交力系定性分析和定量计算的能力。

（3）素质目标。精益求精，活学活用。

2.学习重点

（1）平面汇交力系的简化结果。

（2）平面汇交力系平衡方程的应用。

3.学习难点

平面汇交力系平衡方程的应用。

本章将研究平面汇交力系的合成与平衡问题。所谓平面汇交力系，就是各力的作用线位于同一平面且汇交于一点的力系。研究平面汇交力系一方面能够解决工程中关于这类力系的静力学问题；另一方面也为研究更复杂的力系打下基础。

下面分别用几何法和解析法研究平面汇交力系的合成与平衡问题。

第一节　平面汇交力系的合成与平衡——几何法

一、平面汇交力系合成的几何法

设有作用在刚体上且汇交于同一点 A 的四个力 $\vec{F_1}$、$\vec{F_2}$、$\vec{F_3}$ 和 $\vec{F_4}$，见图 2-1（a）。按力的可传性，将各力的作用点沿其作用线滑移至汇交点 A，然后连续应用力的三角形法则将各力依次合成，就是从任一点 a 按一定的比例尺作 $\overline{ab}$ 表示力矢 $\vec{F_1}$，在其末端 b 作 $\overline{bc}$ 表示力矢 $\vec{F_2}$，则虚线 $\overline{ac}$ 表示力矢 $\vec{F_1}$ 与 $\vec{F_2}$ 的合力矢 $\vec{F}_{R1}$，接着再作 $\overline{cd}$ 表示力矢 $\vec{F_3}$，则虚线 $\overline{ad}$ 表示力矢 $\vec{F}_{R1}$ 与 $\vec{F_3}$ 的合力矢 $\vec{F}_{R2}$，最后作 $\overline{de}$ 表示力矢 $\vec{F_4}$，则 $\overline{ae}$ 表示力矢 $\vec{F}_{R2}$ 与 $\vec{F_4}$ 的合力矢，也就是力矢 $\vec{F_1}$、$\vec{F_2}$、$\vec{F_3}$ 和 $\vec{F_4}$ 的合力矢 $\vec{F}_R$，其大小和方向可由图 2-1 确定。合力矢 $\vec{F}_R$ 的作用线显然通过汇交点 A。为简化作图，在作图时 $\vec{F}_{R1}$ 和 $\vec{F}_{R2}$ 可不画出，只要把各力矢首尾相接，最后由第一个力矢 $\vec{F_1}$ 的起点 a 向最末一个力矢 $\vec{F_4}$ 的终点 e 作 $\overline{ae}$ 即得合力矢 $\vec{F}_R$。

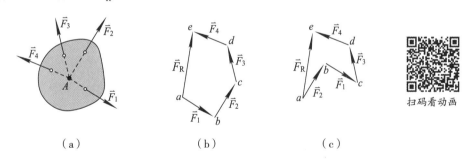

（a）　　　　　　　（b）　　　　　　　（c）

扫码看动画

图 2-1　平面汇交力系合成的几何法

各力矢与合力矢构成的多边形称为力多边形，表示合力矢的边 $\overline{ae}$ 称为力多边形的封闭边。用力多边形求合力 $\vec{F}_R$ 的几何作图规则称为力的多边形法则，即几何法。图 2-1（a）称位置图，表示各力的作用位置；图 2-1（b）（c）称力矢图，表示各力矢的大小及方向，但不能表示其作用位置。在画力矢图时，各分力矢一定要首尾相接，按作图的先后顺序，第一个力矢的终点即为第二个力矢的起点等等。合力矢就是力多边形的封闭边。若各力合成的次序不同，则所得到的力矢图的形状显然各不相同，但所得的合力矢 $\vec{F}_R$ 则完全相同。由此可知，合力矢 $\vec{F}_R$ 与各分力矢的作图次序无关。

上述方法推广到由 n 个力组成的平面汇交力系的情况，可得如下结论：平面汇交力系的合成结果是一个力，力的作用线通过力系的汇交点，其大小及方向可由力多边形的封闭边来表示，即等于各力矢的矢量和（几何和）。用矢量式表示为

$$\vec{F}_R = \vec{F}_1 + \vec{F}_2 + \cdots + \vec{F}_n = \sum \vec{F} \tag{2-1}$$

二、平面汇交力系平衡的几何法

设物体在 A 点受到由四个力组成的平面汇交力系的作用而处于平衡，见图 2-2（a）。

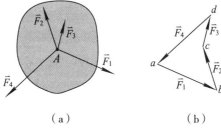

（a） （b）

图 2-2　平面汇交力系平衡的几何法

我们用力多边形法则，作力矢图，见图 2-2（b）。由作图可知，在力矢图中，各力矢首尾相接，即第一个力矢 $\vec{F}_1$ 的起点 a 恰好是最末一个力矢 $\vec{F}_4$ 的终点，可见合力矢为零，也就是原力系的合力等于零。由此得出，平面汇交力系平衡的必要与充分的几何条件是：力多边形自行封闭，或者说各力矢的矢量和等于零。以矢量式表示为

$$\vec{F}_R = 0 \quad 或 \quad \sum \vec{F} = 0 \tag{2-2}$$

用几何法求合成与平衡问题时，可用图解也可应用几何关系求解。图解的精确度取决于作图的精确度，因此要注意选取适当的比例尺，并认真作图。应用平面汇交力系平衡的几何条件，根据矢序规则和自行封闭的特点可以求解两个未知量。

例 2-1　门式刚架如图 2-3（a）所示，在 B 点受一水平力 $F = 20$ kN，不计刚架自重，求支座 A、D 的约束反力。

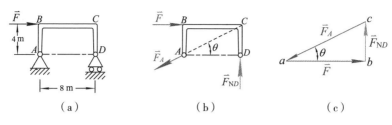

图 2-3　门式刚架受力分析

解　（1）取刚架为研究对象。

（2）取分离体，画受力图，分析刚架受力情况。作用在刚架上的力有：主动力 $\vec{F}$ 水平向右；可动铰支座 D 的约束反力 $\vec{F}_{ND}$ 通过 D 点垂直于支承面指向朝上；根据三力平衡汇交定理，力 $\vec{F}$ 与 $\vec{F}_{ND}$ 相交于 C 点，所以固定铰支座 A 的约束反力 $\vec{F}_A$ 必沿 A、C 连线方向。受力如图 2-3（b）所示。

（3）选取适当的比例尺，自 a 点先作大小、方向均已知的力矢 $\vec{F}$，再根据 $\vec{F}_{ND}$ 和 $\vec{F}_A$ 的方位作自行封闭的力三角形 abc，两约束反力的指向按矢序规则确定，如图 2-3（c）所示。量得

$$F_{ND} = bc = 10 \text{ kN}$$

$$F_A = ca = 22.5 \text{ kN}$$

$$\theta = 26.5°$$

或由于三角形 abc 与三角形 ADC 相似，故

$$\frac{F}{AD} = \frac{F_{ND}}{DC} = \frac{F_A}{CA}$$

已知 $AD = 8 \text{ m}$，$DC = 4 \text{ m}$，$CA = \sqrt{8^2 + 4^2} = 4\sqrt{5} \text{ m}$，因此可以算得

$$F_{ND} = DC \times \frac{F}{AD} = 10 \text{ kN}$$

$$F_A = CA \times \frac{F}{AD} = 22.4 \text{ kN}$$

$$\tan \theta = \frac{1}{2}, \quad \theta = 26.56°$$

例 2-2　提升绞车具有棘轮插爪构成的止逆装置，见图 2-4（a）。已知提升重量 $W=500$ N，图中尺寸 $d_1=42$ cm，$d_2=24$ cm，$a=12$ cm，$h=5$ cm，求插爪

及轴承所受的压力。

解 （1）取整个提升系统为研究对象。

（2）取分离体，画受力图。作用于系统上的力有重力 $\vec{W}$，插爪的反力 $\vec{F}_B$ 及轴承的反力 $\vec{F}_O$。不计自重则插爪为二力构件，所以反力 $\vec{F}_B$ 沿 A、B 两点连线。根据三力平衡汇交定理，力 $\vec{W}$ 与 $\vec{F}_B$ 相交于 A 点，所以力 $\vec{F}_O$ 沿 O、A 两点连线。受力图如图 2-4（b）。

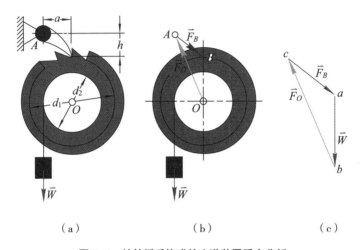

（a）　　　　　（b）　　　　　（c）

图 2-4　棘轮插爪构成的止逆装置受力分析

（3）选取适当比例尺，自 a 点作自行封闭的力三角形 abc（此题为平面汇交力系的平衡问题），见图 2-4（c）。量得

$$F_O = bc = 680\ \text{N}$$

$$F_B = ca = 310\ \text{N}$$

所求插爪及轴承所受的力与它们对于系统的反力 $\vec{F}_B$ 及 $\vec{F}_O$ 大小相等，方向相反，均为压力。

第二节　力在坐标轴上的投影·合力投影定理

一、力在坐标轴上的投影

设力 $\vec{F}$ 作用于 A 点，如图 2-5 所示。在力 $\vec{F}$ 作用线所在平面内任取直角

坐标系 Oxy ，从力矢 $\vec{F}$ 的两端 A 和 B 分别向 x 轴作垂线，垂足 a_1、b_1 分别称为点 A 及 B 在 x 轴上的投影，而冠以相应正负号的线段 a_1b_1 称为力 $\vec{F}$ 在 x 轴上的投影，以 F_x 表示。同理，从力矢 $\vec{F}$ 的两端 A 和 B 分别向 y 轴作垂线，则冠以相应正负号的线段 a_2b_2 称为力 $\vec{F}$ 在 y 轴上的投影，以 F_y 表示。矢量 $\vec{F}$ 在轴上的投影不再是矢量而是代数量，并规定投影的指向与轴的正向相同为正值，反之为负值。

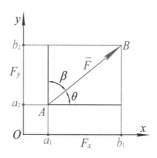

图2-5 力在直角坐标系坐标轴上的投影

投影与力的大小及方向有关。设力 $\vec{F}$ 与坐标轴正向间的夹角分别为 θ 及 β ，则由图 2-5 可知

$$F_x = F\cos\theta$$
$$F_y = F\cos\beta \tag{2-3}$$

即力在某轴上的投影等于力的大小乘以力与该轴的正向间夹角的余弦。当夹角是锐角时，投影为正值，当夹角为钝角时，投影为负值。

反之，若已知力 $\vec{F}$ 在坐标轴上的投影 F_x 和 F_y ，则该力的大小和方向余弦为

$$\left. \begin{array}{l} F = \sqrt{(F_x)^2 + (F_y)^2} \\ \cos\theta = \dfrac{F_x}{F}, \cos\beta = \dfrac{F_y}{F} \end{array} \right\} \tag{2-4}$$

值得注意的是，力的投影和力的分量是两个不同的概念。力的投影是代数量，由力矢 $\vec{F}$ 可确定其投影 F_x 和 F_y ，但是由投影只可确定力的大小和方向，不能确定力矢 $\vec{F}$ 的作用位置；而力矢 $\vec{F}$ 的分量是矢量，由分量完全能确定力 $\vec{F}$ 的三要素。

由图 2-6（a）可以看出，在非直角坐标系中，力 $\vec{F}$ 沿两个相互不垂直的坐标轴的分力 $\vec{F}_x$、$\vec{F}_y$，在数值上不等于力 $\vec{F}$ 在两坐标轴上的投影 F_x、F_y。

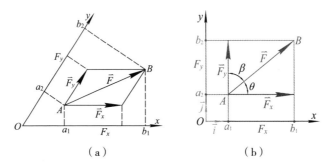

（a）　　　　　　　　　（b）

图 2-6　力沿非直角坐标系和直角坐标系坐标轴的分力和投影

由图 2-6（b）可以看出，在直角坐标系中，力 $\vec{F}$ 沿直角坐标轴 Ox、Oy 分解为 $\vec{F}_x$、$\vec{F}_y$ 两个分力时，这两个分力的大小分别等于力 $\vec{F}$ 在两轴上的投影 F_x、F_y 的绝对值。因此力 $\vec{F}$ 沿平面直角坐标轴分解的表达式为

$$\vec{F} = \vec{F}_x + \vec{F}_y = F_x\vec{i} + F_y\vec{j} \qquad (2-5)$$

式中，$\vec{i}$、$\vec{j}$ 为沿坐标轴 x 及 y 正向的单位矢量。

二、合力投影定理

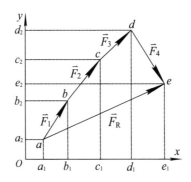

图 2-7　合力投影定理

合力投影定理建立了合力的投影与分力的投影之间的关系。图 2-7 表示平面汇交力系的各力矢 $\vec{F}_1$、$\vec{F}_2$、$\vec{F}_3$、$\vec{F}_4$ 及合力矢 $\vec{F}_R$ 组成的力多边形。将力多边形中的各力矢分别投影到 x 轴及 y 轴上，由图可见

$$a_1 e_1 = a_1 b_1 + b_1 c_1 + c_1 d_1 + d_1 e_1$$

$$a_2 e_2 = a_2 b_2 + b_2 c_2 + c_2 d_2 - d_2 e_2$$

按投影的定义，上式左端为合力矢 $\vec{F}_R$ 的投影，右端为四个分力矢的投影的代数和，即

$$F_{Rx} = F_{1x} + F_{2x} + F_{3x} + F_{4x}$$

$$F_{Ry} = F_{1y} + F_{2y} + F_{3y} + F_{4y}$$

将上式合力投影与各分力投影的关系式推广到由 n 个力组成的平面汇交力系中，则得

$$\left. \begin{aligned} F_{Rx} &= F_{1x} + F_{2x} + F_{3x} + F_{4x} = \sum F_x \\ F_{Ry} &= F_{1y} + F_{2y} + F_{3y} + F_{4y} = \sum F_y \end{aligned} \right\} \qquad (2\text{-}6)$$

于是可得结论：合力在任一轴上的投影等于各分力在同一轴上投影的代数和。这就是合力投影定理。

第三节　平面汇交力系的合成与平衡

一、平面汇交力系合成的解析法

求平面汇交力系合力的解析法，是用力在直角坐标轴上的投影，计算合力的大小，确定合力的方向。

设在刚体上的 O 点，作用了由 n 个力 $\vec{F}_1$、$\vec{F}_2$、$\cdots$、$\vec{F}_n$ 组成的平面汇交力系，如图 2-8（a）所示。求合力的大小和方向。

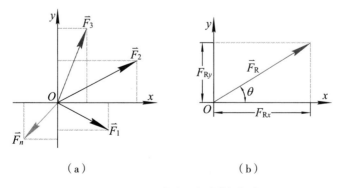

（a）　　　　　　　　　　（b）

图 2-8　平面汇交力系合成的解析法

设 F_{1x}、F_{2x}、...、F_{nx} 和 F_{1y}、F_{2y}、...、F_{ny} 分别表示力 $\vec{F}_1$、$\vec{F}_2$、...、$\vec{F}_n$ 在 x 轴和 y 轴上的投影。根据合力投影定理，由式（2-6）算出合力 $\vec{F}_R$ 的投影 F_{Rx}、F_{Ry}，见图 2-8（b）。根据式（2-4）求得合力的大小 F_R 及其与 x 轴正向间的夹角 θ 为

$$
\left.
\begin{aligned}
F_R &= \sqrt{F_{Rx}^2 + F_{Ry}^2} = \sqrt{(\sum F_x)^2 + (\sum F_Y)^2} \\
\theta &= \arctan\frac{F_{Ry}}{F_{Rx}} = \arctan\frac{\sum F_y}{\sum F_x}
\end{aligned}
\right\}
\tag{2-7}
$$

应用式（2-6）（2-7）计算合力大小和方向的这种方法，就是平面汇交力系合成的解析法或投影法。

二、平面汇交力系的平衡方程

由第二章第二节可知，平面汇交力系平衡的必要和充分条件是：该力系的合力 $\vec{F}_R$ 等于零。由式（2-7）应有

$$
F_R = \sqrt{(\sum F_x)^2 + (\sum F_y)^2} = 0
$$

欲使上式成立，必须同时满足：

$$
\left.
\begin{aligned}
\sum F_x &= 0 \\
\sum F_y &= 0
\end{aligned}
\right\}
\tag{2-8}
$$

于是，平面汇交力系平衡的必要与充分条件是：力系中所有各力在作用面内两个任选的坐标轴上投影的代数和分别等于零。式（2-8）称为平面汇交力系的平衡方程。这是两个独立的方程，可以求解两个未知量。

应用平面汇交力系的平衡方程解题时，未知力的指向可先假设，若计算结果为正值，则表示所设指向与力的实际指向相同；若为负值，则表示所设指向与力的实际指向相反。坐标系的选取以投影方便为原则。

例2-3 在刚体的 A 点作用有四个力，组成平面汇交力系，其中 $F_1=$ 4 kN，$F_2=2.5$ kN，$F_3=1$ kN，$F_4=3$ kN，方向如图 2-9（a）所示。用解析法求该力系的合成结果。

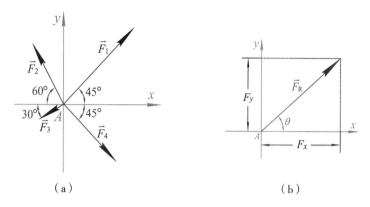

图 2-9　解析法求平面汇交力系的合力

解 取坐标系 Axy，由式（2-6），合力在坐标轴上的投影为

$$F_{Rx} = \sum F_x = F_1\cos 45° - F_2\cos 60° - F_3\cos 30° + F_4\cos 45°$$
$$= 4\cos 45° - 2.5\cos 60° - 1\times\cos 30° + 3\cos 45°$$
$$= 2.83(kN)$$
$$F_{Ry} = \sum F_y = F_1\sin 45° + F_2\sin 60° - F_3\sin 30° - F_4\sin 45°$$
$$= 4\sin 45° + 2.5\sin 60° - 1\times\sin 30° - 3\sin 45°$$
$$= 2.37(kN)$$

合力的大小为

$$F_R = \sqrt{F_{Rx}^2 + F_{Ry}^2} = \sqrt{(2.83)^2 + (2.37)^2} = 3.69(kN)$$

合力与 x 轴正向间的夹角为

$$\theta = \arctan\frac{F_{Ry}}{F_{Rx}} = \arctan\frac{2.37}{2.83} = 39°56'$$

合力 $\vec{F}_R$ 的作用线过汇交点 A，如图 2-9（b）所示。

例 2-4　一重 W 的均质圆球，用软绳及光滑斜面支持，如图 2-10 所示。已知角 θ 及 β，求绳子所受拉力及斜面上所受压力的大小。

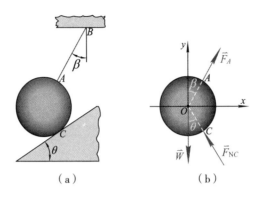

图 2-10　均质圆球受力分析

解　（1）取均质圆球为研究对象。

（2）取分离体，画受力图。球受到三个汇交力作用而平衡。它们是：绳子对球的拉力 $\vec{F}_A$，沿绳子 AB 方向；斜面对球的支承力 $\vec{F}_{NC}$，方向垂直于斜面；球自身的重力 $\vec{W}$，方向铅垂向下。受力图见图 2-10（b）。

（3）取坐标系 Oxy 如图 2-10（b）所示，列平衡方程，得

$$\sum F_x = 0 , \quad F_A \sin\beta - F_{NC}\sin\theta = 0 \tag{1}$$

$$\sum F_y = 0 , \quad F_A \cos\beta + F_{NC}\cos\theta - W = 0 \tag{2}$$

解得

$$F_A = \frac{W\sin\theta}{\sin(\theta+\beta)}$$

$$F_{NC} = \frac{W\sin\beta}{\sin(\theta+\beta)}$$

计算结果 F_A、F_{NC} 均为绳子及斜面对球的约束反力，根据作用力与反作用力大小相等，就可得知绳子所受的拉力及球对斜面压力的大小。

例 2-5　图 2-11（a）所示一管道支架，由 AB 与 CD 组成，管道通过拉杆 CD 悬挂在水平杆 AB 的 B 端，该支架负担的管道重为 2 kN，不计杆重。求 CD 杆所受的力和支座 A 的约束反力。

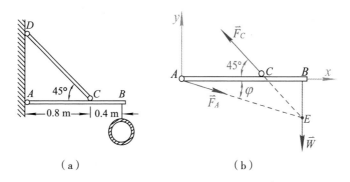

（a）　　　　　　　　　　　（b）

图 2-11　管道支架受力分析

解 （1）取水平杆 AB 为研究对象。

（2）取分离体，画受力图。作用于 AB 杆上力有 B 端管道重力 $\vec{W}$，铅垂向下；CD 杆为二力杆，通过铰链 C 作用于 AB 杆的力 $\vec{F}_C$ 沿 CD 连线，设指向朝左上；固定铰 A 的约束反力 $\vec{F}_A$ 可根据三力平衡汇交定理确定，即沿 A、E 连线方向，假设指向朝右下，如图 2-11（b）所示。

以 φ 角表示 $\vec{F}_A$ 与 AB 的夹角，由 ΔEBC 和 ΔEBA 得

$$EB = BC = 0.4 \text{ m}$$

$$\tan\varphi = \frac{EB}{AB} = \frac{0.4}{1.2} = \frac{1}{3}$$

（3）取坐标系 Axy 如图 2-11（b）所示，列平衡方程，得

$$\sum F_x = 0 , \quad F_A\cos\varphi - F_C\cos45° = 0 \tag{1}$$

$$\sum F_y = 0 , \quad -F_A\sin\varphi + F_C\sin45° - W = 0 \tag{2}$$

解得

$$F_C = \frac{W}{\sin45° - \cos45°\tan\varphi} = \frac{2}{\dfrac{\sqrt{2}}{2} - \dfrac{\sqrt{2}}{2}\times\dfrac{1}{3}} = 4.24 \text{ kN}$$

$$F_A = F_C \cdot \frac{\cos45°}{\cos\varphi} = 4.24 \times \frac{\dfrac{\sqrt{2}}{2}}{\dfrac{3}{\sqrt{10}}} = 3.16 \text{ kN}$$

计算结果 F_C、F_A 均为正值，说明所设的指向是两个约束反力的实际

指向。

例2-6 如图2-12（a）所示，简易起重机起重臂 AB 的 A 端安装有固定铰链支座，B 端用水平绳索 BC 拉住，起重臂与水平成40°角，起重臂在 B 端装有滑轮。钢丝绳绕过滑轮把重量 $W=3000\text{ N}$ 的重物吊起，钢丝绳绕过滑轮后与水平线成30°角。不考虑起重臂自重，求平衡时支座 A 和绳索 BC 的约束反力。

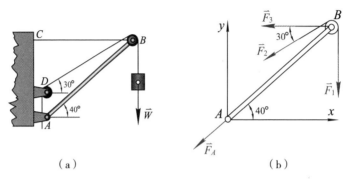

图2-12 简易起重机起重臂受力分析

解 （1）取起重臂 AB（连同滑轮）为研究对象。

（2）起重臂 AB（连同滑轮）所受的力有：滑轮两边钢丝绳的拉力 $\vec{F}_1$ 和 $\vec{F}_2$，如果不计摩擦，则 $F_1=F_2=W=3000\text{ N}$；绳索 BC 的拉力 $\vec{F}_3$；支座 A 的约束反力 $\vec{F}_A$。因为 $\vec{F}_1$ 和 $\vec{F}_2$ 的大小相等，其合力必通过 B 点，所以 $\vec{F}_1$ 和 $\vec{F}_2$ 可以被认为作用在 B 点。由于起重臂 AB 只在两端受力，不计自重，AB 视为二力杆，故约束反力 $\vec{F}_A$ 必沿 A、B 连线，方向如图2-12（b）所示。

由图2-12（b）可见，$\vec{F}_1$、$\vec{F}_2$、$\vec{F}_3$ 和 $\vec{F}_A$ 四个力构成一作用线交于 B 点的汇交力系。

（3）取坐标系 Axy 如图2-12（b）所示，列平衡方程，得

$$\sum F_x=0, \quad -F_3-F_2\cos30°-F_A\cos40°=0 \quad (1)$$
$$\sum F_y=0, \quad -F_1-F_2\sin30°-F_A\sin40°=0 \quad (2)$$

解得

$$F_A=-\frac{F_1+F_2\sin30°}{\sin40°}=-\frac{W(1+\sin30°)}{\sin40°}=-3000\times\frac{(1+0.5)}{0.643}=-6998(\text{N})$$

求得 F_A 为负值，说明 $\bar{F}_A$ 的实际指向与假设的指向相反。将 $F_A = -6998\text{N}$ 代入（1）式，得

$$F_3 = -F_2\cos30° - F_A\cos40° = -3000 \times 0.866 - (-6998) \times 0.766 = -2598 + 5360 = 2762(\text{N})$$

👍 本章小结

1.本章研究平面汇交力系的合成与平衡问题，重点是用解析法解平衡问题。

2.平面汇交力系的合成结果只有两种：

① $F_R \neq 0$，力系有合力；

② $F_R = 0$，力系平衡。

3.平面汇交力系平衡的必要与充分条件是：合力等于零。在几何法中，力多边形自行封闭；在解析法中，要满足两个平衡方程，即

$$\left.\begin{array}{l}\sum F_x = 0 \\ \sum F_y = 0\end{array}\right\}$$

4.求解平衡问题的主要步骤是：选取研究对象；进行受力分析，画出受力图；应用平衡条件求解；进行校核，必要时应分析和讨论所得结果。

第三章 力矩和平面力偶理论

学习指南

1.学习目标

（1）知识目标。计算平面力对点之矩；解释力偶矩的概念；说明力偶的性质和力偶等效条件；说明平面力偶系的简化过程和结果；应用合力矩定理、力矩关系定理进行计算；应用平面力偶系的平衡方程求解平衡问题。

（2）能力目标。利用力矩和力偶理论分析实际问题的能力。

（3）素质目标。理论联系实际的工程意识和严谨认真的科学素养。

2.学习重点

（1）平面力对点之矩的计算。

（2）力偶的性质和力偶的等效条件。

（3）力偶系的平衡方程及其应用。

3.学习难点

（1）力矩关系定理。

（2）力偶的性质和力偶的等效条件。

（3）力偶系的平衡方程及其应用。

本章将介绍力矩的概念与计算，力偶的概念、力偶的性质以及平面力偶系的合成与平衡问题。力矩与力偶理论不仅在工程实际中应用广泛，同时也为下一章讨论平面任意力系打下基础。

第一节　力对点之矩的概念与计算

一、力对点之矩

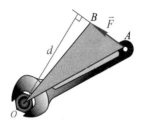

扫码看动画

图 3-1　力对点之矩

当我们用扳手拧动螺母时，如图 3-1 所示，由经验可知，螺母是否能转动，除与作用在扳手上的力 $\bar{F}$ 的大小有关外，还与螺母中心点 O 到力 $\bar{F}$ 的作用线的垂直距离 d 有关。

在力学中，用 F 与 d 的乘积（前面冠以相应的正负号）来度量力 $\bar{F}$ 使物体绕 O 点的转动效果，称为力 $\bar{F}$ 对 O 点之矩，简称力矩，用符号 $M_O(\bar{F})$ 表示，即

$$M_O(\bar{F}) = \pm Fd \qquad (3-1)$$

O 点称为力矩中心，简称矩心；矩心 O 到力 $\bar{F}$ 作用线的垂直距离 d 称为力臂。在平面问题中，用正负号来表示力使物体绕 O 点（矩心）的转向，通常规定力使物体绕矩心 O 逆时针转动取正号，顺时针转动取负号。所以在平面问题中，力对点之矩只取决于力矩的大小和转向，因此它是一个代数量。

从图 3-1 可以看出，力 $\bar{F}$ 对 O 点之矩的大小也可用以 $\bar{F}$ 为底边，矩心 O 为顶点所构成的三角形 AOB 面积的二倍来表示，即

$$M_O(\bar{F}) = \pm 2\Delta AOB \qquad (3-2)$$

力矩的单位为牛顿·米（N·m）或千牛·米（kN·m）。

从力矩的定义及式（3-1）可以看出：

1. 力矩的大小不但与力 $\bar{F}$ 的大小成正比，而且也与力臂 d 的长短成正比。若矩心位置改变则力矩也随之改变。因此，力矩必须与矩心对应，不指明矩

心而谈力矩没有任何意义。

2.力 $\vec{F}$ 的作用点沿作用线移动不会改变它对任一点的力矩，这是因为此时力的大小及力臂的长短都没有改变。

3.力矩在下列两种情况下等于零：

（1）力等于零；

（2）力的作用线通过矩心，即力臂等于零。

应当指出，我们是根据力对于物体上固定点的作用而引出力矩的概念。当力矩形成抽象化概念后，在具体应用时，对于矩心的选择无任何限制，即作用于物体上的力可以对任意点取矩。

二、合力矩定理

若力 $\vec{F}_R$ 为汇交二力 $\vec{F}_1$、$\vec{F}_2$ 的合力，则合力 $\vec{F}_R$ 对于任一点 O 之矩等于两个分力 $\vec{F}_1$、$\vec{F}_2$ 对于同一点之矩的代数和，即

$$M_O(\vec{F}_R) = M_O(\vec{F}_1) + M_O(\vec{F}_2)$$

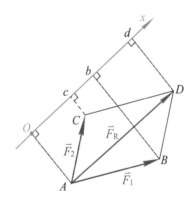

图 3-2　合力矩定理

证明　设作用于 A 点的汇交力 $\vec{F}_1$、$\vec{F}_2$ 的合力为 $\vec{F}_R$，见图 3-2。任选一点 O 为矩心，过 O 点作 x 轴垂直于 OA，并过点 B、C、D 分别作 x 轴的垂线，交轴于 b、c、d 三点，则 $\vec{F}_1$、$\vec{F}_2$ 和 $\vec{F}_R$ 在 x 轴上的投影分别为 Ob、Oc、Od。由合力投影定理可知

$$Od = Ob + Oc$$

根据力矩的三角形面积表示法可知

$$M_O(\vec{F}_1) = 2\Delta OAB = OA \cdot Ob$$

$$M_O(\vec{F}_2) = 2\Delta OAC = OA \cdot Oc$$

$$M_O(\vec{F}_R) = 2\Delta OAD = OA \cdot Od = OA \cdot (Ob + Oc)$$

所以

$$M_O(\vec{F}_R) = M_O(\vec{F}_1) + M_O(\vec{F}_2)$$

同理，我们还可以进一步证明：平面汇交力系的合力对于平面内任一点之矩等于各分力对于同一点之矩的代数和，即

$$M_O(\vec{F}_R) = M_O(\vec{F}_1) + M_O(\vec{F}_2) + \cdots + M_O(\vec{F}_n) = \sum M_O(\vec{F}) \qquad （3-3）$$

这就是平面汇交力系的合力矩定理。这个定理也适用于有合力的其他力系。

在计算力矩时，某些情况下力臂不易确定，可以先将力分解为两个力臂易定的分力（通常是正交分解），然后应用合力矩定理计算出力矩。

例 3-1　飞行员向后拉驾驶杆操纵飞机时，若手作用在 A 点的力 $F_A = 50\text{ N}$，水平杆对驾驶杆下端铰链 B 的作用力 $F_B = 200\text{ N}$，$OA = 60\text{ cm}$，$OB = 15\text{ cm}$，如图 3-3 所示。求力 $\vec{F}_A$、$\vec{F}_B$ 对 O 点的矩。

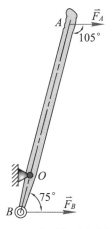

图 3-3　驾驶杆受力分析

解　由题目已知得，$\vec{F}_A$ 对 O 点的力臂长为 $OA \cdot \sin(180° - 105°) = OA \cdot \sin 75°$，

$\vec{F}_B$ 对 O 点的力臂长为 $OB \cdot \sin 75°$。所以

$$M_O(\vec{F}_A) = -F_A \cdot OA \cdot \sin 75° = -50 \times 0.6 \sin 75° = -28.98(\mathrm{N} \cdot \mathrm{m})$$

$$M_O(\vec{F}_B) = F_B \cdot OA \cdot \sin 75° = 200 \times 0.15 \sin 75° = 28.98(\mathrm{N} \cdot \mathrm{m})$$

例 3-2　作用于齿轮的啮合力 $F = 1000\ \mathrm{N}$，节圆直径 $D = 160\ \mathrm{mm}$，压力角 $\theta = 20°$，如图 3-4 所示。求啮合力 $\vec{F}$ 对于轮心 O 之矩。

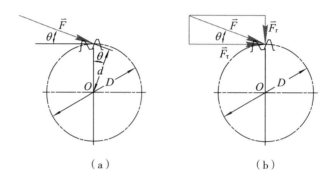

（a）　　　　　　　　　　　（b）

图 3-4　齿轮的啮合力

解　（1）直接按力矩定义计算。

由图 3-4（a）中几何关系可知力臂 $d = \dfrac{D}{2} \cos \theta$，于是

$$M_O(\vec{F}) = -F \cdot d = -1000 \times \frac{0.16}{2} \cos 20° = -75.2(\mathrm{N} \cdot \mathrm{m})$$

（2）应用合力矩定理计算。

将啮合力 $\vec{F}$ 正交分解为圆周力 $\vec{F}_\tau$ 和径向力 $\vec{F}_r$，如图 3-4（b）所示，则

$$F_\tau = F \cos \theta，\quad F_r = F \sin \theta$$

根据合力矩定理，得

$$M_O(\vec{F}) = M_O(\vec{F}_\tau) + M_O(\vec{F}_r) = -F \cos \theta \times \frac{D}{2} + 0 = -1000 \cos 20° \times \frac{0.16}{2} = -75.2(\mathrm{N} \cdot \mathrm{m})$$

由此可见，两种计算方法结果完全相同。

第二节　力偶及其性质

一、力偶

在生活和生产实践中，常常会遇到两个大小相等、方向相反、不共线的平行力作用在同一物体上的现象。例如，汽车司机用双手转动方向盘，如图3-5所示。在力学中，把两个等值、反向、不共线的力组成的平行力系，称为力偶，用符号（$\vec{F}$，$\vec{F'}$）表示。

图3-5　作用于方向盘的力偶

二、力偶的基本性质

力偶虽然是由两个力所组成的力系，但这种力系没有合力。

力偶的这一性质很容易由反证法得到证明。假设力偶有合力，则组成力偶的力系的合力不为零。但是，根据力偶的定义，我们可以证明，组成力偶的力系的合力必为零。因此，假设不成立，即力偶没有合力。

力偶的这一性质表明，力偶不能与单个力平衡，力偶只能与力偶平衡。

力偶和力一样也是力学中的一个基本力学量。

三、力偶矩

用来度量物体转动效应大小的物理量是力偶矩。

力偶（$\vec{F}$，$\vec{F'}$）的两个力作用线所决定的平面称为力偶的作用面，两个力作用线之间的垂直距离称为力偶臂。力对物体的转动效应是用力矩来度量的。而力偶对物体的转动效应也可用力偶的两个力对作用面内某点的矩的代数和来度量。

设有一力偶（$\vec{F}$，$\vec{F'}$），其力偶臂为d，如图3-6所示，力偶对作用面内O点（O点与力$\vec{F'}$的距离为l）之矩为$M_o(\vec{F},\vec{F'})$，则

$$M_O(\vec{F},\vec{F}') = M_O(\vec{F}) + M_O(\vec{F}') = F(d+l) - F'l = Fd$$

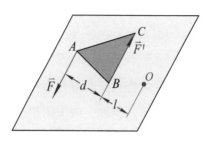

图 3-6　力偶矩

因为矩心 O 是平面内任取的一点，这说明力偶对物体的作用效应仅决定于力的大小与力偶臂的长短，而与矩心的位置无关。力偶的任一力的大小与力偶臂的乘积（冠以相应的正负号）称为力偶矩，记作 M。在平面问题中，通常规定，力偶使物体逆时针转动时，力偶矩取正号，反之取负号。即

$$M = \pm Fd \qquad\qquad （3-4）$$

可见，平面问题中力偶矩是个代数量。

由图 3-6 可以看出，力偶矩也可以用三角形 ABC 的面积的二倍来表示，即

$$M = \pm 2\Delta ABC \qquad\qquad （3-5）$$

力偶矩的单位与力矩的单位相同，也是牛顿·米（N·m）。

四、平面力偶等效定理

若作用在同一平面内的两个力偶，其力偶矩大小相等，转向相同，则该两力偶彼此等效。这就是平面力偶的等效定理。

证明　如图 3-7 所示，（$\vec{F}$，$\vec{F}'$）是作用于物体某平面上的已知力偶，按力的可传性，将力 $\vec{F}$ 和 $\vec{F}'$ 分别沿它们的作用线移至任意选定的 A、B 两点，作 AB 连线。过 A、B 两点作两条平行线 AD 和 BC，然后将力 $\vec{F}$ 沿 AD 和 AB 方向分解为力 $\vec{F}_1$ 和 $\vec{F}_2$，将力 $\vec{F}'$ 沿 BC 和 AB 方向分解为 $\vec{F}_1'$ 和 $\vec{F}_2'$，得到 $\vec{F}_1$、$\vec{F}_2$ 和 $\vec{F}_1'$、$\vec{F}_2'$ 四个力，显然，这四个力与原力偶（$\vec{F}$，$\vec{F}'$）等效。由于两个力的平行四边形全等，于是力 $\vec{F}_2$ 与 $\vec{F}_2'$ 大小相等，方向相反，并且共线，是一对平衡力，可以去掉；剩下的两个力 $\vec{F}_1$ 与 $\vec{F}_1'$ 大小相等，方向相反，

组成一个力偶（$\vec{F}_1$，$\vec{F}_1'$）。这说明，力偶（$\vec{F}$，$\vec{F}'$）可以用力偶（$\vec{F}_1$，$\vec{F}_1'$）代替，即力偶（$\vec{F}$，$\vec{F}'$）与（$\vec{F}_1$，$\vec{F}_1'$）等效。若按力的可传性，再将力偶（$\vec{F}_1$，$\vec{F}_1'$）的两个力沿其作用线分别移至 A'、B' 点，则新力偶（$\vec{F}_1$，$\vec{F}_1'$）与原力偶（$\vec{F}$，$\vec{F}'$）一定等效。但新力偶的位置、力偶臂的长短与力的大小都与原力偶不同。可见力偶在作用面内的位置，力偶臂的长短与力偶中力的大小都不是决定力偶等效的因素。

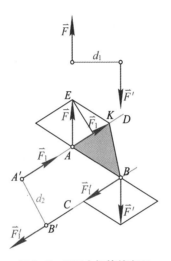

图 3-7　平面力偶等效定理

从图 3-7 可以看出，$\triangle ABE$ 与 $\triangle ABK$ 同底等高，面积相同，且力偶转向也相同。因此，这两个力偶的力偶矩彼此相等。这就表明，若同一平面内两个力偶等效，其力偶矩必大小相等，转向相同。反之，我们也可以证明，作用在同一平面内的两个力偶的力偶矩大小相等，转向相同，则这两个力偶必等效。

由力偶等效定理可以得出如下推论：

1. 力偶可以在其作用面内任意移转，而不改变它对刚体的作用效应。因此，力偶对刚体的转动效应与力偶在其作用面内的位置无关。

2. 只要保持力偶矩的大小和力偶的转向不变，可以任意改变力偶中力的大小并相应地改变力偶臂的长短，而不会改变它对刚体的效应。

上述力偶等效变换的性质与力的可传性一样，也只适用于刚体。

由于在平面问题中，力偶对刚体的作用效应仅取决于力偶矩的大小和力偶的转向，而与力偶的作用位置无关，所以力偶也可以用一带箭头的弧线来表示，如图 3-8 所示，其中箭头表示力偶的转向，M 表示力偶矩的大小。

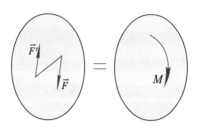

图 3-8　力偶的表示方法

第三节　平面力偶系的合成与平衡

作用在同一平面内的力偶系称为平面力偶系。下面我们来讨论平面力偶系的合成结果。

设有三个力偶（$\vec{F}_1$，$\vec{F}_1'$）、（$\vec{F}_2$，$\vec{F}_2'$）和（$\vec{F}_3$，$\vec{F}_3'$）作用在同一平面内。力偶臂分别为 d_1、d_2 和 d_3，转向如图 3-9 所示。于是，各力偶矩分别为

$$M_1 = F_1 d_1 \quad , \quad M_2 = F_2 d_2 \quad , \quad M_3 = -F_3 d_3$$

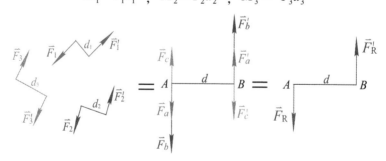

图 3-9　平面力偶系的合成

在力偶作用面内任取线段 $AB = d$，应用平面力偶等效变换的特性，将各力偶都变换为力偶臂长为 d 的新力偶（$\vec{F}_a$，$\vec{F}_a'$）、（$\vec{F}_b$，$\vec{F}_b'$）和（$\vec{F}_c$，$\vec{F}_c'$）。变换后，为保持各力偶矩不变，则新力偶的力的大小应为

$$F_a = \frac{F_1 d_1}{d}, \quad F_b = \frac{F_2 d_2}{d}, \quad F_c = \frac{F_3 d_3}{d}$$

移转各力偶，使它们的力偶臂与 AB 重合，这样原力偶系就变换为作用在 A、B 两点的两个共线力系，见图 3-9。这两个共线力系可分别合成为力 $\bar{F}_R$ 及 $\bar{F}_R'$，其大小为

$$F_R = F_a + F_b - F_c$$

$$F_R' = F_a' + F_b' - F_c'$$

根据力偶的定义，力 $\bar{F}_R$ 和 $\bar{F}_R'$ 大小相等，方向相反，且不共线，它们也是一个力偶，这个力偶（$\bar{F}_R$，$\bar{F}_R'$）就是已知三个力偶的合力偶，如图 3-9 所示。用 M 表示合力偶矩，得

$$M = F_R d = (F_a + F_b - F_c)d = F_a d + F_b d - F_c d$$

所以

$$M = M_1 + M_2 + M_3$$

若作用在同一平面内有 n 个力偶，则上式可推广为

$$M = M_1 + M_2 + \cdots + M_n = \sum M_i \ (i=1, 2, \cdots, n) \tag{3-6}$$

由此可知，平面力偶系的合成结果还是一个力偶，合力偶矩等于力偶系中各力偶矩的代数和（为便于书写，在不引起误解的情况下，下标 i 可略去）。

在图 3-9 中，若力偶合成结果 $F_R = F_R' = 0$，则说明，作用在 A、B 两点的共线力系各自平衡，即原力偶系平衡，而合力偶矩等于零。反之，若合力偶矩等于零，则必有 $F_R = 0$ 或 $d = 0$（即 $\bar{F}_R$ 和 $\bar{F}_R'$ 共线），无论哪种情况该力偶系都平衡。上述推理也适用于由 n 个力偶组成的平面力偶系。由此可知，平面力偶系平衡的必要与充分条件是：力偶系中各力偶矩的代数和等于零。即

$$\sum M = 0 \tag{3-7}$$

式（3-7）称为平面力偶系的平衡方程。可见，应用平面力偶系的平衡方程可求解一个未知量。

例 3-3　用多轴钻床在钢板上钻孔时，每根钻头对工件都施加一切削力偶，其力偶矩大小分别为 $M_1 = M_2 = 10 \ \text{N} \cdot \text{m}$，$M_3 = 20 \ \text{N} \cdot \text{m}$，固定工件的螺栓 A、B 间的距离 $l = 200 \ \text{mm}$，如图 3-10 所示。求两个螺栓所受的力。

解 取工件为研究对象。在同一平面内工件受三个力偶和两个螺栓的约束反力的作用。由平面力偶系的合成与平衡条件可知：三个已知力偶合成后仍为一个力偶。工件被螺栓固定，处于平衡状态，由于力偶只能与力偶相平衡，因此必有一力偶与已知三力偶相平衡。这个力偶就是螺栓 A、B 对工件的约束反力 $\vec{F}_{NA}$ 和 $\vec{F}_{NB}$ 构成的，它们的方向假设如图所示，由力偶定义可知，$F_{NA} = F_{NB}$。再根据力偶系的平衡条件，有

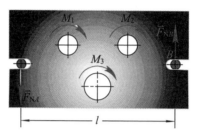

图 3-10 钢板受力分析

$$\sum M = 0, \quad F_{NA}l - M_1 - M_2 - M_3 = 0$$

得

$$F_{NA} = \frac{M_1 + M_2 + M_3}{l}$$

代入已知数值后，得

$$F_{NA} = F_{NB} = 200 \text{ N}$$

求得的 F_{NA} 为正值，说明图中所设 $\vec{F}_{NA}$ 和 $\vec{F}_{NB}$ 的方向是正确的。

例 3-4 在水平梁 AB 上作用一力偶，其力偶矩的大小 $M = 100$ kN·m，转向如图 3-11 所示，梁长 $l = 5$ m，不计自重，求支座 A、B 的约束反力。

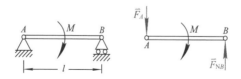

图 3-11 简支梁受力分析

解 取梁 AB 为研究对象。作用于梁上的已知力偶矩为 M 的力偶，支座 B 的约束反力 $\vec{F}_{NB}$ 沿铅垂方向。根据力偶只能与力偶相平衡的性质，可知约

束反力 $\vec{F}_A$ 和 $\vec{F}_{NB}$ 必组成一个力偶，由此可知，$\vec{F}_A$ 的作用线也应沿铅垂方向。于是，梁 AB 在两个力偶的作用下处于平衡，见图 3-11。由平面力偶系的平衡方程

$$\sum M = 0, \qquad F_A l - M = 0$$

得

$$F_A = F_{NB} = \frac{M}{l} = \frac{100}{5} = 20(\text{kN})$$

例 3-5 刚性支架如图 3-12 所示，A、B、C 三处为铰链连接。D、E 处作用有一对大小相等、方向相反的水平力 $\vec{F}_D$ 与 $\vec{F}_E$，$F_D = F_E = 1 \text{ kN}$，指向如图所示。各杆自重不计，求 A、C 两处的约束反力。

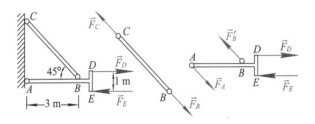

图 3-12 刚性支架受力分析

解 取 $ABDE$ 为研究对象。D、E 处的已知力构成一力偶，BC 为二力杆，$\vec{F}_B$、$\vec{F}_C$ 沿杆轴线作用，指向假设如图 3-12 所示。杆 $ABDE$ 上作用的主动力为一力偶，所以 A、B 处的约束反力 $\vec{F}_A$、$\vec{F}_B'$ 也必须构成一力偶才能与主动力偶相平衡。$\vec{F}_B$ 和 $\vec{F}_B'$ 为作用力与反作用力，所以 $\vec{F}_B'$ 的作用线也沿 BC 方向。而 $\vec{F}_A$ 与 $\vec{F}_B'$ 的方向相反、平行，且大小相等。由平面力偶系的平衡条件可知

$$\sum M = 0, \qquad F_A \times 3 \sin 45° - F_D \times 1 = 0$$

解得

$$F_A = \frac{1 \times 1}{3 \times \sin 45°} = 0.471(\text{kN})$$

即

$$F_B' = F_A = 0.471(\text{kN})$$

再由 BC 杆的平衡条件可知

$$F_C = F_B = F_B' = 0.471(\text{kN})$$

👍 本章小结

1. 力矩是力学中的一个基本概念，是力对于物体转动效应的度量，在平面问题中它是一个代数量，即

$$M_O(\vec{F}) = \pm F \cdot d$$

2. 合力矩定理：平面汇交力系的合力对于平面内任一点之矩等于力系中各分力对该点之矩的代数和。

3. 力偶是由等值、反向、不共线的两个平行力组成的力系；力偶不能合成为一个力，因而不能用一个力来代替，它是力学中的一个基本力学量。

4. 力偶对于物体的转动效应用力偶矩来度量。在平面问题中它是一个代数量，即

$$M = \pm F \cdot d$$

5. 力偶对于平面内任一点之矩与矩心位置无关，恒等于力偶矩；力偶在任一坐标轴上的投影等于零。

6. 平面力偶的等效定理：若作用在同一平面内的两个力偶之矩的大小相等，转向相同，则该两个力偶彼此等效，并由此推论：力偶可以在同一平面内任意移转；在保持力偶矩不变的情况下，可以任意改变力偶的力的大小和相应改变力偶臂的长短。

7. 平面力偶系的合成结果仍是一个力偶，即

$$M = \sum M_i$$

8. 平面力偶系的平衡条件为

$$\sum M = 0$$

第四章 平面任意力系

学习指南 👆 --- ●

1.学习目标

（1）知识目标。阐述力线平移定理；阐述平面任意力系向一点简化的方法；解释主矢、主矩的概念并计算；分析平面任意力系的简化结果；分析固定端约束；能根据力系的平衡条件写出平衡方程；应用平衡方程求解静力学平衡问题；说明平行力系的简化过程和结果；应用平行力系平衡方程求解平衡问题；确定物体的重心；计算分布载荷；区分静定与静不定问题；应用平衡方程求解刚体系统的平衡问题。

（2）能力目标。运用简单力系知识解决复杂力系问题的能力；应用任意力系平衡方程求解工程实际问题的能力；静力学知识的综合运用能力；将力学知识应用于实践的能力。

（3）素质目标。化繁为简，由一般到特殊的科学思维。综合应用力学知识解决工程实际问题的科学素养。

2.学习重点

（1）力系简化方法和结果。

（2）主矢和主矩。

（3）固定端约束。

（4）应用平衡方程求解静力学平衡问题。

（5）计算分布载荷。

（6）应用平衡方程求解物体系统的平衡问题。

3. 学习难点

（1）主矢和主矩。

（2）固定端约束。

（3）应用平衡方程求解静力学平衡问题。

（4）应用平衡方程求解物体系统的平衡问题。

本章将研究平面任意力系的合成与平衡问题。所谓平面任意力系，是各力的作用线在同一平面内且任意分布的力系，简称平面力系。通过对平面任意力系简化理论的叙述及对简化结果的分析，得出了平面任意力系的平衡条件与平衡方程，并介绍了平衡方程的应用。本章在静力学中占有重要地位。

第一节 力线平移定理

工程实际中，经常遇到平面任意力系的问题。若力系中各力不在同一平面内，但力系中的各力关于某一个平面对称，则可以简化为一个平面力系。例如，飞机在定常飞行时，空气对飞机的作用力和飞机的重力都对称于飞机的几何对称面，如图 4-1 所示，所以可以认为飞机受到平面力系的作用。

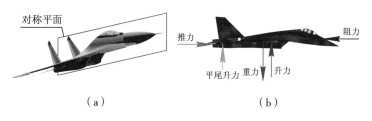

（a）   （b）

图 4-1 飞机受力分析

在研究平面任意力系的简化问题时，可按两力合成的方法，将各个力依次合成，总可以得到简化结果。但当力系中力的数目很多时，上述方法就显得非常麻烦。一般采用力系向一点简化的方法，将平面力系分解为平面汇交力系及平面力偶系，再进行简化，称为力系向已知点简化。在叙述这种方法之前，先引入力线平移定理。

设力 $\vec{F}$ 作用在刚体的 A 点，如图 4-2（a）所示，为了使这个力平行移动到任一指定点 O，而不改变它对刚体的作用效应，可做如下变换。根据加减平衡力系公理，在指定点 O 添加一对与原力 $\vec{F}$ 平行的平衡力 $\vec{F}'$、$\vec{F}''$，且 $F' = F'' = F$，如图 4-2（b）所示。显然这样做并不改变原力 $\vec{F}$ 对刚体的作用效应。但是这三个力可看作是一个作用在 O 点的力 $\vec{F}'$ 和一个力偶（$\vec{F}$，$\vec{F}''$）。力 $\vec{F}'$ 作用在指定点 O，它可以由原力 $\vec{F}$ 平移到 O 点而得到；d 是点 O 到力 $\vec{F}$ 作用线的垂距，力偶（$\vec{F}$，$\vec{F}''$）的力偶矩 $M = F \cdot d$，它等于原力 $\vec{F}$ 对指定点 O 之矩 $M_O(\vec{F})$，即

$$M = M_O(\vec{F}) = F \cdot d$$

这个力偶称为附加力偶，见图 4-2（c）。

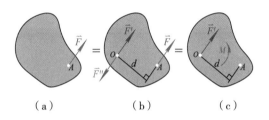

扫码看动画

图 4-2　力线平移定理

由此可见，把作用在刚体上的力平行移至刚体内任一指定点，欲不改变该力对刚体的作用效应，则必须附加一力偶，其力偶矩等于该力对指定点之矩。这就是力线平移定理。

由力的可传性原理，作用在刚体上的力可以沿其作用线任意滑动，而不改变它对刚体的作用效应；但把力的作用线平行地移动，为使它与原力的作用效应相同，则必须附加一个力偶。

此外，根据力线平移定理可知，在同一平面内的一个力和一个力偶，也可以用一个力来等效替换。

力线平移定理是力系向一点简化的理论依据，并可直接用来解决一些实际问题。

第二节　平面任意力系向已知点的简化·主矢与主矩

设在刚体上作用有平面任意力系 $\vec{F}_1$、$\vec{F}_2$、$\cdots$、$\vec{F}_n$，各力的作用点分别为 A_1、A_2、$\cdots$、A_n，如图4-3（a）所示。我们根据力线平移定理来简化这个力系。

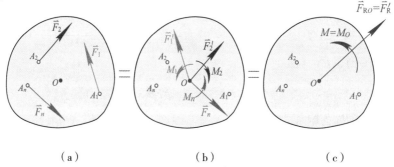

$$\text{（a）} \qquad\qquad \text{（b）} \qquad\qquad \text{（c）}$$

图4-3　平面任意力系向已知点的简化

为了简化这个力系，在力系所在的平面内任选一点 O 称为简化中心，应用力线平移定理，将各力平移至 O 点，同时加上相应的附加力偶。这样，平面任意力系就被分解成两个力系：作用在 O 点的平面汇交力系 $\vec{F}_1'$、$\vec{F}_2'$、$\cdots$、$\vec{F}_n'$ 及力偶矩为 M_1、M_2、$\cdots$、M_n 的平面附加力偶系，如图4-3（b）所示，且 $\vec{F}_1'=\vec{F}_1$、$\vec{F}_2'=\vec{F}_2$、$\cdots$、$\vec{F}_n'=\vec{F}_n$，$M_1=M_O(\vec{F}_1)$、$M_2=M_O(\vec{F}_2)$、$\cdots$、$M_n=M_O(\vec{F}_n)$。然后，再分别合成这两个力系。

平面汇交力系 $\vec{F}_1'$、$\vec{F}_2'$、$\cdots$、$\vec{F}_n'$ 可合成为一个合力 $\vec{F}_{RO}$，也作用于 O 点；且力矢 $\vec{F}_{RO}$ 等于诸力矢 $\vec{F}_1'$、$\vec{F}_2'$、$\cdots$、$\vec{F}_n'$ 的矢量和，也就是等于原力系诸力矢 $\vec{F}_1$、$\vec{F}_2$、$\cdots$、$\vec{F}_n$ 的矢量和，如图4-3（c）所示，即

$$\vec{F}_{RO}=\vec{F}_1'+\vec{F}_2'+\cdots+\vec{F}_n'=\vec{F}_1+\vec{F}_2+\cdots+\vec{F}_n=\sum\vec{F}=\vec{F}_R' \qquad (4-1)$$

我们将平面力系中各力的矢量和 $\vec{F}_R'=\sum\vec{F}$ 称为该力系的主矢。

力偶矩为 M_1、M_2、$\cdots$、M_n 的平面附加力偶系合成后，仍为一力偶，这力偶的矩 M 等于各力偶矩的代数和，即

$$M=M_1+M_2+\cdots+M_n=M_O(\vec{F}_1)+M_O(\vec{F}_2)+\cdots+M_O(\vec{F}_n)=\sum M_O(\vec{F})=M_O$$

$$(4-2)$$

我们将平面力系中各力对简化中心 O 之矩的代数和 $M_O = \sum M_O(\vec{F})$ 称为该力系对于简化中心的主矩。式（4-1）表明，汇交力系的合力矢等于平面力系的主矢。但需要注意的是，力矢的主矢与合力是两个不同的概念。主矢是一几何量，它有大小和方向，但无作用点问题，可以在任意点画出；而合力是一物理量，它既有大小和方向，又有作用点问题。

综上所述可得如下结论：平面任意力系向作用面内任一点简化，一般可以得到一力和一力偶；该力作用于简化中心，其力矢等于力系中各力的矢量和，即力系的主矢；该力偶的矩等于力系中各力对简化中心之矩的代数和，即力系对简化中心的主矩。

由式（4-1）可见，力系的主矢 $\vec{F}'_R$ 完全决定于力系中各力的大小和方向，与简化中心的位置无关。

由式（4-2）可见，力系对简化中心的主矩 M_O 与简化中心的位置有关。当简化中心改变时，主矩一般也要改变。以后说到主矩时，必须明确指出是力系对于哪一点的主矩。

力系的主矢 $\vec{F}'_R$ 的大小和方向通常用解析法计算。通过点 O 取直角坐标系 Oxy，如图 4-4 所示，则

$$\vec{F}'_R = \vec{F}'_{Rx} + \vec{F}'_{Ry} \tag{4-3}$$

$$\left.\begin{array}{l} F'_{Rx} = F_{1x} + F_{2x} + \cdots + F_{nx} = \sum F_x \\ F'_{Ry} = F_{1y} + F_{2y} + \cdots + F_{ny} = \sum F_y \end{array}\right\} \tag{4-4}$$

式中，F'_{Rx} 和 F'_{Ry} 以及 F_{1x}、F_{2x}、$\cdots$、F_{nx} 和 F_{1y}、F_{2y}、$\cdots$、F_{ny} 分别为主矢 $\vec{F}'_R$ 以及原力系中各力 $\vec{F}_1$、$\vec{F}_2$、$\cdots$、$\vec{F}_n$ 在 x 轴和 y 轴上的投影。

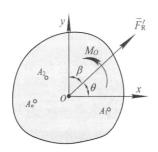

图 4-4　主矢和主矩

于是主矢 $\vec{F}_R'$ 的大小和方向分别由下面式子确定

$$\left.\begin{array}{l} F_R' = \sqrt{(F_{Rx}')^2 + (F_{Ry}')^2} = \sqrt{(\sum F_x)^2 + (\sum F_y)^2} \\ \cos\theta = \dfrac{F_{Rx}'}{F_R'} \quad, \quad \cos\beta = \dfrac{F_{Ry}'}{F_R'} \end{array}\right\} \quad (4\text{-}5)$$

式中，θ 和 β 分别为主矢与 x 轴和 y 轴正向间的夹角。

必须指出，力系向一点简化的方法适用于任何复杂的力系，也是分析力系对物体作用效应的一种重要方法，具有普遍的意义。

下面应用力系简化理论说明固定端约束及其约束反力的表示方法。

物体的一部分固嵌于另一物体所构成的约束称为固定端（支座）约束。例如立在地面上的电线杆，固定在刀架上的车刀、焊接在立柱上的托架等约束都是固定端约束，其简图如图 4-5（a）所示。固定端支座对物体的作用，是在接触处作用了一群约束反力，如图 4-5（b）所示，限制物体在约束处任何方向上的移动与转动。当主动力为平面力系时，这些约束反力也为平面力系，不管它们如何分布，根据力系简化理论，可将它们向 A 点简化得一力和一力偶。一般情况下，将该力用它的两个正交分力来表示，得到两个约束反力和一个约束反力偶，如图 4-5（c）所示。

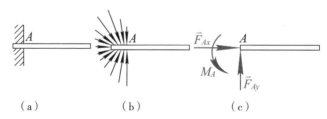

图 4-5　固定端约束及其约束反力

第三节　简化结果的分析·合力矩定理

平面任意力系向一点简化后，一般来说可以得到一力和一力偶。进一步分析这一简化结果，可能出现以下几种情况：

$$\vec{F}_R' = 0 \,, \ M_O \neq 0$$

$$\vec{F}_R' \neq 0 , \quad M_O = 0$$

$$\vec{F}_R' \neq 0 , \quad M_O \neq 0$$

$$\vec{F}_R' = 0 , \quad M_O = 0$$

除 $\vec{F}_R' = 0$，$M_O = 0$ 力系平衡的情况将在下节讨论以外，对其余几种情形进一步给予分析。

一、平面任意力系可简化为一个力偶的情形

如果力系的主矢等于零，而力系对简化中心的主矩不等于零，即 $\vec{F}_R' = 0$，$M_O \neq 0$，这说明无论向哪一点简化，力系的主矢均为零。原力系可简化为一个力偶，这个力偶叫做合力偶；合力偶的力偶矩等于原力系对简化中心的主矩。因为力偶对平面内任一点之矩恒等于力偶矩，与矩心位置无关。显然，当力系合成为一个力偶时，主矩与简化中心的位置就无关了。

二、平面任意力系可简化为一个力的情形

如果平面力系向简化中心 O 点简化的结果为主矩等于零，主矢不等于零，即 $\vec{F}_R' \neq 0$，$M_O = 0$，在这种情况下，原力系向 O 点简化为一个力而没有力偶，即原力系合成为一个力 $\vec{F}_{RO}$，这个力叫做合力。合力的作用线通过简化中心 O 点，其大小和方向与主矢 $\vec{F}_R'$ 相同，即 $\vec{F}_{RO} = \vec{F}_R' = \sum \vec{F}$。

一般情况下，平面力系向简化中心 O 点简化的结果为主矢和主矩都不等于零，如图 4-6（a）所示，即 $\vec{F}_R' \neq 0$，$M_O \neq 0$。这时我们可以根据力线平移定理的逆过程，将简化所得的 $\vec{F}_{RO}$ 与 M 进一步合成。现将矩为 M 的力偶用两个力 $\vec{F}_R$ 和 $\vec{F}_R''$ 表示，即力偶（$\vec{F}_R$，$\vec{F}_R''$），并令 $\vec{F}_R = -\vec{F}_R'' = \vec{F}_{RO}$，如图 4-6（b）所示，则 $\vec{F}_{RO}$ 与 $\vec{F}_R''$ 构成一平衡力系，可以从力系中减去此平衡力系，因此力系合成一个力 $\vec{F}_R$，如图 4-6（c）所示。这个力 $\vec{F}_R$ 就是原力系的合力，经过 O' 点，且大小和方向与主矢 $\vec{F}_R'$ 相同，即 $\vec{F}_R = \vec{F}_{RO} = \vec{F}_R' = \sum \vec{F}$。合力 $\vec{F}_R$ 的作用线到原简化中心 O 点的距离 d 可按下式算得

$$d = \frac{|M|}{F_R} = \frac{|M_O|}{F_R'}$$

当 $M_O > 0$，即逆时针转动时，合力 $\vec{F}_R$ 在 $\vec{F}_{RO}$ 的右边；反之，当 $M_O < 0$

时，合力 $\vec{F}_R$ 在 $\vec{F}_{RO}$ 的左边。

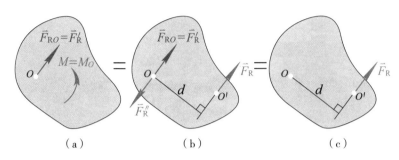

图 4-6　平面任意力系简化为一个力

综合以上讨论得知，平面任意力系若不平衡，则可能简化为一个合力或一个合力偶。

从图 4-6 所示的等效变换过程还可导出有关力矩的一条重要定理。

设平面任意力系合成为合力 $\vec{F}_R$，其作用线通过 O' 点，如图 4-6（c）所示。由图可见，力系对 O 点的主矩与合力 $\vec{F}_R$ 对 O 点之矩大小相等，转向相同，即

$$M_O = M_O(\vec{F}_R)$$

注意到式（4-2），即

$$M_O = \sum M_O(\vec{F})$$

所以

$$M_O(\vec{F}_R) = \sum M_O(\vec{F}) \tag{4-6}$$

上式表明，平面任意力系的合力对作用面内任一点的矩等于力系中各力对同一点之矩的代数和。这就是合力矩定理。在某些情况下，利用它计算力矩十分方便。

第四节　平面任意力系的平衡条件与平衡方程

由上节的讨论得知，平面任意力系向作用面内任一点简化，一般可以得到一个力或一个力偶。静力学中最重要的情形是平面任意力系主矢和主矩都等于零的情形，即

$$\left.\begin{array}{l} \vec{F}_{R}' = 0 \\ M_O = 0 \end{array}\right\} \tag{4-7}$$

如果平面任意力系的主矢 $\vec{F}_{R}' = 0$，且力系对作用面内任一点的主矩 $M_O = 0$，则该力系作用的刚体一定平衡，即满足刚体平衡的充分条件。如已知刚体平衡，则作用力应当满足式（4-7）的两个条件。事实上，假如 $\vec{F}_{R}'$ 和 M_O 有一个不等于零，则平面任意力系就可以简化为合力或合力偶，于是刚体不能保持平衡。所以式（4-7）又是平衡的必要条件。由上述可知，平面任意力系平衡的必要与充分条件是：力系的主矢和对作用面内任一点的主矩都等于零。

由式（4-5）和（4-2）可知，为满足式（4-7），则

$$\left.\begin{array}{l} \sum F_x = 0 \\ \sum F_y = 0 \\ \sum M_O(\vec{F}) = 0 \end{array}\right\} \tag{4-8}$$

由此可知，平面任意力系平衡的必要与充分条件是：力系中所有各力在作用面内两个任选的坐标轴的每个轴上投影的代数和都等于零，以及各力对于作用面内任一点之矩的代数和也等于零。式（4-8）称为平面任意力系的平衡方程，它有两个投影式和一个力矩式，共有三个独立的方程，只能求出三个未知量。

应该指出，坐标轴和矩心是可以任意选取的。在解决实际问题时适当地选择坐标轴和矩心可以简化计算。在平面任意力系情形下，力矩的矩心应取在未知力多的点上，坐标轴则尽可能选取与该力系中多数力的作用线平行或垂直。

式（4-8）所表示的只是平面任意力系平衡方程的基本形式，此外还有其他两种形式。

两力矩形式。三个平衡方程中有两个力矩方程和一个投影方程，即

$$\left.\begin{array}{l} \sum F_x = 0 \\ \sum M_A(\vec{F}) = 0 \\ \sum M_B(\vec{F}) = 0 \end{array}\right\} \tag{4-9}$$

其中 A、B 两点的连线 AB 不能与 x 轴垂直。

为什么上述形式的平衡方程也能满足力系平衡的必要和充分条件呢？这是因为，平面任意力系向任一点简化的结果只可能有三种：力偶、合力或平衡。当 $\sum M_A(\vec{F})=0$ 时，力系不可能简化为一个力偶，只可能简化为通过 A 点的一个合力，或者平衡。当 $\sum M_B(\vec{F})=0$ 也同时被满足时，若有合力，则它必通过 A、B 两点，或者平衡。因为 A、B 连线不能与 x 轴垂直，如图 4-7 所示，故当 $\sum F_x=0$ 时，又完全排除了力系简化为一个合力的可能性，所以满足式（4-9）及连线不垂直于轴附加条件的平面任意力系必然是平衡力系。

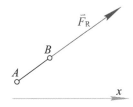

图 4-7　平面任意力系的合力通过两个矩心的连线

三力矩形式。三个平衡方程都是力矩方程，即

$$\left.\begin{array}{l}\sum M_A(\vec{F})=0\\[4pt]\sum M_B(\vec{F})=0\\[4pt]\sum M_C(\vec{F})=0\end{array}\right\}\qquad(4\text{-}10)$$

其中 A、B、C 三点不能共线。为什么必须有这个附加条件，读者可自行证明。

这样平面任意力系共有三种不同形式的平衡方程，每一种形式都只包含有三个独立的方程，可以求解三个未知量。任何第四个方程都是前三个方程的线性组合，因而不是独立的。在解决实际问题时可根据具体条件选取某一种形式。

例 4-1　图 4-8（a）所示的水平横梁 AB，在 A 端用铰链固定，B 端为一可动铰支座。梁长为 $2l$，梁重为 W，重心在梁的中心 C。在 C 处作用一大小为 F 的力，$\vec{F}$ 与 AB 轴线的夹角为 θ，在梁的 BC 段上受一力偶作用，力偶矩 $M=Wl$。试求 A 和 B 处的约束反力。

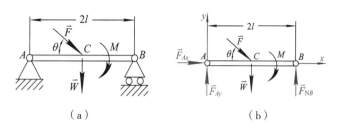

图 4-8　简支梁受力分析

解　（1）选取梁 AB 为研究对象。

（2）画研究对象的受力图。梁受的主动力有：作用力 $\vec{F}$，重力 $\vec{W}$ 和矩为 M 的力偶。它所受的约束反力有：铰链 A 的约束反力，通过 A 点，但方向不确定，故用两个正交分力 $\vec{F}_{Ax}$ 和 $\vec{F}_{Ay}$ 表示；可动铰支座 B 处的约束反力 $\vec{F}_{NB}$，铅垂向上。

（3）列平衡方程。由于梁 AB 平衡，因此这些力必然满足平面任意力系的平衡方程。取坐标系 Axy，如图 4-8（b）所示，应用平面任意力系的平衡方程，得

$$\sum F_x = 0 ，\qquad F_{Ax} + F\cos\theta = 0 \tag{1}$$

$$\sum F_y = 0 ，\qquad F_{Ay} - F\sin\theta - W + F_{NB} = 0 \tag{2}$$

$$\sum M_A(\vec{F}) = 0 ，\quad -Fl\sin\theta - Wl - M + F_{NB} \cdot 2l = 0 \tag{3}$$

又

$$M = Wl$$

解联立方程，由式（3）可解得

$$F_{NB} = \frac{F}{2}\sin\theta + W$$

将 F_{NB} 值代入式（2）可得

$$F_{Ay} = \frac{F}{2}\sin\theta$$

由（1）式得

$$F_{Ax} = -F\cos\theta$$

F_{Ax} 为负值，说明它的实际方向与假设的方向相反，即应指向左。

例 4-2 某飞机的一侧机翼重 W=7.8 kN。飞机水平匀速直线飞行时，作用在机翼上的升力 F=27 kN，力的作用线位置如图 4-9 所示，其中尺寸单位是 mm。试求机翼与机身连接处的约束反力。

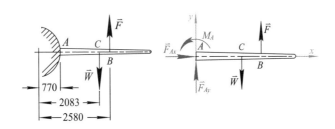

图 4-9 飞机机翼受力分析

解 （1）取机翼为研究对象。

（2）画受力图。机翼与机身连接处 A 为刚性连接，视为固定端约束，其约束反力用 $\vec{F}_{Ax}$、$\vec{F}_{Ay}$ 和 M_A 表示。主动力有 $\vec{W}$、$\vec{F}$，方向如图所示。

（3）取坐标系 Axy，如图 4-9 所示，列出平衡方程，得

$$\sum F_x = 0 , \qquad F_{Ax} = 0$$

$$\sum F_y = 0 , \qquad F_{Ay} - W + F = 0$$

$$\sum M_A(\vec{F}) = 0 , \quad M_A - W(2.083 - 0.770) + F(2.580 - 0.770) = 0$$

代入已知数据，就可由上述方程解得

$$F_{Ax} = 0 \text{ kN}$$

$$F_{Ay} = -19.2 \text{ kN}$$

$$M_A = -38.629 \text{ kN} \cdot \text{m}$$

式中负号说明实际方向与图示假设的方向相反。

第五节　平面平行力系的平衡方程

各力的作用线在同一平面内且相互平行的力系称为平面平行力系。平面平行力系是平面任意力系的特殊情况。例如起重机、桥梁等结构上所受的力系，常常可以简化为平面平行力系。

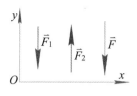

图 4-10 平面平行力系

当平面平行力系平衡时，也应满足平面任意力系的平衡方程。如选取 x 轴与力系中各力垂直，如图 4-10 所示，则各力在 x 轴上的投影恒等于零，即 $\sum F \equiv 0$。于是平面平行力系独立的平衡方程只有两个，即

$$\left.\begin{array}{l} \sum F_y = 0 \\ \sum M_O(\vec{F}) = 0 \end{array}\right\} \qquad (4\text{-}11)$$

由此可知，平面平行力系平衡的必要与充分条件是：力系中所有各力的投影的代数和等于零，以及各力对于平面内任一点之矩的代数和也等于零。

平面平行力系的平衡方程也可以表示为二力矩形式，即

$$\left.\begin{array}{l} \sum M_A(\vec{F}) = 0 \\ \sum M_B(\vec{F}) = 0 \end{array}\right\} \qquad (4\text{-}12)$$

但 A、B 连线不能与各力平行。

可见，应用平面平行力系的平衡方程可求解两个未知量。

例 4-3 在水平双伸梁上作用有集中载荷 $\vec{F}$，矩为 M 的力偶和集度为 q 的均布载荷，如图 4-11（a）所示。已知 $F=20\,\text{kN}$，$M=16\,\text{kN}\cdot\text{m}$，$q=20\,\text{kN/m}$，$a=0.8\,\text{m}$。求支座 A、B 的约束反力。

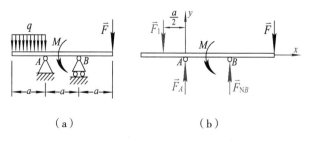

（a） （b）

图 4-11 双伸梁受力分析

解 （1）取双伸梁为研究对象。

（2）画受力图。将分布力简化为集中力 $\bar{F}_1$。在均匀分布力的情形下，显然 $F_1 = qa$，其作用线位于分布范围的中间。作用于梁上的主动力还有集中载荷 $\bar{F}$，矩为 M 的力偶；约束反力有支座反力 $\bar{F}_A$ 及 $\bar{F}_{NB}$，这些力组成一平面平行力系，如图 4-11（b）所示。

（3）取坐标系 Axy，如图所示，列平衡方程，得

$$\sum M_A(\bar{F}) = 0, \quad F_{NB}a + qa \times \frac{a}{2} + M - F \cdot 2a = 0$$

$$\sum F = 0, \quad F_{NB} + F_A - qa - F = 0$$

解得

$$F_{NB} = -\frac{qa}{2} - \frac{M}{a} + 2F = 12 \text{ kN}$$

$$F_A = F + qa - F_{NB} = 24 \text{ kN}$$

例4-4 塔式起重机如图 4-12 所示。机架重 $W_1 = 70$ kN，作用线通过塔架的中心。最大起重量 $W_2 = 200$ kN，最大悬臂长为 12 m，轨道 AB 的间距为 4 m。平衡块重 W_3，到机身中心线距离为 6 m。欲保证起重机在满载及空载时都不致翻倒，求平衡块的重量应为多少。

解 要使起重机不翻倒，应使作用在起重机上的所有力满足平衡条件。起重机所受的力有：载荷的重力 $\bar{W}_2$、机架的重力 $\bar{W}_1$、平衡块的重力 $\bar{W}_3$，以及轨道的约束反力 $\bar{F}_{NA}$ 和 $\bar{F}_{NB}$。

当满载时，为使起重机不绕 B 点翻倒，这些力必须满足平衡方程 $\sum M_B(\bar{F}) = 0$。在临界平衡情况下，$F_{NA} = 0$。这时求出 W_3 值是所允许的最小值。

$$\sum M_B(\bar{F}) = 0, \quad W_{3min}(6+2) + 2W_1 - W_2(12-2) = 0$$

$$W_{3min} = \frac{1}{8}(10W_2 - 2W_1) = 75 \text{ kN}$$

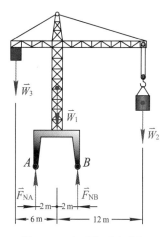

图 4-12　起重机受力分析

当空载时，$W_2 = 0$。为使起重机不绕 A 点翻倒，所受的力必须满足平衡方程 $\sum M_A(\vec{F}) = 0$，在临界平衡情况下，$F_{NB} = 0$。这时求出的 W_3 值是所允许的最大值。

$$\sum M_A(\vec{F}) = 0, \quad W_{3\max}(6-2) - 2W_1 = 0$$

$$W_{3\max} = \frac{2W_1}{4} = 350 \text{ kN}$$

起重机实际工作时不允许处于临界状态，要使起重机不致翻倒，平衡块的重量应在这两者之间，即 $75 \text{ kN} < W_3 < 350 \text{ kN}$。

第六节　物体系统的平衡·静定与静不定问题的概念

前面研究的都是单个物体的平衡问题。在工程实际中往往还需要研究由几个物体组成的系统的平衡问题。由若干个物体通过一定的约束组成的系统称为物体系统，简称为物系。研究它们的平衡问题时，不仅要知道外界物体对于这个系统的作用，同时还应分析系统内各物体之间的相互作用。外界物体作用于系统的力称为该系统的外力；系统内部各物体间相互作用的力称为该系统的内力。由作用与反作用定律可知，内力总是成对出现的，因此当取整个系统为分离体时，可不考虑内力；当要求系统的内力时，就必须取系统中与所求内力有关的某些物体为分离体来研究。此外，即使内力不是所要求的，对于物系的平衡问题，有时也要把一些物体分开来研究，才能求出所有的未知外力。

当整个系统平衡时，组成该系统的每一个物体也都处于平衡状态。因此对于每一个受平面任意力系作用的物体，均可写出三个平衡方程。如物系由 n 个物体组成，则共有 $3n$ 个独立平衡方程。若系统中的物体有受平面汇交力系或平面平行力系作用时，则独立平衡方程的总数目相应地减少。

在刚体静力学中，当研究单个物体或物体系统的平衡问题时，对应于每一种力系的独立平衡方程的数目是一定的。若所研究的问题的未知量的数目等于或少于独立平衡方程的数目时，则全部未知量都能由平衡方程求出，这样的问题称为静定问题。若未知量的数目多于独立平衡方程的数目，则未知量不能全部由平衡方程求出，这样的问题称为静不定问题或超静定问题。而总未知量数与总独立平衡方程数之差称为静不定次数。在一般情况下，在对问题进行受力分析并作出受力图后，就应进行检验，加以区别。图 4-13 所示的简支梁和三铰拱都是静定结构；图 4-14 所示的结构都是一次静不定结构。

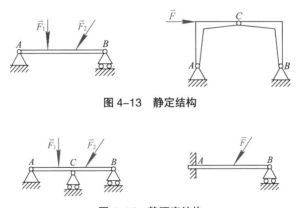

图 4-13　静定结构

图 4-14　静不定结构

应当指出，对于静不定问题，必须考虑物体因受力作用而产生的变形，加列某些补充方程后，才能使方程的数目等于未知量的数目。静不定问题已超出刚体静力学的范围，须在材料力学和结构力学中研究。

例4-5　图示静定多跨梁由 AB 梁和 BC 梁用中间铰 B 连接而成，支承和载荷情况如图 4-15（a）所示。已知 $F=20$ kN，$q=5$ kN/m，$\theta=45°$，求支座 A、C 的约束反力和中间铰 B 处的压力。

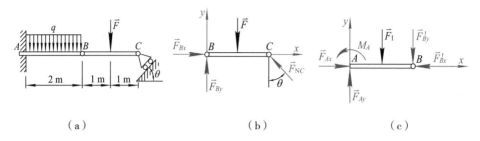

（a） （b） （c）

图 4-15 静定多跨梁受力分析

解　静定多跨梁是由几个部分梁组成，组成的次序是先固定基础部分，后固定附属部分。单靠本身能承受载荷并保持平衡的部分称为基础部分；单靠本身不能承受载荷并保持平衡的部分称为附属部分。本题 AB 梁是基础部分，而 BC 梁是附属部分。这种问题通常是先研究附属部分，再计算基础部分。

先取 BC 梁为研究对象，受力分析，建立坐标系 Bxy，如图 4-15（b）所示。列平衡方程，得

$$\sum M_B(\vec{F}) = 0 , \quad -F \times 1 + F_{NC}\cos\theta \times 2 = 0$$

$$\sum F_x = 0 , \qquad F_{Bx} - F_{NC}\sin\theta = 0$$

$$\sum F_y = 0 , \qquad F_{By} - F + F_{NC}\cos\theta = 0$$

解得

$$F_{NC} = \frac{F}{2\cos\theta} = \frac{20}{2\cos 45°} = 14.14(\text{kN})$$

$$F_{Bx} = F_{NC}\sin\theta = \frac{F}{2}\tan\theta = \frac{20}{2}\tan 45° = 10(\text{kN})$$

$$F_{By} = F - F_{NC}\cos\theta = \frac{F}{2} = 10(\text{kN})$$

再取 AB 梁为研究对象，受力图及坐标系如图 4-15（c）所示。列平衡方程，得

$$\sum M_A(\vec{F}) = 0, \quad M_A - 2q \times 2 \times \frac{1}{2} + F'_{By} \times 2 = 0$$

$$\sum F_x = 0, \quad\quad\quad F_{Ax} - F'_{Bx} = 0$$

$$\sum F_y = 0, \quad\quad\quad F_{Ay} - 2q + F'_{By} = 0$$

解得

$$M_A = 2q + 2F'_{By} = 2 \times 5 + 2 \times 10 = 30 (\text{kN} \cdot \text{m})$$

$$F_{Ax} = F'_{Bx} = 10 (\text{kN})$$

$$F_{Ay} = 2q + F'_{By} = 20 (\text{kN})$$

例 4-6 均质圆球重 W_1=600 N，置于墙与斜杆 AB 间；在 AB 杆的 D 处悬挂有重物 W_2=300 N。AB 杆由铰链 A 和 BC 杆支持，如图 4–16（a）所示。已知 AB 长 l，AE=0.4l，BD=0.2l，各杆的重量及摩擦不计。求铰链 A 的约束反力和杆 BC 所受的力。

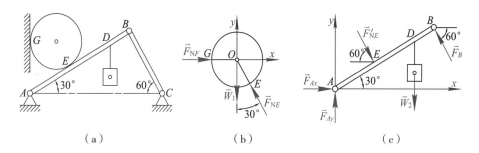

（a）　　　　　　　（b）　　　　　　　（c）

图 4-16 刚体系统受力分析

解 先取均质圆球为研究对象，受力图及坐标系 Oxy，如图 4–16（b）所示，为一汇交力系。列平衡方程，得

$$\sum F_y = 0, \quad F_{NE}\cos 30° - W_1 = 0$$

解得

$$F_{NE} = \frac{W_1}{\cos 30°} = \frac{600}{\cos 30°} = 692.82 (\text{N})$$

再取 AB 杆连同重物为研究对象，受力分析，建立坐标系 Axy，如图 4–16（c）所示。列平衡方程，得

$$\sum F_x = 0, \quad\quad\quad F_{Ax} + F'_{NE}\cos 60° - F_B\cos 60° = 0$$

$$\sum F_y = 0, \qquad F_{Ay} - F_{NE}' \sin 60° - W_2 + F_B \sin 60° = 0$$

$$\sum M_A(\vec{F}) = 0, \quad F_B \cdot l - W_2 \times 0.8l \cos 30° - F_{NE}' \times 0.4l = 0$$

解得

$$F_B = 484.97 \text{ N}$$

$$F_{Ay} = 480 \text{ N}$$

$$F_{Ax} = -103.92 \text{ N}（实际方向与图设方向相反）$$

通过对上述例题的分析，可将物体系统平衡问题的解题步骤和注意事项简述如下：

1. 根据题意选取研究对象。这是很关键的一步，选得恰当，解题就能简洁顺利。选取研究对象，一般从受已知力作用的物体开始，先求出接触处的未知力，而后再逐个选取，直至求出全部未知力；或者先取整体系统为研究对象，求出部分未知力后，再取系统中某一部分或某个物体为研究对象，逐个求出其余未知力。

2. 对确定的研究对象进行受力分析，正确地画出受力图。受力图上只画外力，要注意作用力与反作用力的关系。

3. 按照受力图所反映的力系特点和需要求解的未知力的数目，列出相应的独立平衡方程。为使解题简洁，应尽可能地使每个方程只包含一个未知量。为此，矩心可取在未知力的交点上，坐标轴尽可能与较多的未知力垂直。

4. 求解平衡方程。若求得的约束反力为负值，则说明力的实际方向与受力图中假设的方向相反。但若用它代入另一方程求解其他未知量时，应连同负号一并代入。

👍 本章小结

1. 本章用解析法研究平面任意力系的合成与平衡问题，在静力学中占有重要地位。

2. 平面任意力系的合成是用力系向已知点简化的方法，这个方法以力线平移定理为基础，归结为力系的主矢和对于简化中心的主矩的计算与分析。

主矢	主矩	合成结果
$\vec{F}_R' \neq 0$	$M_O \neq 0$	合力
	$M_O = 0$	
$\vec{F}_R' = 0$	$M_O \neq 0$	力偶
	$M_O = 0$	平衡

3. 平面任意力系的平衡方程有三种形式。

形式	基本形式	二力矩形式	三力矩形式
平衡方程	$\sum F_x = 0$ $\sum F_y = 0$ $\sum M_O(\vec{F}) = 0$	$\sum F_x = 0$ $\sum M_A(\vec{F}) = 0$ $\sum M_B(\vec{F}) = 0$	$\sum M_A(\vec{F}) = 0$ $\sum M_B(\vec{F}) = 0$ $\sum M_C(\vec{F}) = 0$
限制条件		AB 连线不垂 直投影轴 x	A、B、C 三点不共线

4. 平面平行力系的平衡方程有两种形式。

形式	基本形式	二力矩形式
平衡方程	$\sum F_y = 0$ $\sum M_O(\vec{F}) = 0$	$\sum M_A(\vec{F}) = 0$ $\sum M_B(\vec{F}) = 0$
限制条件		A、B 连线不能与各力平行

第五章　摩擦

学习指南 ↻

1. 学习目标

说出静滑动摩擦、动滑动摩擦、摩擦角、自锁、滚动摩擦的概念。应用静摩擦定律求解具有摩擦的平衡问题。

2. 学习重点

应用静摩擦定律求解具有摩擦的平衡问题。

3. 学习难点

应用静摩擦定律求解具有摩擦的平衡问题。滚动摩擦问题。

本章将主要介绍静滑动摩擦，重点是研究具有静滑动摩擦的平衡问题，关于滚动摩擦只介绍基本概念。摩擦是普遍存在的自然现象。对于人类，摩擦的作用有积极的一面，也有消极的一面。为了发挥摩擦对生产的积极作用，减少它对生产的消极作用，我们对于摩擦力的规律应作进一步的研究。

第一节　滑动摩擦

一、摩擦的概念

在以前的章节中我们都假设物体之间的接触是绝对光滑的，不考虑摩擦力的作用，这是实际情况的一种理想化。若物体间的接触面较光滑或有良好的润滑时，摩擦力很小，对所研究的问题不起主要作用，这样假设是可以的。

在有些问题中，阻碍两物体的接触表面做相对滑动的滑动摩擦力却是主要因素。例如，重力水坝依靠摩擦力来防止坝体的滑动，机床上的夹具依靠摩擦力来锁紧工件，等等。在这些问题中，摩擦力对于物体的平衡或运动有重要的影响，它的规律正是我们应该加以利用的。

摩擦对人类的生活和生产既有有利的一面，也有不利的一面。如果没有摩擦，人不能走路，车辆不能行驶，甚至人类不能保持正常的生活。摩擦也有有害的一面，如摩擦给各种机械带来多余的阻力，使机械发热，从而消耗能量，降低效率和使用寿命。

摩擦现象比较复杂，可按不同情况分类。如按相互接触的物体的运动形式，可把摩擦分为滑动摩擦和滚动摩擦。滑动摩擦是指相对运动为滑动或具有滑动趋势时的摩擦；而滚动摩擦是指相对运动为滚动或具有滚动趋势时的摩擦。按相互接触物体有无相对运动来看，又可把摩擦分为静摩擦和动摩擦。静摩擦是两接触物体保持静止仅有相对运动趋势时的摩擦；而动摩擦是两接触物体有相对运动时的摩擦。

关于摩擦的机理和摩擦力的性质，已展开许多研究，形成了一门新的学科——摩擦学，它涉及物体接触面局部的弹塑性变形和润滑理论，以及表面物理和化学等许多复杂问题，这些问题超出了本书讨论的范围。

二、静滑动摩擦

两个相互接触的物体，当其接触表面之间有相对滑动的趋势，但仍保持相对静止时，彼此作用着阻碍相对滑动的阻力，这种阻力称为静滑动摩擦力，简称静摩擦力，常以 $\bar{F}_S$ 表示。为了说明静摩擦力的特性，可作一简单实验。

在固定水平平面上放一重量为 W 的物块 A，其上系一软绳，绳的另一端绕过滑轮挂一个可放砝码的平盘，如图 5-1 所示。画物块 A 的受力图，如图 5-1 所示。显然，当绳重和滑轮阻力略去不计时，若物块平衡，则绳对物块的拉力 $\bar{F}_T$ 的大小等于平盘和砝码的重量 W_1。当 $\bar{F}_T$ 逐渐增大时，只要不超过一定限度，物块仍然保持平衡。因为这时平面对物块除了作用法向反力 $\bar{F}_N$ 外，尚有一个与力 $\bar{F}_T$ 相反的水平力 $\bar{F}_S$ 阻止物块滑动，这个力就是静摩擦力，其方向与物体相对滑动趋势的方向相反。可见，静摩擦力就是平面对物块作用

的切向约束反力，它与一般的约束反力一样，需用平衡方程确定它的大小。此时有

$$\sum F_x = 0, \qquad F_S = F_T = W_1$$

由上式可知，静摩擦力的大小随水平力 $\vec{F}_T$ 的增大而增大。当 $W_1 = 0$ 时，$F_T = 0$，F_S 也等于零，这是静摩擦力和一般约束反力共同的性质。

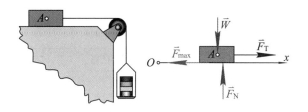

图 5-1　静滑动摩擦

但是，静摩擦力又与一般约束反力不同，它并不随着力 $\vec{F}_T$ 的增大而无限度地增大。当力 $\vec{F}_T$ 的大小达到一定数值时，物块处于将要滑动但尚未开始滑动的临界状态，这时，只要力 $\vec{F}_T$ 再增大一点，物块即开始滑动。这个现象说明，当物体处于平衡的临界状态时，静摩擦力达到最大值，称为最大静滑动摩擦力，简称最大静摩擦力，以 $\vec{F}_{max}$ 表示。此后，如力 $\vec{F}_T$ 再继续增大，静摩擦力不再随之增大，物块将失去平衡而滑动。这就是静摩擦力的特点。

综上所述可知，静摩擦力的大小随主动力的情况而改变，但介于零与最大值之间，即

$$0 \leqslant F_S \leqslant F_{max} \tag{5-1}$$

大量实验证明：最大静摩擦力的方向与物体相对滑动趋势的方向相反，其大小与两物体间的正压力（即法向反力）成正比，即

$$F_{max} = f_S F_N \tag{5-2}$$

式中，f_S 是比例常数，称为静滑动摩擦因数，简称静摩擦因数，它是一个无量纲的正数。

以上关于最大静摩擦力的规律称为静滑动摩擦定律，简称静摩擦定律（又称库仑摩擦定律）。

静摩擦因数的大小需由实验测定。它与两互相接触表面的材料和表面状况（粗糙度、温度、湿度等）有关。

应该指出，式（5-2）只是一个近似公式，它远不能充分反映出各种实际情况。但由于它比较简单，便于应用，且有足够的精确度，因此直至现在在工程技术中还被广泛采用。

常用材料的静摩擦因数 f_S，可从一般工程手册中查到（参看表5-1）。但由于影响摩擦因数的因素很复杂，因此，如果需要比较准确的数值时，必须在具体条件下进行实验测量。

表 5-1　常用材料的摩擦因数

材料名称	摩擦因数			
	静摩擦因数（f_S）		动摩擦因数（f）	
	无润滑剂	有润滑剂	无润滑剂	有润滑剂
钢－钢	0.15	0.1 ~ 0.12	0.15	0.05 ~ 0.10
钢－铸铁	0.3		0.18	0.05 ~ 0.15
钢－青铜	0.15	0.1 ~ 0.15	0.15	0.1 ~ 0.15
钢－橡胶	0.9		0.6 ~ 0.8	
铸铁－铸铁		0.18	0.15	0.07 ~ 0.12
铸铁－青铜			0.15 ~ 0.2	0.07 ~ 0.15
铸铁－皮革	0.3 ~ 0.5	0.15	0.6	0.15
铸铁－橡胶			0.8	0.5
青铜－青铜		0.10	0.2	0.07 ~ 0.10
木－木	0.4 ~ 0.6	0.10	0.2 ~ 0.5	0.07 ~ 0.15

由式（5-2）可知，要增大 $\bar{F}_{max}$，可以通过增大 f_S 或加大 $\bar{F}_N$ 来实现。例如，火车在下雪后行驶时，可在铁轨上洒细沙，以增大摩擦因数，避免打滑。要减少 $\bar{F}_{max}$，可以通过减少 f_S（如减少接触表面的粗糙度、加润滑剂等）来实现。

三、动滑动摩擦

如两个相互接触的物体发生了相对滑动（有相对速度）时，在接触面上产生阻碍物体滑动的力称为动滑动摩擦力，简称动摩擦力，以 F' 表示。动摩擦力的方向与接触物体间相对速度的方向相反。

在实验的基础上建立了动滑动摩擦定律，即

$$F' = fF_N \tag{5-3}$$

这表明动摩擦力的大小 F' 与接触面上正压力的大小 F_N 成正比。f 称为动滑动摩擦因数，简称动摩擦因数，它也与接触物体的材料，接触面粗糙程度、温度、湿度和润滑情况等因素有关。通常情况下它还有如下的性质：

1.动摩擦因数小于静摩擦因数，即

$$f < f_S$$

2. 多数材料的动摩擦因数随相对滑动速度的增大而减小，当速度变化不大时可认为 f 是常数。在精确度要求不高时，可近似地认为 $f \approx f_S$。表 5-1 中所列数值可供参考。

注意，动摩擦力与静摩擦力不同之处在于静摩擦力可取零到 $F_{max} = f_S F_N$ 之间的任意值，而动摩擦力却可看成是一常数值 $F' = fF_N$。

第二节　摩擦角和自锁现象

一、摩擦角

对某些摩擦问题，如利用摩擦角来求解，常常比较方便。现在引入摩擦角的概念。当有摩擦时，支承面对平衡物体的约束反力包含两个分量：法向反力 $\vec{F}_N$ 和切向反力 $\vec{F}_S$（即静摩擦力）。这两个分力的几何和 $\vec{F}_R = \vec{F}_N + \vec{F}_S$ 称为支承面的全约束反力（或全反力），它的作用线与接触面的公法线成一偏角 φ，如图 5-2（a）所示。当物块处于平衡的临界状态时，静摩擦力达到最大值 $\vec{F}_{max}$，全约束反力也达到最大值 $\vec{F}_{Rm} = \vec{F}_N + \vec{F}_{max}$。这时，偏角 φ 也相应地达到最大值 φ_m，如图 5-2（b）所示。全约束反力与法线间夹角的最大值 φ_m 称为摩擦角。由图可知

$$\tan\varphi_m = \frac{F_{max}}{F_N} = \frac{f_S F_N}{F_N} = f_S \tag{5-4}$$

即摩擦角的正切等于静摩擦因数。可见，摩擦角与摩擦因数一样，都是表示材料的表面性质的物理量。

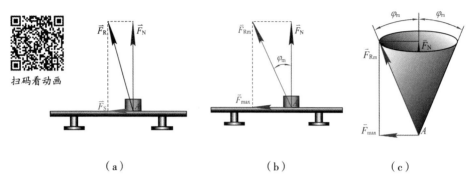

（a）   （b）   （c）

图 5-2　全约束反力、摩擦角及摩擦锥

当物块的滑动趋势方向改变时，全约束反力作用线的方位也随之改变，这时，$\vec{F}_{Rm}$ 的作用线将画出一个以接触点 A 为顶点的锥面，如图 5-2（c）所示，称为摩擦锥。若物块与支承面间沿任何方向的摩擦因数都相同，即摩擦角都相等，则摩擦锥将是一个顶角为 $2\varphi_m$ 的正圆锥。

二、自锁现象

物块平衡时，静摩擦力不一定达到最大值，可在 $0 \leqslant F_S \leqslant F_{max}$ 之间变化，由此可以看出，$\tan\varphi = F_S/F_N \leqslant F_{max}/F_N = \tan\varphi_m$，因此全约束反力与法线间的夹角 φ 也在零与摩擦角 φ_m 之间变化，即

$$0 \leqslant \varphi \leqslant \varphi_m$$

由于静摩擦力不可能超过最大值，因此全约束反力的作用线也不可能超出摩擦角以外，即全约束反力必在摩擦角之内。

1. 如果作用于物体的全部主动力的合力 $\vec{F}_Q$ 的作用线在摩擦角 φ_m 之内，则不论这个力多大，物体必保持静止。这种现象称为自锁现象。因为在这种情况下，主动力的合力 $\vec{F}_Q$ 和全约束反力 $\vec{F}_R$ 必定满足二力平衡条件，如图 5-3（a）所示。工程实际中常应用自锁原理设计一些机构或夹具，如千斤顶、圆锥锁等，使它们始终保持在平衡状态下工作。

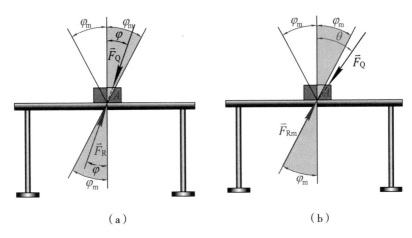

图 5-3　自锁现象

2. 如果全部主动力的合力 $\vec{F}_Q$ 的作用线在摩擦角 φ_m 之外，则无论这个力多小，物体一定会滑动。因为在这种情况下，支承面的全约束反力 $\vec{F}_{Rm}$ 和主动力的合力 $\vec{F}_Q$ 不能满足二力平衡条件，如图 5-3（b）所示。应用这个道理，可以设法避免发生自锁现象。

利用摩擦角的概念，介绍测定静摩擦因数最简单的方法——倾斜法。将欲测的两种材料做成物块 B 和可绕 O 轴转动的平板 OA，如图 5-4（a）所示，并使接触表面的情况符合预定的要求。当 θ 角较小时，由于存在摩擦，物块 B 在斜面上保持静止。此时，物块在重力 $\vec{W}$、法向反力 $\vec{F}_N$ 和静摩擦力 $\vec{F}_S$ 三力作用下处于平衡，如图 5-4（b）所示。将力 $\vec{F}_N$ 和 $\vec{F}_S$ 合成为全约束反力 $\vec{F}_R$，这样，物块 B 在重力 $\vec{W}$ 和力 $\vec{F}_R$ 作用下平衡。力 $\vec{W}$ 作用线与斜面法线间的夹角等于斜面的倾角 θ，而力 $\vec{F}_R$ 与斜面法线间的夹角为 φ。由二力平衡条件知 $\vec{W}$ 和 $\vec{F}_R$ 必等值、反向、共线，所以 $\varphi = \theta$。逐渐增大 θ 角，使物块 B 达到将要下滑的临界平衡状态，此时全约束反力 $\vec{F}_R$ 达到最大值 $\vec{F}_{Rm}$，同时角 φ 也达到摩擦角 φ_m，且 $\varphi_m = \theta$，如图 5-4（c）所示。量出此时平板 OA 的倾角 θ，即得所要测定的摩擦角 φ_m。由式（5-4）求得静摩擦因数，即

$$f_S = \tan \varphi_m = \tan \theta$$

下面讨论斜面的自锁条件，即讨论物块 B 在铅垂载荷 $\vec{W}$ 的作用下，如图 5-4（a）所示，不沿斜面下滑的条件。由前面分析可知，只有当

$$\theta \leqslant \varphi_{m}$$

时，物块不下滑，即斜面的自锁条件是斜面的倾角小于或等于摩擦角。

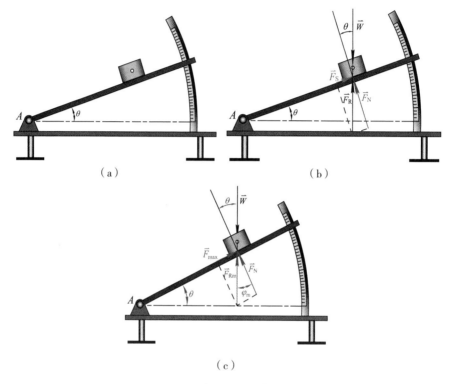

（a）　　　　　　　　　　（b）

（c）

图 5-4　倾斜法测定静摩擦因数

第三节　具有滑动摩擦的平衡问题

考虑摩擦的平衡问题与前面没有摩擦的平衡问题一样，其特点是：在受力分析时应考虑摩擦力，重要的是如何判断摩擦力的方向和计算它的大小。根据静滑动摩擦力的性质，摩擦力的方向与物体相对滑动的趋势相反；它的大小在零与最大值之间，是个未知量；物体除满足力系的平衡条件外，各处的摩擦力还必须满足摩擦力的物理条件，即不等式 $F_{S} \leqslant f_{S}F_{N}$；平衡问题的解答往往是以不等式表示的一个范围，称为平衡范围。

工程实际中有不少问题只需要分析平衡的临界状态，这时静摩擦力等于最大值，补充方程中只取等号。有时为了方便，先就临界状态计算，求得结果后再进行分析讨论。

例5-1 一物块放在倾角为 θ 的斜面上，在重力 $\vec{W}$ 的作用下物块沿斜面下滑。已知物块与斜面间的静摩擦因数为 f_S，为使物块在斜面上保持静止，在其上作用一水平力 $\vec{F}_H$，如图5-5（a）所示。试求力 $\vec{F}_H$ 的取值范围。

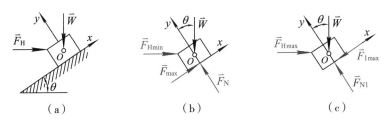

（a）　　　　　　　　（b）　　　　　　　　（c）

图5-5　考虑摩擦时物块的受力分析

解 由经验可知，如果力 $\vec{F}_H$ 太小，物块将向下滑动；如果力 $\vec{F}_H$ 太大，物块将向上滑动；因此力 $\vec{F}_H$ 的数值在一定范围内方能保持物块静止。

先求 $\vec{F}_H$ 的最小值 F_{Hmin}。在力 $\vec{F}_{Hmin}$ 的作用下，物块处于将要向下滑动的临界状态，此时，摩擦力沿斜面向上，并达到最大值 F_{max}。物块共受四个力作用：已知重力 $\vec{W}$，未知力 $\vec{F}_{Hmin}$、$\vec{F}_N$、$\vec{F}_{max}$，如图5-5（b）所示。取图示的坐标轴，列平衡方程，得

$$\sum F_x = 0, \qquad F_{Hmin}\cos\theta - W\sin\theta + F_{max} = 0 \qquad (1)$$

$$\sum F_y = 0, \qquad F_N - W\cos\theta - F_{Hmin}\sin\theta = 0 \qquad (2)$$

此外还有补充方程

$$F_{max} = f_S F_N \qquad (3)$$

由（2）（3）两式得

$$F_{max} = f_S(W\cos\theta + F_{Hmin}\sin\theta)$$

将上式代入（1）式，整理后得

$$F_{Hmin} = W\frac{\sin\theta - f_S\cos\theta}{\cos\theta + f_S\sin\theta} \qquad (4)$$

再求 $\vec{F}_H$ 的最大值 F_{Hmax}。在力 $\vec{F}_{Hmax}$ 的作用下，物块处于将要向上滑动的临界状态，此时，摩擦力沿斜面向下，并达到另一最大值（因此时力 $\vec{F}_{N1}$ 的值

与第一种情况不同），用 $\vec{F}_{1\max}$ 表示此力，物块的受力情况及坐标轴的选取，如图5-5（c）所示。列平衡方程，得

$$\sum F_x = 0, \qquad F_{H\max}\cos\theta - W\sin\theta - F_{1\max} = 0 \qquad (5)$$

$$\sum F_y = 0, \qquad F_{N1} - W\cos\theta - F_{H\max}\sin\theta = 0 \qquad (6)$$

$$F_{1\max} = f_S F_{N1} \qquad (7)$$

解得

$$F_{H\max} = W\frac{\sin\theta + f_S\cos\theta}{\cos\theta - f_S\sin\theta} \qquad (8)$$

综合（4）（8）两式可知，F_H 值在下列范围内时，物块可静止在斜面上

$$W\frac{\sin\theta - f_S\cos\theta}{\cos\theta + f_S\sin\theta} \leqslant F_H \leqslant W\frac{\sin\theta + f_S\cos\theta}{\cos\theta - f_S\sin\theta}$$

若引用摩擦角的概念，即 $f_S = \tan\varphi_m$，上式可改写为

$$W\tan(\theta - \varphi_m) \leqslant F_H \leqslant W\tan(\theta + \varphi_m)$$

在此题中，如果斜面的倾角小于摩擦角，即 $\theta < \varphi_m$ 时，上式左端成为负值，即 $F_{H\min}$ 为负值；这说明不需要力 $\vec{F}_H$ 的支持，物块就能静止在斜面上，而且无论力 $\vec{W}$ 多大，不会破坏平衡状态，这就是自锁现象。

例5-2　梯子 AB 长为 $2a$，重为 W，其一端置于水平面上，另一端靠在铅垂墙上，如图5-6（a）所示。设梯子与墙壁和梯子与地板的静摩擦因数均为 f_S，问梯子与水平线所成的倾角 θ 多大时，梯子能处于平衡状态？

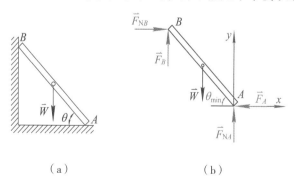

（a）　　　　　　　　　　（b）

图5-6　考虑摩擦时梯子的受力分析

解　梯子 AB 靠摩擦力作用才能保持平衡。首先求出梯子平衡时倾角 θ 的最小值 $\theta_{\min}$。这时梯子处于从静止转入滑倒的临界状态，A、B 两处的摩擦

力都达到最大值，梯子的受力图如图 5-6（b）所示。$\vec{W}$、$\vec{F}_{NA}$、$\vec{F}_A$、$\vec{F}_{NB}$、$\vec{F}_B$ 诸力构成平面任意力系。取坐标系 Axy 如图 5-6（b）示，列平衡方程，得

$$\sum F_x = 0, \qquad F_{NB} - F_A = 0 \qquad\qquad (1)$$

$$\sum F_y = 0, \qquad F_{NA} + F_B - W = 0 \qquad\qquad (2)$$

$$\sum M_A(\vec{F}) = 0, \qquad W \cdot a\cos\theta_{\min} - F_B \cdot 2a\cos\theta_{\min} \qquad (3)$$
$$- F_{NB} \cdot 2a\sin\theta_{\min} = 0$$

且有

$$F_A = f_S F_{NA} \qquad\qquad (4)$$

$$F_B = f_S F_{NB} \qquad\qquad (5)$$

将（4）（5）式代入（1）（2）式中，得

$$F_{NB} = f_S F_{NA}$$

$$F_{NA} = W - f_S F_{NB}$$

由以上两式解出

$$F_{NA} = \frac{W}{1 + f_S^2}, \quad F_{NB} = \frac{f_S W}{1 + f_S^2}$$

将所得 F_{NA} 之值代入式（2）求出 F_B，将 F_B 和 F_{NB} 之值代入式（3），并消去 W 及 a 得

$$\cos\theta_{\min} - f_S^2 \cos\theta_{\min} - 2f_S \sin\theta_{\min} = 0$$

再将 $f_S = \tan\varphi_m$ 代入上式，解得

$$\tan\theta_{\min} = \frac{1 - \tan^2\varphi_m}{2\tan\varphi_m} = \cot 2\varphi_m = \tan(\frac{\pi}{2} - 2\varphi_m)$$

可见

$$\theta_{\min} = \frac{\pi}{2} - 2\varphi_m$$

根据题意，倾角 θ 不可能大于 $\frac{\pi}{2}$，因此保证梯子平衡的倾角 θ 应满足的条件是

$$\frac{\pi}{2} \geqslant \theta \geqslant \frac{\pi}{2} - 2\varphi_m$$

不管梯子有多重，只要倾角 θ 在此范围内，梯子就能处于平衡，因此上述条件也就是梯子的自锁条件。

例 5-3 制动器的构造及主要尺寸如图 5-7（a）所示。已知制动块与圆轮表面间的摩擦因数为 f_S，求制止圆轮逆时针转动所需的力 $\vec{F}$ 的最小值。

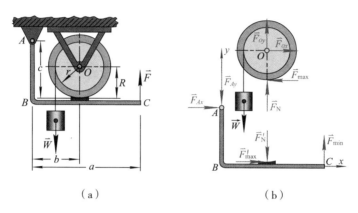

（a） （b）

图 5-7 制动器受力分析

解 圆轮的制动作用是由制动块与圆轮间的摩擦力 $\vec{F}_S$ 产生的。当力 $\vec{F}$ 为最小值 F_{min} 时，圆轮处于即将逆时针转动的临界平衡状态，摩擦力为 $\vec{F}_{max}$。

取圆轮为研究对象，受力图如图 5-7（b）所示。列平衡方程和补充方程

$$\sum M_O(\vec{F}) = 0, \qquad -F_{max}R + W \cdot r = 0$$

$$F_{max} = f_S F_N$$

解得

$$F_{max} = \frac{r}{R}W, \quad F_N = \frac{F_{max}}{f_S} = \frac{r}{f_S R}W$$

再取制动杆为研究对象，受力图如图 5-7（b）所示。列平衡方程，得

$$\sum M_A(\vec{F}) = 0, \quad F'_{max} \cdot C - F'_N \cdot b + F_{min} \cdot a = 0$$

将 $F'_N = F_N = \dfrac{r}{f_S R}W$ 和 $F'_{max} = F_{max} = \dfrac{r}{R}W$ 代入上式得

$$F_{min} = \frac{1}{a}(F'_N b - F'_{max} c) = \frac{rW}{aR}\left(\frac{b}{f_S} - c\right)$$

若力 $\vec{F}$ 大于此值时，圆轮仍能被制动，但此时的摩擦力尚未到最大值。

例 5-4 活动托架由于摩擦力的作用，可在直径 $d = 10$ cm 的圆管上卡住，如图 5-8（a）所示。已知距离 $h = 20$ cm，托架与圆管间的摩擦因数 $f_S = 0.25$，

不计托架自重。求托架在载荷 $\vec{F}$ 的作用下而不下滑时，载荷作用线至圆管中心线的距离的最小值。

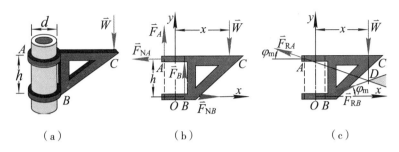

图 5-8　活动托架受力分析

解　取托架为研究对象，作用其上的力有载荷 $\vec{F}$，A、B 两处的法向反力 $\vec{F}_{NA}$、$\vec{F}_{NB}$ 和摩擦力 $\vec{F}_A$、$\vec{F}_B$。当载荷作用线至圆管中心线的距离为最小值 x 时，摩擦力达到最大值。画出受力图及取坐标系 Oxy 如图 5-8（b）所示，列平面任意力系的三个平衡方程，有

$$\sum F_x = 0, \quad F_{NB} - F_{NA} = 0 \qquad (1)$$

$$\sum F_y = 0, \quad F_A + F_B - F = 0 \qquad (2)$$

$$\sum M_A(\vec{F}) = 0, \quad F_{NB} \cdot h + F_B \cdot d - F(\frac{d}{2} + x) = 0 \qquad (3)$$

由静摩擦定律，得

$$F_A = f_S F_{NA} \qquad (4)$$

$$F_B = f_S F_{NB} \qquad (5)$$

联立求解，得

$$x = \frac{h}{2f_S} = \frac{20}{2 \times 0.25} = 40 (\text{cm})$$

这就是说当载荷的作用线至圆管中心的距离不小于 40 cm 时，托架不致滑下。

本题也可以用摩擦角的理论来求解。以 $\vec{F}_{RA}$ 和 $\vec{F}_{RB}$ 表示 A、B 两点处的全反力，且角 φ_m 就是摩擦角，则作用于托架上的力共有三个。根据三力平衡汇交定理，则知该三力必汇交于 D 点，如图 5-8（c）所示。由图可知，如交点在阴影部分内，托架总能平衡。在临界平衡情形下的交点 D 确定了距离的最小值 x。由图中几何关系可得

$$\left(x + \frac{d}{2}\right)\tan\varphi_{\mathrm{m}} + \left(x - \frac{d}{2}\right)\tan\varphi_{\mathrm{m}} = h$$

由于 $\tan\varphi_{\mathrm{m}} = f_{\mathrm{S}}$ ，故

$$x = \frac{h}{2\tan\varphi_{\mathrm{m}}} = \frac{h}{2f_{\mathrm{S}}} = 40(\mathrm{cm})$$

第四节　滚动摩擦

从生产实践中可知，滚动比滑动省力。所以在工程实际中，为了提高效率，减轻劳动强度，常利用物体的滚动代替物体的滑动。我国早在夏代就已经知道了这个道理。平时常见的搬运笨重的物体，在物体下面垫上管子，都是以滚代滑的应用实例。

现在我们来分析圆轮滚动时的情形。

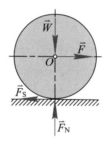

图 5-9　圆轮受力分析

设有一半径为 r ，重为 W 的圆轮，放在水平固定面上，在其中心 O 上作用一水平力 $\vec{F}$ ，如图 5-9 所示。当力 $\vec{F}$ 不大时，圆轮既不滑动也不滚动，仍能保持静止状态。分析圆轮的受力情况可知，在圆轮与平面接触的 A 点有法向反力 $\vec{F}_{\mathrm{N}}$ ，它与重力 $\vec{W}$ 等值反向；另外，还有静滑动摩擦力 $\vec{F}_{\mathrm{S}}$ ，阻止圆轮滑动，它与力 $\vec{F}$ 等值反向。但如果平面的反力仅有 $\vec{F}_{\mathrm{N}}$ 和 $\vec{F}_{\mathrm{S}}$ ，则圆轮不可能保持平衡，因为静滑动摩擦力 $\vec{F}_{\mathrm{S}}$ 与力 $\vec{F}$ 组成一个力偶，促使圆轮发生滚动。但是，实际上当力 $\vec{F}$ 不大时，圆轮是可以静止的。这是因为圆轮和平面实际上并不是刚体，它们在力的作用下都会发生变形。为了便于分析，假设圆轮是刚体，仅支承面发生变形，如图 5-10（a）所示。在接触面上，物体受分布

力的作用，这些力向 A 点简化，得到一个力 $\vec{F}_\mathrm{R}$ 和一个力偶，力偶的矩为 M_f，如图 5-10（b）所示。这个力 $\vec{F}_\mathrm{R}$ 可分解为摩擦力 $\vec{F}_\mathrm{S}$ 和正压力 $\vec{F}_\mathrm{N}$，这个矩为 M_f 的力偶称为滚动摩擦力偶，它与力偶（$\vec{F}$，$\vec{F}_\mathrm{S}$）平衡，它的转向与滚动的趋向相反，如图 5-10（c）所示。

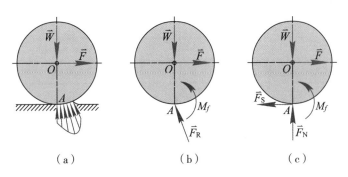

（a）　　　　　　　　　（b）　　　　　　　　　（c）

图 5-10　考虑滚动摩擦时圆轮受力分析

与静滑动摩擦力相似，滚动摩擦力偶矩 M_f 随着力偶（$\vec{F}$，$\vec{F}_\mathrm{S}$）之矩的增加而增大，当力 $\vec{F}$ 增加到某个值时，圆轮处于将滚未滚的临界平衡状态。这时，滚动摩擦力偶矩达到最大值，称为最大滚动摩擦力偶矩，用 $M_{\max}$ 表示。若力 $\vec{F}$ 再略微增大，圆轮即开始沿支承面滚动，因此滚动摩擦力偶矩 M_f 的变化范围为

$$0 \leqslant M_f \leqslant M_{\max} \tag{5-5}$$

根据实验确定：最大滚动摩擦力偶矩 $M_{\max}$ 与两个相互接触物体间的正压力（或法向反力）的大小成正比，即

$$M_{\max} = \delta \cdot F_\mathrm{N} \tag{5-6}$$

这就是库仑的滚动摩擦定律。其中 δ 是比例常数，称为滚动摩擦系数。由上式知，滚动摩擦系数具有长度的量纲，且有力偶臂的意义，其单位一般用毫米或厘米。该系数与相互接触物体表面的材料性质和表面状况（硬度、粗糙度以及温度、湿度等）有关，一般与圆轮的半径无关。这个系数可由实验测定，在一些工程手册中亦可查到。把常用的几种材料的滚动摩擦系数列表如下，供参考。

表 5-2　常用材料的滚动摩擦系数

材料名称	滚动摩擦系数 δ /cm
软钢 – 软钢	0.05
淬火钢珠 – 淬火钢	0.001
铸铁 – 铸铁	0.05
木材 – 钢	0.03 ～ 0.04
木材 – 木材	0.05 ～ 0.08
钢轮 – 钢轨	0.005

现在介绍滚动摩擦系数的物理意义。圆轮在即将滚动的临界平衡状态下，其受力如图 5-11（a）所示。根据力线平移定理，可将其中的法向反力 $\vec{F}_N$ 与最大滚动摩擦力偶 M_{max} 合成为一个力 $\vec{F}_N'$ 且 $\vec{F}_N' = \vec{F}_N$。力 $\vec{F}_N'$ 的作用线距中心线的距离为 d，如图 5-11（b）所示。

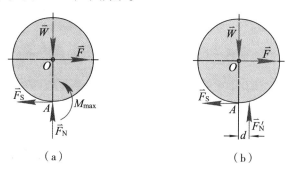

（a）　　　　　　　　　　（b）

图 5-11　滚动摩擦系数的物理意义

$$d = \frac{M_{max}}{F_N'} = \frac{M_{max}}{F_N}$$

与式（5-6）比较，得

$$\delta = d$$

因而滚动摩擦系数可看成在圆轮即将滚动时，法向反力 $\vec{F}_N'$ 离中心线的最远距离，也就是最大滚动摩擦力偶（$\vec{F}_N'$，$\vec{W}$）的臂，故它具有长度的量纲。

由于滚动摩擦系数较小，因此，在大多数情况下滚动摩擦可以忽略不计。

例 5-5　半径为 r、重为 W 的车轮，放置在倾斜的铁轨上。已知车轮与铁轨间的滚动摩擦系数为 δ，求车轮的平衡条件，用铁轨倾角 θ 表示。

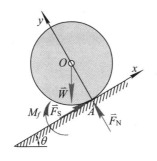

图 5-12　车轮受力分析

解　取车轮为研究对象。受力分析，建立坐标系 Oxy ，如图 5-12 所示。由平衡条件，列出方程，有

$$\sum M_A(\vec{F}) = 0, \qquad -M_f + W \cdot r \sin\theta = 0$$

$$\sum F_y = 0, \qquad F_N - W \cos\theta = 0$$

由以上两式解得

$$M_f = W \cdot r \sin\theta, \qquad F_N = W \cos\theta$$

由于滚动摩擦力偶矩 M_f 不能超过它的最大值 $M_{max} = \delta F_N$ ，因此得

$$W \cdot r \sin\theta \leqslant \delta W \cos\theta$$

即

$$\tan\theta \leqslant \frac{\delta}{r}$$

这就是使车轮平衡所必须满足的条件。

这个关系可以启发我们用简单的实验方法，求出滚动摩擦系数。当车轮开始沿铁轨向下滚动时，滚动摩擦力偶矩 M_f 达到最大值 M_{max} ，设此时倾角为 θ ，则有

$$\delta = r \tan\theta$$

👍 **本章小结**

1. 本章讨论了有关摩擦的基本理论以及具有摩擦的平衡问题的解法，并介绍了摩擦角、自锁及滚动摩擦的概念。

2. 基于简单实验而得出的摩擦定律即

$$F_{max} = f_S F_N \quad (\text{静摩擦定律})$$

$$F' = f F_N \quad (\text{动摩擦定律})$$

$$M_{max} = \delta F_N \quad (\text{滚动摩擦定律})$$

这些都是近似定律。滑动摩擦定律比较可靠，应用广泛，但要注意摩擦因数的确定。

3. 当静摩擦力达到最大值 F_{max} 时，全约束反力与法线间夹角的最大值 φ_m 称为摩擦角，它与静摩擦因数 f_S 的关系为

$$\tan \varphi_m = f_S$$

4. 自锁是物体依靠摩擦力维持平衡的一种现象，在工程上有重要的应用。自锁条件就是物体的平衡条件，为一平衡范围，其特点是与主动力的大小无关。当主动力的合力作用线在摩擦角之内时发生自锁现象。

5. 求解具有摩擦的平衡问题，除直接应用平衡方程和物理条件（$F_S \leqslant f_S F_N$、$M_f \leqslant \delta F_N$）不等式方程外，通常是考虑临界平衡状态时需求量的值，分析清是最大值还是最小值，解等式方程，然后根据问题的具体情况考虑其范围。利用摩擦角和平衡的几何条件解题，有时较为简便。

第六章　空间力系

学习指南👆 -- ●

1. 学习目标

说明空间汇交力系的简化过程和结果；应用空间汇交力系平衡方程求解平衡问题；计算空间力对点之矩矢；解释空间力偶矩矢的概念；说明空间力偶系的简化过程和结果；应用空间力偶系的平衡方程求解平衡问题；能根据空间任意力系的平衡条件写出平衡方程；应用空间任意力系平衡方程求解静力学平衡问题。

2. 学习重点

（1）空间汇交力系的简化结果。

（2）空间汇交力系的平衡方程及其应用。

（3）空间力偶系的简化结果。

（4）空间力偶系的平衡方程及其应用。

（5）空间任意力系的简化结果。

（6）空间任意力系的平衡方程及其应用。

3. 学习难点

（1）空间汇交力系的平衡方程及其应用。

（2）空间力偶系的平衡方程及其应用。

（3）空间任意力系的平衡方程及其应用。

本章将研究空间力系的合成与平衡问题。所谓空间力系，就是各力的作用线不在同一平面内，是空间分布的力系。与平面力系一样，空间力系可分为空间汇交力系、空间力偶系和空间任意力系。

空间力系与平面力系的研究方法基本相同，平面力系中的一些概念、原理和方法，在空间力系中需要引申和推广。此外，还将引入一些新的概念来概括空间力系的普遍性。

第一节　空间汇交力系

一、力在直角坐标轴上的投影

设空间直角坐标系的三个坐标轴如图 6-1 所示，已知力 $\bar{F}$ 与三轴间的夹角分别为 α、β、γ，则力 $\bar{F}$ 在轴上的投影等于力的大小乘以该夹角的余弦，即

$$\left.\begin{aligned} F_x &= F\cos\alpha \\ F_y &= F\cos\beta \\ F_z &= F\cos\gamma \end{aligned}\right\} \tag{6-1}$$

这称为直接投影法。

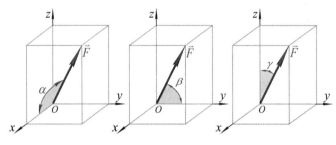

图 6-1　直接投影法

当力 $\bar{F}$ 与坐标轴 Ox、Oy 间的夹角不易确定时，可把力 $\bar{F}$ 先投影到坐标平面 Oxy 上，得到一力 $\bar{F}_{xy}$，然后再把这力投影到 x、y 轴上。在图 6-2 中，已知方位角 φ 与仰角 θ，则力 $\bar{F}$ 在三个坐标轴上的投影分别为

$$\left.\begin{aligned} F_x &= F\cos\theta\cos\varphi \\ F_y &= F\cos\theta\sin\varphi \\ F_z &= F\cos\theta \end{aligned}\right\} \tag{6-2}$$

这称为间接投影法，也叫二次投影法。

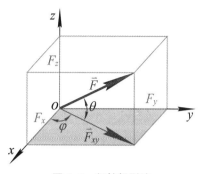

图 6-2　间接投影法

应该注意，力在轴上的投影是代数量，而力在平面上的投影是矢量。这是因为 $\vec{F}_{xy}$ 的方向不能像在轴上的投影那样可简单地用正负号来表明，而必须用矢量来表示。

反之，若已知力 $\vec{F}$ 在坐标轴上的投影 F_x、F_y、F_z，则该力的大小及方向为

$$F = \sqrt{F_x^2 + F_y^2 + F_z^2}$$

$$\cos\alpha = \frac{F_x}{F}, \quad \cos\beta = \frac{F_y}{F} \quad \cos\gamma = \frac{F_z}{F} \tag{6-3}$$

二、力沿直角坐标轴的分解

若以 $\vec{F}_x$、$\vec{F}_y$、$\vec{F}_z$ 表示力 $\vec{F}$ 沿直角坐标轴 x、y、z 的正交分量（分力），则

$$\vec{F} = \vec{F}_x + \vec{F}_y + \vec{F}_z \tag{6-4}$$

如图 6-3 所示，以 $\vec{i}$、$\vec{j}$、$\vec{k}$ 分别表示沿 x、y、z 坐标轴方向的单位矢量，则力 $\vec{F}$ 在坐标轴上的投影和力沿坐标轴的正交分量间的关系可表示为

$$\left.\begin{array}{l} \vec{F}_x = F_x\vec{i} \\ \vec{F}_y = F_y\vec{j} \\ \vec{F}_z = F_z\vec{k} \end{array}\right\} \tag{6-5}$$

把式（6-5）代入式（6-4），得

$$\vec{F} = F_x\vec{i} + F_y\vec{j} + F_z\vec{k} \tag{6-6}$$

这就是力 $\vec{F}$ 沿直角坐标轴的解析式。其中单位矢量 $\vec{i}$、$\vec{j}$、$\vec{k}$ 前面的系数

等于力 $\vec{F}$ 在相应坐标轴上的投影。

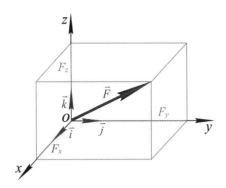

图 6-3　力沿直角坐标轴的分解

三、空间汇交力系的合成与平衡

求空间汇交力系合力的方法，与求平面汇交力系合力的方法相同，也可分别用几何法和解析法进行研究。空间汇交力系合成的几何法是应用力的多边形法则，但所作出的力多边形各边不在同一平面内，它是一空间的多边形，这是与平面汇交力系不同的。因此空间汇交力系的合力可用空间的力多边形的封闭边来表示，其作用线过力系的汇交点，以矢量式表示为

$$\vec{F}_R = \vec{F}_1 + \vec{F}_2 + \cdots + \vec{F}_n = \sum \vec{F}$$

由于空间汇交力系的力多边形是空间的，因此用几何法求合力并不方便。在实际解题时，一般采用解析法。

设作用于刚体的空间汇交力系 $\vec{F}_1$、$\vec{F}_2$、$\cdots$、$\vec{F}_n$ 汇交于 O 点，如图 6-4所示，选力系汇交点 O 为原点，建立直角坐标系 $Oxyz$，把各力用解析式表示，即

$$\vec{F}_i = F_{ix}\vec{i} + F_{iy}\vec{j} + F_{iz}\vec{k} \ (\ i=1, 2, \cdots, n\ )$$

代入上式后得

$$\vec{F}_R = \sum \vec{F} = \sum F_x \vec{i} + \sum F_y \vec{j} + \sum F_z \vec{k}$$

式中，$\vec{i}$、$\vec{j}$、$\vec{k}$ 的系数应分别为合力 $\vec{F}_R$ 在 x、y、z 轴上的投影，故有

$$\left.\begin{array}{l} F_{Rx} = \sum F_x \\ F_{Ry} = \sum F_y \\ F_{Rz} = \sum F_z \end{array}\right\} \qquad (6-7)$$

即空间力系的合力对任一轴的投影，等于各力对该轴的投影的代数和，这就是空间的合力投影定理。

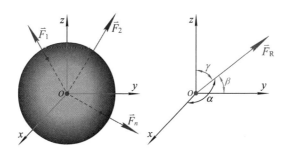

图 6-4　空间汇交力系的合成

在求得合力的投影 F_{Rx}、F_{Ry}、F_{Rz} 后，合力的大小和方向按式（6-3）求得，即

$$\left.\begin{array}{l} F_R = \sqrt{F_{Rx}^2 + F_{Ry}^2 + F_{Rz}^2} = \sqrt{(\sum F_x)^2 + (\sum F_y)^2 + (\sum F_z)^2} \\ \cos\alpha = \dfrac{F_{Rx}}{F_R}, \cos\beta = \dfrac{F_{Ry}}{F_R}, \cos\gamma = \dfrac{F_{Rz}}{F_R} \end{array}\right\} \qquad (6-8)$$

式中，α、β、γ 分别为合力 $\vec{F}_R$ 与 x、y、z 轴正向间的夹角，而合力 $\vec{F}_R$ 的作用线通过力系的汇交点 O。

由于空间汇交力系可以合成为一个合力，因此，空间汇交力系平衡的必要与充分条件是：该力系的合力等于零，即

$$\vec{F}_R = \sum \vec{F} = 0$$

由此可知空间汇交力系几何法平衡的必要与充分条件是：该力系的力多边形自行封闭。

如用解析法表示此平衡条件，则

$$F_R = \sqrt{(\sum F_x)^2 + (\sum F_y)^2 + (\sum F_z)^2} = 0$$

欲使上式成立，必须同时满足

$$\left.\begin{array}{l}\sum F_x = 0 \\ \sum F_y = 0 \\ \sum F_z = 0\end{array}\right\}\qquad(6-9)$$

于是可得结论：空间汇交力系解析法平衡的必要与充分条件是：该力系中所有各力在三个坐标轴中每一轴上的投影的代数和分别等于零。式（6-9）称为空间汇交力系的平衡方程。

应用空间汇交力系的平衡方程可以求解三个未知量。在解题计算时，应注意弄清空间的几何关系，并适当选取坐标轴，以简化计算。

顺便指出：当空间汇交力系平衡时，它在任何平面上的投影力系（平面汇交力系）也平衡，因此可以把空间平衡问题转化为平面平衡问题去处理；坐标轴是可以任意选取的，只要这三个轴不共面以及它们中的任何两个轴不互相平行。

例6-1 重物 $W = 680$ N，由杆 AB 和绳索 AC 与 AD 所支持，如图6-5（a）所示。已知 $AB = 145$ cm，$AC = 80$ cm，$AD = 60$ cm，矩形 $CADE$ 的平面是水平的，B 点是球形铰链支座。如杆的重量不计，求杆 AB 所受的力和绳索的拉力。

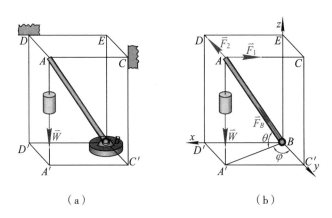

（a）   （b）

图6-5　杆 AB 受力分析

解　取杆 AB 与重物为研究对象，其上受有主动力 $\vec{W}$，A 处受绳拉力 $\vec{F}_1$ 与 $\vec{F}_2$；球形铰链（通过圆球和球壳将两个构件连接在一起的约束）B 的约束力方向一般不能预先确定，可用三个正交分力表示（见表6-1）。本题中，由于杆重不计，又只在 A、B 两端受力，所以杆 AB 为二力杆，球铰 B 对杆 AB 的反力 $\vec{F}_B$ 必沿 A、B 连线。$\vec{W}$、$\vec{F}_1$、$\vec{F}_2$ 和 $\vec{F}_B$ 四个力汇交于点 A，为一空间汇交力系。

取坐标系 $Bxyz$，如图 6-5（b）所示。由几何关系可知

$$\sin\theta = \frac{105}{145}, \qquad \cos\theta = \frac{100}{145}$$

$$\sin\varphi = \frac{80}{100}, \qquad \cos\varphi = \frac{60}{100}$$

由平衡条件，列平衡方程，得

$$\sum F_x = 0, \quad F_B\cos\theta\sin\varphi - F_1 = 0$$
$$\sum F_y = 0, \quad F_B\cos\theta\cos\varphi - F_2 = 0$$
$$\sum F_z = 0, \quad F_B\sin\theta - W = 0$$

解得

$$F_B = \frac{W}{\sin\theta} = 680 \times \frac{145}{105} = 939.1(\text{N})$$

$$F_1 = F_B\cos\theta\sin\varphi = 939.1 \times \frac{100}{145} \times \frac{80}{100} = 518.1(\text{N})$$

$$F_2 = F_B\cos\theta\cos\varphi = 939.1 \times \frac{100}{145} \times \frac{60}{100} = 388.6(\text{N})$$

F_B 为正值，说明图中所设 $\vec{F}_B$ 的方向正确，杆 AB 受压力。

第二节　空间力偶理论

一、空间力偶的等效条件·力偶矩矢的概念

由平面力偶理论知道，只要不改变力偶矩的大小和力偶的转向，力偶可以在它的作用面内任意移转；只要保持力偶矩的大小和力偶的转向不变，也可以同时改变力偶中力的大小和力偶臂的长短，而不改变力偶对刚体的作用。实践经验还告诉我们，力偶的作用面也可以平移。例如用螺丝刀拧螺钉时，只要力偶矩的大小和力偶的转向保持不变，则力偶的作用面可以垂直于螺丝

刀的轴线平行移动，而并不影响拧螺钉的效果。由此可知，空间力偶的作用面可以平行移动，而不改变力偶对刚体的作用效果。反之，如果两个力偶的作用面不相互平行（即作用面的法线不相互平行），即使它们的力偶矩大小相等，这两个力偶对物体的作用效果也不同。

综上所述，空间力偶的等效条件是：作用在同一刚体的两平行平面内的两个力偶，若它们的力偶矩的大小相等和力偶的转向相同，则两个力偶等效。即力偶对刚体的作用与力偶作用面的位置无关，而仅与作用面的方位有关。因此，力偶对刚体的作用效应是由三个因素决定的，即力偶矩的大小、力偶作用面的方位和力偶的转向，这就是力偶的三要素。

我们可以用一个矢量来表示这三个要素：矢量的长度按一定比例尺表示力偶矩的大小，方位与力偶作用面的法线方位相同，指向按右手规则表示力偶的转向。即先使右手四指按力偶转向弯曲，然后伸直拇指，则拇指所指的方向即为矢量的指向，如图 6-6（a）所示；或从矢量的末端看去，应看到力偶的转向是逆时针转向，如图 6-6（b）所示。这样，这个矢量就完全包括了上述三个要素，我们称它为力偶矩矢，记作 $\vec{M}$。力偶矩矢的合成符合平行四边形法则。由此可知，力偶对刚体的作用完全由力偶矩矢所决定。

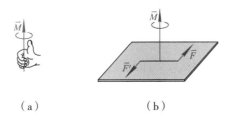

（a）　　　　　　　　（b）

图 6-6　力偶矩矢

应该指出，由于力偶可以在同平面内任意移转，并可搬移到平行平面内，而不改变它对刚体的作用效果。故力偶矩矢可以平行搬移，而不需要确定矢的初端位置。可见力偶矩矢为一自由矢量。

应用力偶矩矢的概念，力偶的等效条件可叙述为：两个力偶的力偶矩矢相等，则它们是等效的。

二、空间力偶系的合成与平衡

空间力偶系可合成为一合力偶，合力偶矩矢等于各分力偶矩矢的矢量和，即

$$\vec{M} = \vec{M}_1 + \vec{M}_2 + \cdots + \vec{M}_n = \sum \vec{M}_i \ (\ i = 1, 2, 3 \cdots, n\ ) \tag{6-10}$$

若空间力偶系的合力偶矩矢等于零，则该力偶系必平衡。于是可知，空间力偶系平衡的必要与充分条件是：该力偶系的合力偶矩矢等于零，亦即该力偶系中所有各力偶矩矢的矢量和等于零（为便于书写，下标 i 可略去），即

$$\sum \vec{M} = 0$$

如写成投影形式，则得

$$\left. \begin{array}{l} \sum M_x = 0 \\ \sum M_y = 0 \\ \sum M_z = 0 \end{array} \right\} \tag{6-11}$$

上式称为空间力偶系的平衡方程。即空间力偶系平衡的必要和充分条件是：该力偶系中所有各力偶矩矢在三个坐标轴上投影的代数和分别等于零。

这三个独立的平衡方程，可求解三个未知量。

第三节　力对点之矩与力对轴之矩

一、力对点之矩的矢量表示

在平面力系中，用代数量表示力对点之矩，足以概括它的全部要素。但是在空间的情况下，不仅要考虑力矩的大小、转向，而且还要注意力与矩心所组成的平面的方位，方位不同，即使力矩大小一样，作用效果也完全不同。例如，作用在飞机副翼上的力与作用在飞机升降舵上的力，对飞机绕重心转动的效果不同，前者可使飞机发生横滚，而后者则可使飞机发生俯仰。因此，在研究空间力系时，必须用力对点之矩这个概念，除了包括力矩的大小和转向外，还应包括力的作用线与矩心所组成的平面的方位。由此可见，空间力系中力对点之矩不能用代数量表示，而必须用一个矢量表示，称为力矩矢，

用符号 $\vec{M}_O(\vec{F})$ 表示，如图 6-7 所示。该力矩矢通过矩心 O，垂直于力 $\vec{F}$ 与矩心 O 所确定的平面，指向由右手规则决定，即从矢量的末端看去，力矩的转向是逆时针的。矢量的长度表示力矩的大小，即

$$\left| \vec{M}_O(\vec{F}) \right| = Fd = 2\Delta OAB$$

由图 6-7 中易见，如以 $\vec{r}$ 表示矩心 O 至力 $\vec{F}$ 的作用点 A 的矢径，则 $\vec{M}_O(\vec{F})$ 有下面的矢积形式，即

$$\vec{M}_O(\vec{F}) = \vec{r} \times \vec{F} \qquad (6-12)$$

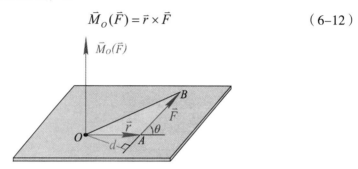

扫码看动画

图 6-7　力矩矢

上式为力对点之矩的矢积表达式，即力对点之矩矢等于矩心到该力作用点的矢径与该力的矢量积。

应该指出，当矩心的位置改变时，$\vec{M}_O(\vec{F})$ 的大小及方向也随之改变，可见力矩矢为一定位矢量。

二、力对轴之矩

在工程实际中，经常遇到刚体绕定轴转动的情形，为了度量力对绕定轴转动刚体的作用效果，我们必须了解力对轴之矩的概念。

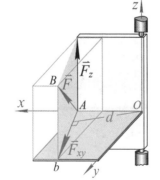

扫码看动画

图 6-8　力对轴之矩

如图 6-8 所示，门上作用一力 $\bar{F}$ ，使其绕固定轴 z 转动。现将力 $\bar{F}$ 分解为平行于 z 轴的分力 $\bar{F}_z$ 和垂直于 z 轴的分力 $\bar{F}_{xy}$（此力即为力 $\bar{F}$ 在垂直于 z 轴的平面 Oxy 上的投影）。由经验可知，分力 $\bar{F}_z$ 不能使静止的门绕轴转动，力 $\bar{F}_z$ 对 z 轴之矩为零；只有分力 $\bar{F}_{xy}$ 才能使静止的门绕 z 轴转动。现用符号 $M_z(\bar{F})$ 表示力 $\bar{F}$ 对 z 轴之矩，点 O 为平面 Oxy 与 z 轴的交点，d 为点 O 到力 $\bar{F}_{xy}$ 作用线的距离。因此，力 $\bar{F}$ 对 z 轴之矩就是分力 $\bar{F}_{xy}$ 对 O 点之矩，即

$$M_z(\bar{F}) = M_O(\bar{F}_{xy}) = \pm F_{xy}d = \pm 2\Delta OAb \quad (6\text{-}13)$$

于是，可得力对轴之矩的定义如下：力对轴之矩是力使刚体绕该轴转动效果的度量，是一个代数量，其大小等于这力在垂直于该轴的平面上的投影对于这平面与该轴的交点之矩。其正负号按下法确定：从 z 轴的正向观看，力 $\bar{F}$ 绕 z 轴的转向为逆时针时取正号，反之取负号。也可按右手规则确定其正负号。

由上述定义可知，当力沿其作用线滑动时，并不改变力对轴之矩。当力与轴相交或当力与轴平行时，力对轴之矩等于零，即当力与轴在同一平面时，力对该轴之矩等于零。

力对轴之矩的单位为牛顿·米（N·m）。

力对轴之矩也可用解析式表示。如图 6-9 所示，作直角坐标系 $Oxyz$ ，设力 $\bar{F}$ 的作用点 A 的坐标为 x、y、z，它在坐标轴上的投影为 F_x、F_y、F_z，由力对轴之矩的定义和平面力系的合力矩定理，得

$$M_z(\bar{F}) = M_O(\bar{F}_{xy}) = M_O(\bar{F}_x') + M_O(\bar{F}_y')$$

即

$$M_z(\bar{F}) = xF_y - yF_x \quad (6\text{-}14a)$$

同理得到其余两式，即

$$\left.\begin{array}{l} M_y(\bar{F}) = zF_x - xF_z \\ M_x(\bar{F}) = yF_z - zF_y \end{array}\right\} \quad (6\text{-}14b)$$

式（6-14）是计算力对轴之矩的解析式。

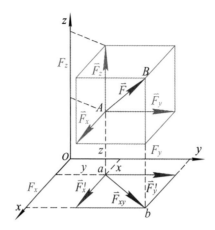

图 6-9 解析法求力对轴之矩

三、力对点之矩与力对通过该点的轴之矩的关系

以矩心 O 为原点，作空间直角坐标系 $Oxyz$ ，如图 6-10 所示，令 $\vec{i}$ 、 $\vec{j}$ 、$\vec{k}$ 分别为坐标轴 x 、 y 、 z 方向的单位矢量。设力的作用点 A 的坐标为（ x 、y 、 z ），力在三个坐标轴上的投影分别为 F_x 、 F_y 、 F_z ，则矢径 $\vec{r}$ 和力 $\vec{F}$ 的解析式分别为

$$\vec{r} = x\vec{i} + y\vec{j} + z\vec{k}$$

$$\vec{F} = F_x\vec{i} + F_y\vec{j} + F_z\vec{k}$$

代入式（6-12），得

$$\vec{M}_O(\vec{F}) = \vec{r} \times \vec{F} = (x\vec{i} + y\vec{j} + z\vec{k}) \times (F_x\vec{i} + F_y\vec{j} + F_z\vec{k})$$
$$= (yF_x - zF_y)\vec{i} + (zF_x - xF_z)\vec{j} + (xF_y - yF_x)\vec{k}$$

（6-15a）

上式为力对点之距的解析表达式。也可写成行列式的形式，即

$$\vec{M}_O(\vec{F}) = \vec{r} \times \vec{F} = \begin{vmatrix} \vec{i} & \vec{j} & \vec{k} \\ x & y & z \\ F_x & F_y & F_z \end{vmatrix} = (yF_x - zF_y)\vec{i} + (zF_x - xF_z)\vec{j} + (xF_y - yF_x)\vec{k}$$

（6-15b）

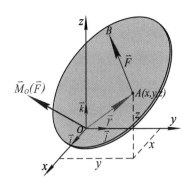

图6-10 力对点之矩与力对通过该点的轴之矩的关系

由式（6-15）可知，单位矢量$\vec{i}$、$\vec{j}$、$\vec{k}$前面的三个系数，应分别表示力对点之矩矢$\vec{M}_O(\vec{F})$在三个坐标轴上的投影，即

$$\left.\begin{aligned} [\vec{M}_O(\vec{F})]_x &= yF_z - zF_y \\ [\vec{M}_O(\vec{F})]_y &= zF_x - xF_z \\ [\vec{M}_O(\vec{F})]_z &= xF_y - yF_x \end{aligned}\right\} \qquad (6-16)$$

比较式（6-16）与（6-14），可得

$$\left.\begin{aligned} [\vec{M}_O(\vec{F})]_x &= M_x(\vec{F}) \\ [\vec{M}_O(\vec{F})]_y &= M_y(\vec{F}) \\ [\vec{M}_O(\vec{F})]_z &= M_z(\vec{F}) \end{aligned}\right\} \qquad (6-17)$$

上式说明：力对点之矩矢在通过该点的某轴上的投影，等于力对该轴之矩。这就是力矩关系定理。

我们还可以用几何法来证明这个关系。

设力$\vec{F}$作用于刚体上的A点，任取一点O，如图6-11所示，力$\vec{F}$对O点之矩矢的大小为

$$\left|\vec{M}_O(\vec{F})\right| = 2\Delta OAB$$

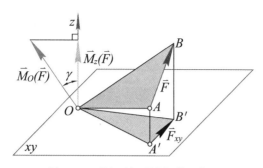

图6-11 几何法证明力矩关系定理

而力 $\vec{F}$ 对通过 O 点的 Oz 轴之矩的大小为

$$M_z(\vec{F}) = 2\Delta OA'B'$$

显然 $\Delta OA'B'$ 为 ΔOAB 在平面 xy 上的投影。这两三角形平面间的夹角等于这两平面法线之间的夹角 γ，即力矩矢 $\vec{M}_O(\vec{F})$ 与 z 轴间的夹角，根据几何关系可知

$$\Delta OAB \cos\gamma = \Delta OA'B'$$

两边各乘以 2 得

$$2\Delta OAB \cos\gamma = 2\Delta OA'B'$$

即

$$\left|\vec{M}_O(\vec{F})\right|\cos\gamma = M_z(\vec{F})$$

此式左端就是力矩矢 $\vec{M}_O(\vec{F})$ 在 z 轴上的投影，可用 $[\vec{M}_O(\vec{F})]_z$ 表示。于是上式可写为

$$[\vec{M}_O(\vec{F})]_z = M_z(\vec{F})$$

即式（6-17）的第三等式，同理可证得式（6-17）的另外两个等式。

式（6-17）建立了力对点之矩与力对轴之矩之间的关系。力对点之矩矢在理论分析中比较方便，而力对轴之矩在实际计算中比较实用，所以建立它们二者之间的关系是很有必要的。

例6-2 铅垂力 $F = 500 \text{ N}$ 作用于曲柄上，如图6-12所示，求该力对于各坐标轴之矩。

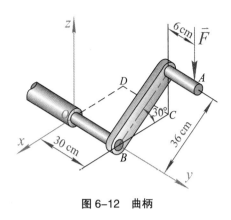

图 6-12　曲柄

解　力 $\vec{F}$ 对于各坐标轴之矩分别为

$$M_x(\vec{F}) = -F(0.30 + 0.06) = -180 \text{ N·m}$$

$$M_y(\vec{F}) = -F \times 0.36 \cos 30° = -155.9 \text{ N·m}$$

$$M_z(\vec{F}) = 0$$

第四节　空间任意力系向已知点的简化·主矢与主矩·空间力系的合力矩定理

一、空间任意力系向已知点的简化

与平面任意力系一样，我们也应用力系向已知点简化的方法来研究空间任意力系的合成问题，简化的理论依据仍然是力线平移定理。只是在空间力系中，应当把力对点之矩与力偶矩用矢量表示。这样，原来的空间任意力系就被一个空间汇交力系和一个空间力偶系等效替换。

设有空间任意力系 $\vec{F}_1$、$\vec{F}_2$、$\cdots$、$\vec{F}_n$ 作用于刚体上 A_1、A_2、$\cdots$、A_n 各点，如图 6-13（a）所示。为了简化这个力系，在刚体内任选一点 O 作为简化中心，应用力线平移定理，将各力平移至 O 点，并各附加一力偶，这样原力系变换为作用于 O 点的空间汇交力系 $\vec{F}_1'$、$\vec{F}_2'$、$\cdots$、$\vec{F}_n'$ 及力偶矩矢为 $\vec{M}_1$、$\vec{M}_2$、$\cdots$、$\vec{M}_n$ 的空间附加力偶系，如图 6-13（b）所示，其中

$$\vec{F}_1' = \vec{F}_1 , \quad \vec{F}_2' = \vec{F}_2 , \quad \cdots, \quad \vec{F}_n' = \vec{F}_n$$

$$\vec{M}_1 = \vec{M}_O(\vec{F}_1) \ , \ \vec{M}_2 = \vec{M}_O(\vec{F}_2) \ , \cdots, \ \vec{M}_n = \vec{M}_O(\vec{F}_n)$$

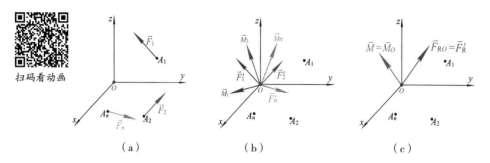

扫码看动画

（a）　　　　　　　　　（b）　　　　　　　　　（c）

图6-13　空间任意力系向已知点的简化

作用于 O 点的空间汇交力系可合成为作用于 O 点的一个力 $\vec{F}_{RO}$，而且

$$\vec{F}_{RO} = \sum \vec{F}' = \sum \vec{F} = \vec{F}_R' \qquad （6-18）$$

式中，矢量 $\vec{F}_R'$ 等于原力系中各力的矢量和，称为力系的主矢。

空间附加力偶系可合成为一力偶，其力偶矩矢为

$$\vec{M} = \sum \vec{M}_i = \sum \vec{M}_O(\vec{F}) = \vec{M}_O \qquad （6-19）$$

式中，矢量 $\vec{M}_O$ 等于原力系中各力对于简化中心之矩的矢量和，称为力系对于 O 点的主矩。

综上所述，可得如下结论：空间任意力系向任一点简化的结果，一般可得到一力和一力偶，该力作用于简化中心，其力矢等于力系的主矢，该力偶的力偶矩矢等于力系对于简化中心的主矩，如图6-13（c）所示。不难看出，力系的主矢与简化中心的位置无关，而力系对简化中心的主矩，一般随着简化中心的位置不同而改变。

为了计算主矢和主矩，可取简化中心 O 为原点的直角坐标系 $Oxyz$，将主矢 $\vec{F}_R'$ 及各力 $\vec{F}_1$、$\vec{F}_2$、$\cdots$、$\vec{F}_n$ 均投影在三个坐标轴上，则

$$\left. \begin{array}{l} F_{Rx}' = \sum F_x \\ F_{Ry}' = \sum F_y \\ F_{Rz}' = \sum F_z \end{array} \right\}$$

因此主矢 $\vec{F}_R'$ 的大小及方向余弦为

$$F'_R = \sqrt{(\sum F_x)^2 + (\sum F_y)^2 + (\sum F_z)^2}$$

$$\cos\alpha = \frac{\sum F_x}{F'_R}, \cos\beta = \frac{\sum F_y}{F'_R}, \cos\gamma = \frac{\sum F_z}{F'_R}$$

(6-20)

式中，α、β、γ 分别表示主矢 $\vec{F}'_R$ 与 x、y、z 轴正向间的夹角。

同样将 $\vec{M}_O$ 及 $\vec{M}_O(\vec{F}_1)$、$\vec{M}_O(\vec{F}_2)$、$\cdots$、$\vec{M}_O(\vec{F}_n)$ 均投影在三个坐标轴上，并应用力矩关系定理，则得

$$M_{Ox} = \sum [\vec{M}_O(\vec{F})]_x = \sum M_x(\vec{F})$$

$$M_{Oy} = \sum [\vec{M}_O(\vec{F})]_y = \sum M_y(\vec{F})$$

$$M_{Oz} = \sum [\vec{M}_O(\vec{F})]_z = \sum M_z(\vec{F})$$

因此主矩 $\vec{M}_O$ 的大小及方向余弦为

$$M_O = \sqrt{[\sum M_x(\vec{F})]^2 + [\sum M_y(\vec{F})]^2 + [\sum M_z(\vec{F})]^2}$$

$$\cos\alpha' = \frac{\sum M_x(\vec{F})}{M_O}$$

$$\cos\beta' = \frac{\sum M_y(\vec{F})}{M_O}$$

(6-21)

$$\cos\gamma' = \frac{\sum M_z(\vec{F})}{M_O}$$

式中，α'、β'、γ' 分别表示主矩 $\vec{M}_O$ 与 x、y、z 轴正向间的夹角。

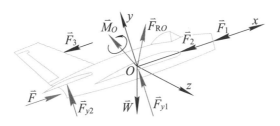

图 6-14　力系向飞机的重心 O 点简化

下面通过作用在飞机上的力系说明空间任意力系简化结果的实际意义。

如图 6-14 所示，飞机受到以下一些力的作用：飞机的重力 $\vec{W}$，喷气推力 $\vec{F}$，空气阻力 $\vec{F}_1$、$\vec{F}_2$、$\vec{F}_3$，机翼的升力 $\vec{F}_{y1}$ 和尾翼的升力 $\vec{F}_{y2}$。这些力组成一空间任意力系。如果将此力系向飞机的重心 O 点简化，可得一汇交力系和一力

偶系，其汇交力系的合力 $\vec{F}_{RO}$ 等于力系的主矢，其力偶系的合力偶矩矢 $\vec{M}$ 等于原力系对点 O 的主矩 $\vec{M}_O$。为了说明此主矢 $\vec{F}'_R$ 和主矩 $\vec{M}_O$ 对飞机作用的运动效应，通过其重心 O 作机体直角坐标轴系 $Oxyz$，令 Ox 为机体纵轴，Oy 为机体立轴，Oz 为机体横轴，将 $\vec{F}'_R$ 和 $\vec{M}_O$ 沿上述三坐标轴分解，则得到三个作用于重心 O 的正交分力 $\vec{F}'_{Rx}$、$\vec{F}'_{Ry}$、$\vec{F}'_{Rz}$ 和三个分力矩矢 $\vec{M}_{Ox}$、$\vec{M}_{Oy}$、$\vec{M}_{Oz}$。可以看出它们的意义是：力 $\vec{F}'_R$ 决定重心 O 的运动，其中

$\vec{F}'_{Rx}$ ——有效推进力；

$\vec{F}'_{Ry}$ ——有效升力；

$\vec{F}'_{Rz}$ ——侧向力。

主矩 $\vec{M}_O$ 决定飞机绕重心的转动，其中

$\vec{M}_{Ox}$ ——滚转力矩；

$\vec{M}_{Oy}$ ——偏航力矩；

$\vec{M}_{Oz}$ ——俯仰力矩。

研究飞行动力学问题时，还要详细考察这些分力和力矩对飞机的作用。

二、空间任意力系的简化结果

现在根据空间任意力系的主矢 $\vec{F}'_R$ 与对于简化中心的主矩 $\vec{M}_O$ 来进一步讨论力系简化的最后结果。

1. 主矢和主矩都等于零（$\vec{F}'_R = 0, \vec{M}_O = 0$），这说明力系平衡；

2. 主矢等于零，主矩不等于零（$\vec{F}'_R = 0, \vec{M}_O \neq 0$），力系合成为合力偶；

3. 主矢不等于零，主矩等于零（$\vec{F}'_R \neq 0, \vec{M}_O = 0$），力系合成为作用线通过简化中心的合力；

4. 主矢和主矩都不等于零（$\vec{F}'_R \neq 0, \vec{M}_O \neq 0$），进一步的分析表明，根据主矢是否与主矩相垂直，力系有两种可能的合成结果：合力、力螺旋（对这种情况，本书不展开论证）。

综上所述，空间任意力系合成的可能结果有四种：平衡、合力、合力偶、力螺旋。而对于某个具体给定的力系，其合成结果是唯一的，只能是上述四者之一。

三、空间力系的合力矩定理

在研究平面力系时得到了平面力系的合力矩定理，与平面力系一样，我们也可得到空间力系的合力矩定理，即

$$\vec{M}_O(\vec{F}_R) = \sum \vec{M}_O(\vec{F}) \tag{6-22}$$

将上式向通过 O 点的任一轴 z 上投影，并应用力矩关系定理，又可得

$$M_z(\vec{F}_R) = \sum M_z(\vec{F}) \tag{6-23}$$

式（6-22）及（6-23）表明：若空间任意力系可以合成为一个合力时，则其合力对于任一点（或轴）之矩等于力系中各力对同一点（或轴）之矩的矢量和（或代数和），这就是空间力系的合力矩定理。

第五节　空间任意力系的平衡条件与平衡方程

空间任意力系处于平衡的必要和充分条件是：该力系的主矢和对于任一点的主矩都等于零，即

$$\left.\begin{array}{l} \vec{F}_R' = 0 \\ \vec{M}_O = 0 \end{array}\right\} \tag{6-24}$$

根据式（6-20）和（6-21），可将上述条件写成空间任意力系的平衡方程为

$$\left.\begin{array}{l} \sum F_x = 0 \\ \sum F_y = 0 \\ \sum F_z = 0 \\ \sum M_x(\vec{F}) = 0 \\ \sum M_y(\vec{F}) = 0 \\ \sum M_z(\vec{F}) = 0 \end{array}\right\} \tag{6-25}$$

于是得结论，空间任意力系平衡的必要和充分条件是：所有各力在三个坐标轴每一个轴上的投影的代数和分别等于零，以及这些力对于每一个坐标轴之矩的代数和也分别等于零。

方程组（6-25）称为空间任意力系的平衡方程，其中包含三个投影式和

三个力矩式，共有六个独立的平衡方程。在平衡问题中，对于一个刚体可以列出六个独立的平衡方程，可用以求解六个未知量。

由空间任意力系的平衡方程，可以推出各种特殊力系的平衡方程。例如，对于空间平行力系，若取 z 轴平行于力系各力的作用线，则坐标平面 Oxy 与各力作用线垂直。因此，$\sum F_x \equiv 0, \sum F_y \equiv 0, \sum M_z(\bar{F}) \equiv 0$。可见，空间平行力系的平衡方程是三个，即

$$\left.\begin{array}{c} \sum F_z = 0 \\ \sum M_x(\bar{F}) = 0 \\ \sum M_y(\bar{F}) = 0 \end{array}\right\} \qquad （6-26）$$

求解空间任意力系的平衡问题时，解题步骤与以前一样。首先确定研究对象，进行受力分析，画出受力图，然后列出平衡方程，解出未知量。作受力图时要注意空间常见约束的类型、简化符号及其约束反力或反力偶的表示方法，现把它们列在表 6-1 中。

表 6-1　空间常见约束及其约束反力的表示

例 6-3　如图 6-15（a），已知飞机的重量为 $W = 47.83$ kN，其作用点在 C' 点，$x_{C'} = -0.0201$ m，$y_{C'} = -0.215$ m，并知飞机的几何条件 $a = 2.4$ m，$b =$

3 m。试计算地面对三个轮子的反力。

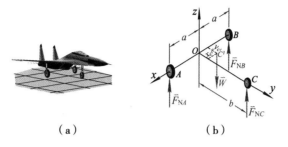

图6-15　飞机受力分析

解　取飞机为研究对象，其受力图如图6-15（b）所示，这四个力相互平行，组成一空间平行力系。

取 $Oxyz$ 坐标系，列平衡方程，得

$$\sum F_z = 0, \quad F_{NA} + F_{NB} + F_{NC} - W = 0 \tag{1}$$

$$\sum M_x(\vec{F}) = 0, \quad 3.0 \cdot F_{NC} - W \times 0.215 = 0 \tag{2}$$

$$\sum M_y(\vec{F}) = 0, \quad 2.4 \cdot F_{NB} - 2.4 F_{NA} - 0.0201W = 0 \tag{3}$$

由式（2）解得

$$F_{NC} = \frac{0.215 \times 47.83}{3.0} = 3.43(\text{kN})$$

将 $F_{NC} = 3.43$ kN 代入（1）式后，解（1）（3）两式得

$$F_{NA} = 22.0 \text{ kN}, \quad F_{NB} = 22.4 \text{ kN}$$

例6-4　传动轴 AB 上装有齿轮 C，如图6-16所示，齿轮的节圆直径 $d = 0.048\text{m}$，压力角 $\theta = 20°$，齿轮与轴承 A 及 B 相距分别为 $a = 0.09\text{m}$，$b = 0.21\text{m}$。已知轴的 A 端由电动机带动，作用有矩 $M = 70\text{kN}\cdot\text{m}$ 的力偶，转向如图所示。求齿轮所受的圆周力 $\vec{F}_\tau$ 及轴承 A、B 处的约束反力。

解　取传动轴为研究对象，作用于轴上的力有矩为 M 的力偶、齿轮的圆周力 $\vec{F}_\tau$ 与径向力 $\vec{F}_r$ 和轴承 A、B 处的约束反力 $\vec{F}_{Ax}$、$\vec{F}_{Az}$、$\vec{F}_{Bx}$、$\vec{F}_{Bz}$，轴受空间任意力系作用，如图6-16（a）所示。由于轴做匀速转动，故处于平衡。为了计算方便，选 $Axyz$ 坐标系如图所示，将作用于轴上的各力分别向三个坐标平面上投影，得到如图6-16（b）（c）（d）所示的三个平面力系。

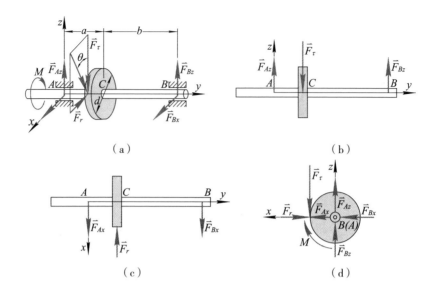

（a）   （b）

（c）   （d）

图 6-16　传动轴受力分析

由右视图，见图 6-16（d）所示，列平衡方程，得

$$\sum M_y(\vec{F}) = 0, \quad F_\tau \frac{d}{2} - M = 0$$

解得

$$F_\tau = \frac{2M}{d} = \frac{2 \times 70 \times 100}{4.8} = 2917 \text{ N} = 2.917(\text{kN})$$

因而

$$F_r = F_\tau \tan \theta = 2.917 \tan 20° = 1.062(\text{kN})$$

由俯视图，见图 6-16（c）所示，列平衡方程，得

$$\sum M_z(\vec{F}) = 0, \quad -F_{Bx}(a+b) + F_r a = 0$$

$$\sum F_x = 0, \quad F_{Ax} + F_{Bx} - F_r = 0$$

解得

$$F_{Bx} = F_r \frac{a}{a+b} = 1.062 \times \frac{0.09}{0.09 + 0.21} = 0.3186(\text{kN})$$

$$F_{Ax} = F_r - F_{Bx} = 1.062 - 0.3186 = 0.7434(\text{kN})$$

再由主视图，见图 6-16（b）所示，列平衡方程，得

$$\sum M_x(\vec{F}) = 0 \; , \quad F_{Bx}(a+b) - F_\tau a = 0$$

$$\sum F_z = 0 \; , \quad F_{Az} - F_\tau + F_{Bz} = 0$$

解得

$$F_{Bz} = F_\tau \frac{a}{a+b} = 2.917 \times \frac{0.09}{0.09 + 0.21} = 0.875 (\text{kN})$$

$$F_{Ax} = F_\tau - F_{Bz} = 2.917 - 0.875 = 2.042 (\text{kN})$$

第六节 重心·平行力系中心

在地面附近，物体的每一微小部分都受到铅直向下的地球引力，即重力。这些微小重力的合力，其大小即为该物体的重量，其作用点即为该物体的重心。确定物体重心的位置，在工程实际中具有重要意义。例如，飞机在整个飞行过程中，重心应当位于确定的区域内。若重心超前，就会增加起飞和着陆的困难；若重心偏后，飞机就不能稳定飞行。高速转动的零部件的重心，即使偏离转动轴线的距离不大，也会引起振动等不良后果。

物体各微小部分，都作用着一个铅直向下的地心引力——重力。这些力，严格说来，它们组成一空间汇交力系，其作用线相交于地心附近的点。但由于物体本身尺寸与地球相比实在非常微小，而且离地心又非常遥远，因此，将物体各微小部分所受到的重力看作是平行力系是足够准确的。重力系是空间平行力系的一个重要典型的实例，确定物体的重心位置，属于空间平行力系的合成问题。现在讨论重心位置的确定。设物体各微小部分的重力为 $\Delta \vec{W}_i$（$i=1, 2, \cdots, n$），则它们的合力为 $\vec{W}$，其大小

$$W = \sum \Delta W_i$$

就是物体的重量。取直角坐标系 $Oxyz$，其中 z 轴铅直，如图 6–17 所示。设有一微小部分重力作用点的坐标为 M_i（x_i，y_i，z_i），重心的坐标为 C（x_C，y_C，z_C）。对 x、y 两轴分别应用合力矩定理，得

$$x_C W = \sum x_i \Delta W_i$$
$$y_C W = \sum y_i \Delta W_i$$

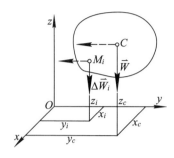

图 6-17   重心坐标的确定

我们知道，无论物体在重力场中如何摆放，亦即无论铅直的重力作用线相对于物体取什么方位，重心在物体上的位置保持不变。利用这一特性，将各微小部分的重力 ΔW_i 按相同方向转过 $90°$ ，使它们都与 y 轴平行，如图中虚线所示（也可理解为将物体与坐标系固连一起绕 x 轴旋转 $90°$ ，使 y 轴铅直向上），则合重力 $\vec{W}$ 的作用线仍通过重心 C 点。由合力矩定理可得

$$z_C W = \sum z_i \Delta W_i$$

由以上各式得到物体重心的坐标公式为

$$\left.\begin{aligned} x_C &= \frac{\sum x_i \Delta W_i}{W} \\ y_C &= \frac{\sum y_i \Delta W_i}{W} \\ z_C &= \frac{\sum z_i \Delta W_i}{W} \end{aligned}\right\} \tag{6-27}$$

如物体是均质的，其每单位体积的重量为 γ ，各微小部分的体积为 ΔV_i ，整个物体的体积为 $V = \sum \Delta V_i$ ，则 $\Delta W_i = \gamma \Delta V_i$ ， $W = \gamma V$ ，代入上式，得

$$x_C = \frac{\sum x_i \Delta V_i}{V}, \quad y_C = \frac{\sum y_i \Delta V_i}{V}, \quad z_C = \frac{\sum z_i \Delta V_i}{V} \tag{6-28}$$

可见均质物体的重心位置完全决定于物体的几何形状，而与物体的重量无关。这时物体的重心就是物体几何形状的中心——形心。

如物体是均质薄壳（或曲面）或均质细杆（或曲线），引用上述方法可求得其重心（或形心）坐标分别为

$$x_C = \frac{\sum x_i \Delta A_i}{A}, \quad y_C = \frac{\sum y_i \Delta A_i}{A}, \quad z_C = \frac{\sum z_i \Delta A_i}{A} \tag{6-29}$$

$$x_C = \frac{\sum x_i \Delta l_i}{l}, \quad y_C = \frac{\sum y_i \Delta l_i}{l}, \quad z_C = \frac{\sum z_i \Delta l_i}{l} \tag{6-30}$$

式中，A、l 分别为面积、长度，ΔA_i、Δl_i 分别为微小部分的面积、长度。

凡具有对称面、对称轴或对称中心的简单形状的均质物体，其重心一定在它的对称面、对称轴或对称中心上。现在将几种常用的简单形体的重心列于表 6-2，可供参考。

求重心位置的方法很多，工程上常用的方法有组合法和实验法，实验法又包括悬挂法和称重法。

可以将以上有关重心的论述推广到空间平行力系。空间平行力系有合力时，合力作用线平行于力系各力作用线的公共方位。若力系各力绕各自的固定作用点按相同方向转过同一角度而成为另一平行力系，则合力作用线也经历相同的转动转到新的公共方位平行，但合力作用线始终通过空间的一个确定点，此点称为平行力系中心。如同确定重心坐标那样，可以利用合力矩定理，推出形如式（6-27）那样的确定平行力系中心坐标的公式。

表 6-2　常用简单形状均质物体的重心

图形	重心位置	图形	重心位置
圆弧	$x_C = \dfrac{r\sin\theta}{a}$ 半圆弧 $x_C = \dfrac{2r}{\pi}$	弓形	$x_C = \dfrac{2(R^3 - r^3)\sin\theta}{3(R^2 - r^2)a}$
三角形	在中线交点上 $y_C = \dfrac{1}{3}h$	部分圆环	$x_C = \dfrac{4\sin^3\theta}{3(2a - \sin 2\theta)}$

图形	重心位置	图形	重心位置
 梯形	在上下底中点的连线上 $y_C = \dfrac{h(2a+b)}{3(a+b)}$	 半圆球体	$z_C = \dfrac{3}{8}r$
 扇形	$x_C = \dfrac{2r\sin\theta}{3a}$ 半圆 $x_C = \dfrac{4r}{3\pi}$	 正圆锥体	$z_C = \dfrac{1}{4}h$

👍 本章小结

1. 力在空间直角坐标轴上的投影有两种方法：

（1）直接投影法。已知力 $\vec{F}$ 和夹角 α、β、γ，如图 6-1 所示，则投影为

$$F_x = F\cos\alpha, F_y = F\cos\beta, F_z = F\cos\gamma$$

（2）间接投影法（即二次投影法）。已知力 $\vec{F}$ 和夹角 ϕ、θ，如图 6-2 所示，则投影为

$$F_x = F\cos\theta\cos\varphi, F_y = F\cos\theta\sin\varphi, F_z = F\sin\theta$$

2. 在空间情况下，力偶矩矢是自由矢量，而力对点之矩矢是定位矢量，其表达式为

$$\vec{M}_O(\vec{F}) = \vec{r} \times \vec{F} = \begin{vmatrix} \vec{i} & \vec{j} & \vec{k} \\ x & y & z \\ F_x & F_y & F_z \end{vmatrix}$$

3. 力对轴之矩是人们在工程实际中研究力对于转动物体的作用时概括抽象出来的概念，其表达式为

$$M_z(\vec{F}) = M_O(\vec{F}_{xy}) = \pm F_{xy}d = \pm 2\triangle OAB$$

4. 力对点之矩与力对于通过该点的轴之矩两者的关系，是通过力矩关系定理建立的，如图 6-10 所示。

$$\left|\vec{M}_O(\vec{F})\right|\cos\gamma = M_z(\vec{F}) = [\vec{M}_O(\vec{F})]_z$$

该式也适合其他矢量之矩，如动量矩。

5. 现将各种力系的平衡方程列表如下。

表 6-3　各种力系的平衡方程

力系的类型	平衡方程						独立方程数
空间任意力系	$\sum F_x=0$	$\sum F_y=0$	$\sum F_z=0$	$\sum M_x(\vec{F})=0$	$\sum M_y(\vec{F})=0$	$\sum M_z(\vec{F})=0$	6
空间汇交力系	$\sum F_x=0$	$\sum F_y=0$	$\sum F_z=0$				3
空间平行力系			$\sum F_z=0$	$\sum M_x(\vec{F})=0$	$\sum M_y(\vec{F})=0$		3
平面任意力系	$\sum F_x=0$	$\sum F_y=0$				$\sum M_O(\vec{F})=0$	3
平面汇交力系	$\sum F_x=0$	$\sum F_y=0$					2
平面平行力系		$\sum F_y=0$				$\sum M_O(\vec{F})=0$	2
平面力偶系						$\sum M=0$	1

6. 确定物体重心的坐标公式：

$$x_C = \frac{\sum x_i\Delta W_i}{W}, \quad y_C = \frac{\sum y_i\Delta W_i}{W}, \quad z_C = \frac{\sum z_i\Delta W_i}{W}$$

在工程上确定物体的重心位置常用组合法和实验法。

第二篇
运动学

　　运动学仅从几何角度研究物体的位置随时间的变化规律，不涉及与运动有关的诸如力、质量等物理因素。运动学的任务是建立物体运动的描述方法，确定物体运动的有关特征，如点的轨迹、速度、加速度和刚体的角速度、角加速度以及它们相互间的关系等。

　　物体的运动是绝对的，而描述则是相对的，要描述一个物体的运动，必须选取另一个物体作为参考，这个参考的物体称为参考体。如果所选的参考体不同，那么物体相对于不同参考体的运动也不同。因此，在力学中，描述任何物体的运动都需要指明参考体。与参考体固连的坐标系称为参考系。在工程实际中，如不加特别说明，通常都是将参考系固连于地球。

　　在物体运动的描述中，常遇到瞬时、时间间隔的概念。瞬时是指与物体运动到某一位置相对应的时刻，时间间隔则是指两个不同瞬时之间的一段时间。

　　运动学的研究对象是点和刚体。点和刚体是运动学中的两种力学模型。所谓点就是可以忽略几何尺寸和形状的运动物体，通常称为动点。在运动学问题中遇到的物体，若不能简化为点，就应看作刚体。因而运动学的内容包括点的运动学和刚体的运动学两部分。由于刚体可看作无数个点的组合，所以点的运动学既有单独的应用，又是研究刚体运动学的基础。

　　学习运动学，一方面是为学习动力学提供必要的基础，另一方面也有其独立的意义。对于一定的机构，要实现预先规定的各种运动，就必须进行运动学分析。运动学为分析机构的运动规律提供了必要的基础。

第七章　点的运动

学习指南 👆 --●

1. 学习目标

（1）知识目标。解释运动学基本概念，阐述点的运动描述的矢量法、直角坐标法和自然法。

（2）能力目标。应用矢量法、直角坐标法和自然法建立点的运动方程。

（3）素质目标。运用点的运动学知识解决实际问题的探索精神。

2. 学习重点

（1）点的运动描述的矢量法。

（2）点的运动描述的直角坐标法。

（3）点的运动描述的自然法。

3. 学习难点

点的运动描述的自然法。

点的运动学研究动点相对于某参考系的几何位置随时间变化的规律，包括点的运动方程、速度和加速度。本章以矢量法、直角坐标法和自然法三种形式描述点的运动。

第一节　点的运动描述的矢量法

一、点的运动方程

设动点 M 沿任一空间曲线运动，选空间任意一点 O 作为原点，则动点的

位置可由原点 O 作为原点，则动点的位置可由原点 O 到动点 M 的矢径 $\vec{r}$ 表示，如图 7-1 所示。当动点运动时，矢径 $\vec{r}$ 的大小及方向均随时间而改变，它是时间的函数，即

$$\vec{r} = \vec{r}(t) \qquad\qquad (7-1)$$

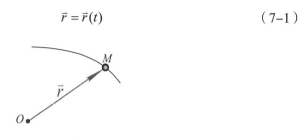

图 7-1　矢量法描述点的运动

上式称为以矢量表示的动点的运动方程。不难理解这也是用参数表示的轨迹方程。当动点运动时，矢径端点所描绘的曲线就是动点的轨迹。

二、点的速度和加速度

（一）速度

设动点在瞬时 t 的位置为 M，在瞬时 $t + \Delta t$ 的位置为 M'，如图 7-2 所示。在时间间隔 Δt 内，动点的位移为 $\overline{MM'} = \vec{r}' - \vec{r} = \Delta \vec{r}$。当 $\Delta t \to 0$ 时，动点在瞬时 t 的瞬时速度（简称速度）为

$$\vec{v} = \lim_{\Delta t \to 0} \frac{\Delta \vec{r}}{\Delta t} = \frac{\mathrm{d}\vec{r}}{\mathrm{d}t} \qquad\qquad (7-2)$$

可见，动点的速度等于它的矢径对时间的一阶导数。速度的大小常称为速率。速度的单位为米 / 秒（m/s）。速度的方向是 $\overline{MM'}$ 的极限方向，即沿着轨迹在 M 点的切线方向。

（二）加速度

速度对于时间的变化率称为加速度。设动点在瞬时 t 的速度为 $\vec{v}$，在瞬时 $t + \Delta t$ 的速度为 $\vec{v}'$，速度在时间间隔 Δt 内的改变量为 $\vec{v}' - \vec{v} = \Delta \vec{v}$，如图 7-3 所示。当 $\Delta t \to 0$ 时，动点在瞬时 t 的瞬时加速度（简称加速度）为

$$\vec{a} = \lim_{\Delta t \to 0} \frac{\Delta \vec{v}}{\Delta t} = \frac{\mathrm{d}\vec{v}}{\mathrm{d}t}$$

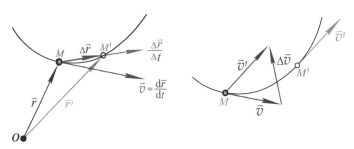

图 7-2　矢量法表示点的速度　　　图 7-3 点的速度变化

注意到式（7-2），可得

$$\vec{a} = \frac{d\vec{v}}{dt} = \frac{d^2\vec{r}}{dt^2} \qquad (7-3)$$

因此，动点的加速度等于它的速度对于时间的一阶导数，也等于它的矢径对于时间的二阶导数。加速度的单位为米 / 秒²（m/s²）。

如在空间任意取一点 O，把动点在连续不同瞬时的速度矢 $\vec{v}$，$\vec{v}'$，$\vec{v}''$，…等都平行地移到点 O，连接各矢量的端点 M，M'，M''，…，就构成了矢量 $\vec{v}$ 端点的连续曲线，称为速度矢端曲线，如图 7-4 所示。动点的加速度矢 $\vec{a}$ 的方向与速度矢端曲线在相应点 M 的切线相平行，如图 7-4 所示。

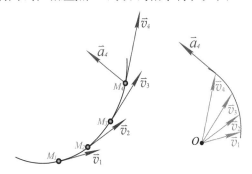

图 7-4　点的加速度与点的速度矢端曲线

第二节　点的运动描述的直角坐标法

一、点的运动方程

动点 M 在空间的位置可以由直角坐标系 $Oxyz$ 的三个坐标 x、y、z 确定，如图 7-5 所示。当动点 M 运动时，它的坐标 x、y、z 随时间变化，它们都是时间 t 的函数，即

$$\left.\begin{array}{l} x = f_1(t) \\ y = f_2(t) \\ z = f_3(t) \end{array}\right\} \qquad (7\text{-}4)$$

这些方程称为以直角坐标表示的动点的运动方程。如果知道了点的运动方程，可以求出任一瞬时点的坐标 x、y、z 的值，也就完全确定了该瞬时动点的位置。当动点 M 始终在同一平面内运动时，如取这个平面为坐标平面 Oxy，则运动方程就简化为

$$\left.\begin{array}{l} x = f_1(t) \\ y = f_2(t) \end{array}\right\} \qquad (7\text{-}5)$$

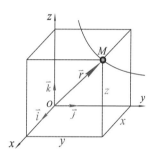

图 7-5　直角坐标法描述点的运动

消去时间 t 之后，即得轨迹方程

$$F(x, y) = 0 \qquad (7\text{-}6)$$

设矢径在直角坐标轴上的三个投影分别为 x、y、z，于是有

$$\vec{r} = x\vec{i} + y\vec{j} + z\vec{k} \qquad (7\text{-}7)$$

式中，$\vec{i}$、$\vec{j}$、$\vec{k}$ 分别为沿三个坐标轴的单位矢量，x、y、z 是动点 M 在直角坐标系上的坐标，应由式（7-4）确定。

二、点的速度和加速度在直角坐标轴上的投影

（一）速度在直角坐标轴上的投影

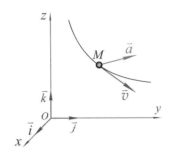

图 7-6　速度在直角坐标轴上的投影

动点 M 做曲线运动，它的速度 $\vec{v}$ 在直角坐标轴上的投影为 v_x、v_y、v_z。若沿三轴的单位矢量分别为 $\vec{i}$、$\vec{j}$、$\vec{k}$，如图 7-6 所示，则 $\vec{v}$ 可写成

$$\vec{v} = v_x\vec{i} + v_y\vec{j} + v_z\vec{k} \qquad (7-8)$$

另一方面，已知点的速度是矢径对时间的一阶导数，将式（7-7）对时间取导数，得

$$\vec{v} = \frac{\mathrm{d}\vec{r}}{\mathrm{d}t} = \frac{\mathrm{d}x}{\mathrm{d}t}\vec{i} + \frac{\mathrm{d}y}{\mathrm{d}t}\vec{j} + \frac{\mathrm{d}z}{\mathrm{d}t}\vec{k} \qquad (7-9)$$

比较式（7-8）和（7-9），得到

$$\left.\begin{aligned} v_x &= \frac{\mathrm{d}x}{\mathrm{d}t} \\ v_y &= \frac{\mathrm{d}y}{\mathrm{d}t} \\ v_z &= \frac{\mathrm{d}z}{\mathrm{d}t} \end{aligned}\right\} \qquad (7-10)$$

因此，动点的速度在直角坐标轴上的投影，分别等于对应坐标对于时间的一阶导数。速度 $\vec{v}$ 可由它的投影完全确定。速度 $\vec{v}$ 的大小为

$$v = \sqrt{v_x^2 + v_y^2 + v_z^2} \qquad (7-11)$$

速度 $\vec{v}$ 的方向由它的方向余弦确定：

$$\left.\begin{array}{l} \cos(\vec{v},\vec{i}) = \dfrac{v_x}{v} \\[3mm] \cos(\vec{v},\vec{j}) = \dfrac{v_y}{v} \\[3mm] \cos(\vec{v},\vec{k}) = \dfrac{v_z}{v} \end{array}\right\} \qquad (7\text{-}12)$$

（二）加速度在直角坐标轴上的投影

设动点 M 的加速度 $\vec{a}$ 在直角坐标轴上的投影为 a_x、a_y、a_z，则

$$\vec{a} = a_x\vec{i} + a_y\vec{j} + a_z\vec{k} \qquad (7\text{-}13)$$

另一方面有

$$\vec{a} = \frac{\mathrm{d}\vec{v}}{\mathrm{d}t} = \frac{\mathrm{d}v_x}{\mathrm{d}t}\vec{i} + \frac{\mathrm{d}v_y}{\mathrm{d}t}\vec{j} + \frac{\mathrm{d}v_z}{\mathrm{d}t}\vec{k} = \frac{\mathrm{d}^2x}{\mathrm{d}t^2}\vec{i} + \frac{\mathrm{d}^2y}{\mathrm{d}t^2}\vec{j} + \frac{\mathrm{d}^2z}{\mathrm{d}t^2}\vec{k} \qquad (7\text{-}14)$$

比较式（7-13）和（7-14），得

$$\left.\begin{array}{l} a_x = \dfrac{\mathrm{d}v_x}{\mathrm{d}t} = \dfrac{\mathrm{d}^2x}{\mathrm{d}t^2} \\[3mm] a_y = \dfrac{\mathrm{d}v_y}{\mathrm{d}t} = \dfrac{\mathrm{d}^2y}{\mathrm{d}t^2} \\[3mm] a_z = \dfrac{\mathrm{d}v_z}{\mathrm{d}t} = \dfrac{\mathrm{d}^2z}{\mathrm{d}t^2} \end{array}\right\} \qquad (7\text{-}15)$$

因此，动点的加速度在直角坐标轴上的投影，分别等于对应速度投影对时间的一阶导数，或对应坐标对时间的二阶导数。

加速度 $\vec{a}$ 可由它的投影完全确定，加速度 $\vec{a}$ 的大小为

$$a = \sqrt{a_x^2 + a_y^2 + a_z^2} \qquad (7\text{-}16)$$

加速度 $\vec{a}$ 的方向由它的方向余弦确定

$$\left.\begin{array}{l} \cos(\vec{a},\vec{i}) = \dfrac{a_x}{a} \\[3mm] \cos(\vec{a},\vec{j}) = \dfrac{a_y}{a} \\[3mm] \cos(\vec{a},\vec{k}) = \dfrac{a_z}{a} \end{array}\right\} \qquad (7\text{-}17)$$

例 7-1　椭圆规的曲柄 OA 可绕定轴 O 转动，其端点 C 与规尺 AB 的中点以铰链相连接，而规尺 AB 的两端 A、B 分别在相互垂直的滑槽中运动，如

图 7-7 所示。已知 $OC=AC=l$，$CM=b$，$\varphi = \omega t$，试求规尺上点 M 的运动方程、轨迹方程、速度和加速度。

解 选取直角坐标系 Oxy，如图 7-7 所示，点 M 的运动方程为

$$x = (OC + CM)\cos\varphi = (l + b)\cos\omega t$$
$$y = AM\sin\varphi = (l - b)\sin\omega t$$

由运动方程中消去时间 t，得轨迹方程

$$\frac{x^2}{(l+b)^2} + \frac{y^2}{(l-b)^2} = 1$$

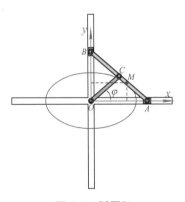

图 7-7 椭圆规

由此可见，点 M 的轨迹是一个椭圆，长轴与 x 轴重合，短轴与 y 轴重合。点 M 的速度在坐标轴 x、y 上的投影为

$$v_x = \frac{\mathrm{d}x}{\mathrm{d}t} = -\omega(l + b)\sin\omega t$$
$$v_y = \frac{\mathrm{d}y}{\mathrm{d}t} = -\omega(l - b)\cos\omega t$$

故点 M 的速度大小为

$$v = \sqrt{v_x^2 + v_y^2} = \sqrt{\omega^2(l+b)^2\sin^2\omega t + \omega^2(l-b)^2\cos^2\omega t}$$
$$= \omega\sqrt{l^2 + b^2 - 2bl\cos 2\omega t}$$

其方向余弦为

$$\cos(\vec{v}, \vec{i}) = \frac{v_x}{v} = \frac{-(l+b)\sin\omega t}{\sqrt{l^2 + b^2 - 2bl\cos 2\omega t}}$$

$$\cos(\vec{v},\vec{j}) = \frac{v_y}{v} = \frac{(l-b)\cos\omega t}{\sqrt{l^2+b^2-2bl\cos2\omega t}}$$

点 M 的加速度在坐标轴 x、y 上的投影为

$$a_x = \frac{\mathrm{d}v_x}{\mathrm{d}t} = \frac{\mathrm{d}^2x}{\mathrm{d}t^2} = -\omega^2(l+b)\cos\omega t$$

$$a_y = \frac{\mathrm{d}v_y}{\mathrm{d}t} = \frac{\mathrm{d}^2y}{\mathrm{d}t^2} = -\omega^2(l-b)\sin\omega t$$

故点 M 的加速度大小为

$$a = \sqrt{a_x^2+a_y^2} = \sqrt{\omega^4(l+b)^2\cos^2\omega t + \omega^4(l-b)^2\sin^2\omega t}$$

$$= \omega^2\sqrt{l^2+b^2+2bl\cos2\omega t}$$

其方向余弦为

$$\cos(\vec{a},\vec{i}) = \frac{a_x}{a} = \frac{-(l+b)\cos\omega t}{\sqrt{l^2+b^2+2bl\cos2\omega t}}$$

$$\cos(\vec{a},\vec{j}) = \frac{a_y}{a} = \frac{-(l-b)\sin\omega t}{\sqrt{l^2+b^2+2bl\cos2\omega t}}$$

例 7-2　如图 7-8 所示，当液压减震器工作时，它的活塞在套筒内做直线往复运动。设活塞的加速度 $a = -kv$（v 为活塞的速度，k 为比例常数），初速为 v_0，求活塞的运动规律。

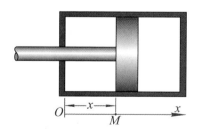

图 7-8　液压减震器活塞运动分析

解　将活塞视为动点，活塞做直线运动。取坐标轴 Ox 如图所示。

因

$$\frac{\mathrm{d}v}{\mathrm{d}t} = a$$

代入已知条件，得

$$\frac{\mathrm{d}v}{\mathrm{d}t} = -kv$$

将变量分离后积分，

$$\int_{v_0}^{v} \frac{\mathrm{d}v}{v} = -k \int_0^t \mathrm{d}t$$

得

$$\ln \frac{v}{v_0} = -kt$$

解得

$$v = v_0 \mathrm{e}^{-kt}$$

又因

$$v = \frac{\mathrm{d}x}{\mathrm{d}t} = v_0 \mathrm{e}^{-kt}$$

对上式积分，即

$$\int_{v_0}^{v} \mathrm{d}x = v_0 \int_0^t \mathrm{e}^{-kt} \mathrm{d}t$$

解得

$$x = x_0 + \frac{v_0}{k}(1 - \mathrm{e}^{-kt})$$

第三节　点的运动描述的自然法

一、点的运动方程

设动点 M 沿已知轨迹做曲线运动，如图 7-9 所示。以该轨迹为参考系，在轨迹上任意取一固定点 O 为参考点（原点）。为了唯一地确定动点在轨迹上的位置，把参考点 O 的某一侧定为坐标的正向，另一侧为坐标的负向。动点 M 在轨迹上某瞬时 t 的位置，可由参考点 O 到 M 的弧长 s 表示，并根据动点在参考点的哪一侧加上相应的正负号。这种带正负号的弧长 s 称为动点 M 在轨迹上的弧坐标。当点运动时，其弧坐标 s 随时间 t 不断改变，是时间 t 的

函数，即

$$s = f(t) \tag{7-18}$$

上式称为以自然法表示的动点的运动方程。只要建立了这个函数关系，动点在轨迹上每瞬时的位置就完全确定了。

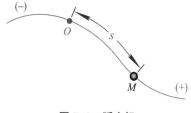

图 7-9　弧坐标

二、自然轴系

当我们用自然法分析点在曲线上的运动时，发现运动的改变与曲线的几何性质有密切的关系，因此在讲述速度和加速度之前，先将曲线的曲率及自然轴系的概念简要的说明如下。

设有空间曲线，如图 7-10 所示，令 $\bar{\tau}$ 表示曲线在 M 点的切线的单位矢量 $\bar{\tau}'$ 表示与 M 点邻近的 M' 点的切线的单位矢量，将矢量 $\bar{\tau}'$ 平移至 M 点，则矢量 $\bar{\tau}'$ 与 $\bar{\tau}$ 的夹角 $\Delta\varphi$ 表明曲线在弧长 $\Delta s = MM'$ 内弯曲的程度，可见

$$K^* = \left| \frac{\Delta\varphi}{\Delta s} \right|$$

为弧 MM' 的平均曲率。当 M' 点趋近于 M 点时，平均曲率的极限值就是曲线在 M 点的曲率，可表示为

$$K = \lim_{\Delta t \to 0} \left| \frac{\Delta\varphi}{\Delta s} \right|$$

M 点曲率的倒数称为曲线在 M 点的曲率半径，以 ρ 表示，则有

$$\rho = \frac{1}{k}$$

当 M' 向 M 点接近时，则由 $\bar{\tau}'$ 与 $\bar{\tau}$ 所构成的平面的位置也在变化，而且绕切线的单位矢量 $\bar{\tau}$ 转动。当 M' 趋近于 M 点时，即当 Δs 趋近于零时，这个平面将趋近于某一极限位置。这个极限位置的平面称为曲线在 M 点的密切

面。在 M 点附近无限小的一段弧线在密切面内发生弯曲，因此密切面亦称为曲率平面。在平面曲线的特殊情形下，密切面就是曲线所在的平面。

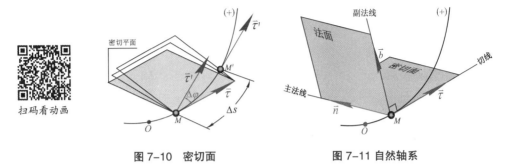

扫码看动画

图 7-10 密切面　　　　　　图 7-11 自然轴系

通过 M 点作与切线 $\vec{\tau}$ 垂直的平面称为法面，显然在法面内通过 M 点的任何直线都与切线垂直，因而都是曲线的法线，其中密切面与法面的交线称为曲线在 M 点的主法线，可见主法线只有一条。法面内与主法线垂直的法线称为副法线。若以 $\vec{n}$ 表示主法线的单位矢量，$\vec{b}$ 表示副法线的单位矢量，$\vec{\tau}$ 表示切线的单位矢量，这三个矢量的轴线构成互相垂直的自然轴系，如图 7-11 所示。$\vec{\tau}$ 指向弧坐标的正方向，$\vec{n}$ 指向曲线内凹的一边，$\vec{b}$ 的方向则根据右手法则由下式决定

$$\vec{b} = \vec{\tau} \times \vec{n}$$

自然轴系不是固定的坐标系，它随动点在轨迹曲线上的位置而改变，因此 $\vec{\tau}$、$\vec{n}$、$\vec{b}$ 是方向随着动点的位置而变化的单位矢量。

三、点的速度和加速度在自然轴上的投影

（一）速度在自然轴上的投影

设在时间间隔 Δt 内，动点由位置 M 运动到位置 M'，如图 7-12 所示。弧坐标的增量为 $\Delta s = MM'$，矢径的增量则为 $\Delta \vec{r} = \vec{MM'}$。根据式（7-2），并注意到当 $\Delta t \to 0$ 时有 $\Delta s \to 0$，则动点的速度为

$$\vec{v} = \frac{\mathrm{d}\vec{r}}{\mathrm{d}t} = \frac{\mathrm{d}\vec{r}}{\mathrm{d}s} \cdot \frac{\mathrm{d}s}{\mathrm{d}t} = \frac{\mathrm{d}s}{\mathrm{d}t} \cdot \lim_{\Delta s \to 0} \left| \frac{\Delta \vec{r}}{\Delta s} \right|$$

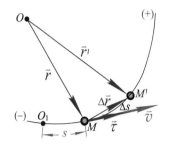

图 7-12　速度在自然轴上的投影

当 $\Delta t \to 0$，$\Delta s \to 0$（M' 点趋近于 M 点）时，$\lim\limits_{\Delta s \to 0}\left|\dfrac{\Delta \vec{r}}{\Delta s}\right| = 1$ 而 $\Delta \vec{r}$ 的方向则趋近于轨迹在 M 点的切线方向。若记切线的方向的单位矢量为 $\vec{\tau}$，则有

$$\lim\limits_{\Delta s \to 0}\left|\dfrac{\Delta \vec{r}}{\Delta s}\right| = \vec{\tau}$$

它总是指向 s 增加的一方，于是

$$\vec{v} = v\vec{\tau} = \dfrac{\mathrm{d}s}{\mathrm{d}t}\vec{\tau} \qquad (7-19)$$

$$v = \dfrac{\mathrm{d}s}{\mathrm{d}t} \qquad (7-20)$$

这就说明，动点沿已知轨迹运动的速度在切线方向的投影（速度的代数值）等于弧坐标对时间的一阶导数，速度的方向是沿着轨迹的切线方向。$\dfrac{\mathrm{d}s}{\mathrm{d}t}$ 为正时，$\vec{v}$ 与 $\vec{\tau}$ 同向；$\dfrac{\mathrm{d}s}{\mathrm{d}t}$ 为负时，两者反向。

（二）加速度在自然轴上的投影

现将式（7-19）代入式（7-3），得到动点的加速度为

$$\vec{a} = \dfrac{\mathrm{d}\vec{v}}{\mathrm{d}t} = \dfrac{\mathrm{d}}{\mathrm{d}t}(v\vec{\tau}) = \dfrac{\mathrm{d}v}{\mathrm{d}t}\vec{\tau} + v\dfrac{\mathrm{d}\vec{\tau}}{\mathrm{d}t} \qquad (7-21)$$

可见，速度矢量 $\vec{v}$ 的变化率包括它在切线方向的投影 v 的变化率和 $\vec{\tau}$ 方向的变化率这两个部分。现在具体说明如下。

在瞬时 t，M 点的切向单位矢量为 $\vec{\tau}$，经过时间间隔 Δt，动点运动到 M' 点，该点的切向单位矢量为 $\vec{\tau}$，如图 7-13 所示，切线方向转动了 $\Delta \varphi$ 角。在

式（7-21）中，

$$\frac{\mathrm{d}\vec{\tau}}{\mathrm{d}t} = \lim_{\Delta t \to 0} \frac{\Delta \vec{\tau}}{\Delta t} = \lim_{\Delta t \to 0} \frac{\vec{\tau}' - \vec{\tau}}{\Delta t}$$

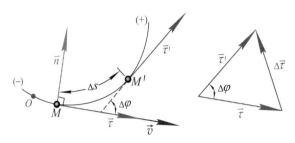

图 7-13　切向单位矢量的方向变化

由图 7-13 可知，$\Delta \vec{\tau}$ 的模为

$$\left| \Delta \vec{\tau} \right| = 2 \cdot \left| \vec{\tau} \right| \sin \frac{\Delta \varphi}{2} = 2 \sin \frac{\Delta \varphi}{2}$$

$$\frac{\mathrm{d}\vec{\tau}}{\mathrm{d}t} = \lim_{\Delta t \to 0} \frac{2 \sin \frac{\Delta \varphi}{2}}{\Delta t} = \lim_{\Delta t \to 0} \left(\frac{\Delta s}{\Delta t} \cdot \frac{\Delta \varphi}{\Delta s} \cdot \frac{\sin \frac{\Delta \varphi}{2}}{\frac{\Delta \varphi}{2}} \right)$$

$$= \lim_{\Delta t \to 0} \left| \frac{\Delta s}{\Delta t} \right| \cdot \lim_{\Delta s \to 0} \left| \frac{\Delta \varphi}{\Delta s} \right| \cdot \lim_{\Delta s \to 0} \frac{\sin \frac{\Delta \varphi}{2}}{\frac{\Delta \varphi}{2}}$$

$$= \left| v \right| \cdot \frac{1}{\rho} \cdot 1 = \frac{\left| v \right|}{\rho}$$

因为 $\Delta \vec{\tau}$ 的极限位置在密切面内而且垂直于曲线在 M 点的切线，所以导数 $\frac{\mathrm{d}\vec{\tau}}{\mathrm{d}t}$ 的方向是沿主法线方向，因此 $\frac{\mathrm{d}\vec{\tau}}{\mathrm{d}t} = \frac{v}{\rho} \vec{n}$ 将上式代入式（7-21），则得

$$\vec{a} = \frac{\mathrm{d}v}{\mathrm{d}t} \vec{\tau} + \frac{v^2}{\rho} \vec{n}$$

上式表明加速度矢量 $\vec{a}$ 是由两个分矢量所组成。分矢量 $\vec{a}_\tau = \frac{\mathrm{d}v}{\mathrm{d}t} \vec{\tau}$ 的方向永远沿轨迹的切线方向，称为切向加速度，它表明速度代数值随时间的变化率；分矢量 $\vec{a}_n = \frac{v^2}{\rho} \vec{n}$ 的方向永远沿着主法线且指向曲率中心，称为法向加速

度，它表明速度方向随时间的变化率。

因为单位矢量 $\bar{\tau}$ 和 $\bar{n}$ 都在密切面内，显然加速度 $\bar{a}$ 也在密切面内，而加速度在副法线方向的投影等于零。如以 a_τ、a_n、a_b 分别表示加速度 $\bar{a}$ 在切线、主法线及副法线上的投影，则投影的表达式为

$$\left.\begin{array}{l} a_\tau = \dfrac{\mathrm{d}v}{\mathrm{d}t} \\[2mm] a_n = \dfrac{v^2}{\rho} \\[2mm] a_b = 0 \end{array}\right\} \tag{7-23}$$

可见，加速度在切线上的投影等于速度的代数值对于时间的一阶导数，加速度在主法线上的投影等于速度的平方除以轨迹曲线在该点的曲率半径，加速度在副法线上的投影等于零。

此外我们还应注意：导数 $\dfrac{\mathrm{d}v}{\mathrm{d}t}$ 为正值，表示切向加速度 $\vec{a}_\tau$ 是沿着切线的正向，即单位矢量 $\bar{\tau}$ 的方向，如图 7-14 所示；导数 $\dfrac{\mathrm{d}v}{\mathrm{d}t}$ 为负值，表示沿着 $\bar{\tau}$ 的负向；当 $\dfrac{\mathrm{d}v}{\mathrm{d}t}$ 与 $\dfrac{\mathrm{d}s}{\mathrm{d}t}$ 同号时点做加速运动，而当 $\dfrac{\mathrm{d}v}{\mathrm{d}t}$ 与 $\dfrac{\mathrm{d}s}{\mathrm{d}t}$ 异号时点做减速运动。因为 $\dfrac{v^2}{\rho}$ 永远是正值，所以法向加速度 $\vec{a}_n$ 永远沿着 $\bar{n}$ 的方向，即指向曲线的曲率中心。

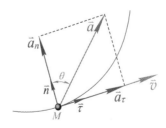

图 7-14　加速度在自然轴上的投影

加速度的大小为

$$a = \sqrt{a_\tau^2 + a_n^2} = \sqrt{\left(\dfrac{\mathrm{d}v}{\mathrm{d}t}\right)^2 + \left(\dfrac{v^2}{\rho}\right)^2} \tag{7-24}$$

加速度 $\bar{a}$ 的方向可用它与主法线正向间夹角 θ 的正切来表示，如图 7-13

所示。

$$\tan\theta = \frac{|a_\tau|}{a_n} \tag{7-25}$$

最后将几种特殊情况分别说明如下：

1. 直线运动。在这种情况之下，由于直线轨迹的曲率半径 $\rho = \infty$，因此 $a_n = 0$ 而 $\vec{a} = \vec{a}_\tau = \frac{\mathrm{d}v}{\mathrm{d}t}\vec{\tau}$，即仅有表明速度代数值改变的加速度。

2. 匀速曲线运动。在此情况下，速度 $v = \frac{\mathrm{d}s}{\mathrm{d}t}$ 是常数，因此 $a_\tau = 0$，而 $\vec{a} = \vec{a}_n = \frac{v^2}{\rho}\vec{n}$，即仅有表明速度方向改变的加速度。现在来求动点的运动方程。

由 $\mathrm{d}s = v\mathrm{d}t$，积分

$$\int_{s_0}^{s}\mathrm{d}s = v\int_{0}^{t}\mathrm{d}t \tag{7-26}$$

$$s = s_0 + vt$$

式中，s_0 是 $t=0$ 时点的弧坐标。

3. 匀变速曲线运动。在此情况下，$a_\tau = \frac{\mathrm{d}v}{\mathrm{d}t}$ 是常数。现在来求动点的运动规律。由 $\mathrm{d}v = a_\tau\mathrm{d}t$ 积分

$$\int_{v_0}^{v}\mathrm{d}v = a_\tau\int_{0}^{t}\mathrm{d}t \tag{7-27}$$

$$v = v_0 + a_\tau t$$

式中，v_0 是 $t=0$ 时点的速度。为了求运动规律，把上式写成

$$\frac{\mathrm{d}s}{\mathrm{d}t} = v_0 + a_\tau t$$

再积分

$$\int_{s_0}^{s}\mathrm{d}s = \int_{0}^{t}(v_0 + a_\tau t)\mathrm{d}t$$

$$s = s_0 + v_0 t + \frac{1}{2}a_\tau t^2 \tag{7-28}$$

由式（7-27）及（7-28）消去时间 t，则得

$$v^2 - v_0^2 = 2a_\tau(s - s_0)$$

例 7-3　如图 7-15 所示，飞轮以 $\varphi = 2t^2$ 的规律转动（φ 以 rad 计），其半径 $R = 50\,\mathrm{cm}$。试求飞轮边缘上一点 M 的运动方程、速度和加速度。

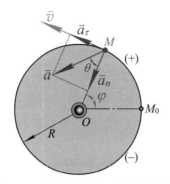

图 7-15　飞轮边缘上一点的运动分析

解　已知点 M 的轨迹是半径为 $R=50$ cm 的圆周。以 M_0 为弧坐标的原点，轨迹的正向如图 7-15 所示，则动点 M 沿轨迹的运动方程为

$$s = R\varphi = 100t^2 \text{ cm}$$

速度的代数值为

$$v = \frac{\mathrm{d}s}{\mathrm{d}t} = 200t \text{ cm/s}$$

速度的方向是沿着轨迹的切线方向，并指向轨迹的正向。加速度在切线上投影（切向加速度）和在主法线上投影（法向加速度）分别为

$$a_\tau = \frac{\mathrm{d}v}{\mathrm{d}t} = 200 \text{ cm/s}$$

$$a_n = \frac{v^2}{\rho} = \frac{(200t)^2}{50} = 800t^2 \text{ cm/s}^2$$

加速度大小为

$$a = \sqrt{a_\tau^2 + a_n^2} = 200\sqrt{16t^4 + 1} \text{ cm/s}^2$$

加速度 $\vec{a}$ 与主法线正向的夹角的正切为

$$\tan\theta = \frac{a_\tau}{a_n} = \frac{1}{4t^2}$$

例 7-4　一炮弹以初速度 $\vec{v}_0$ 和仰角 θ 射击。对于图 7-16 所示直角坐标的运动方程为

$$x = v_0 \cos\theta \cdot t$$

$$y = v_0 \sin\theta \cdot t - \frac{1}{2}gt^2$$

求 $t=0$ 时炮弹的切向加速度和法向加速度，以及这时轨迹的曲率半径。

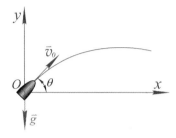

图 7-16　炮弹运动分析

解　炮弹的运动方程以直角坐标形式给出，因此它的速度和加速度在 x、y 轴上的投影分别为

$$v_x = \frac{\mathrm{d}x}{\mathrm{d}t} = v_0 \cos\theta$$

$$v_y = \frac{\mathrm{d}y}{\mathrm{d}t} = v_0 \sin\theta - gt$$

$$v = \sqrt{v_x^2 + v_y^2} = \sqrt{v_0^2 \cos^2\theta + (v_0\sin\theta - gt)^2}$$

$$a_x = \frac{\mathrm{d}v_x}{\mathrm{d}t} = 0$$

$$a_y = \frac{\mathrm{d}v_y}{\mathrm{d}t} = -g$$

$$a = \sqrt{a_x^2 + a_y^2} = g$$

当 $t=0$ 时，炮弹的速度和加速度的大小分别为

$$v = v_0$$

$$a = g$$

若将加速度在切线和法线方向分解，则有

$$a = \sqrt{a_\tau^2 + a_n^2}$$

其中

$$a_\tau = \frac{\mathrm{d}v}{\mathrm{d}t} = -\frac{g}{v}(v_0\sin\theta - gt)$$

当 $t=0$ 时，$v = v_0$。由上式得

$$a_\tau = -g\sin\theta$$

于是

$$a_n = \sqrt{a^2 - a_\tau^2} = g\cos\theta$$

由 $a_n = \dfrac{v_2}{\rho}$，求得 $t=0$ 时轨迹的曲率半径为

$$\rho = \frac{v_0^2}{a_n} = \frac{v_0^2}{g\cos\theta}$$

本章小结

1. 点的运动按轨迹的不同，可分为直线运动和曲线运动。本章着重研究点的曲线运动。

2. 描述点的运动的基本方法有矢量法、直角坐标法和自然法。矢量法表达形式简单，适合于理论推导，具体计算则用自然法和直角坐标法。自然法是密切联系着轨迹的性质来分析点的运动，物理意义清晰，便于说明运动的性质，用于已知轨迹及分析运动性质的问题。直角坐标法是从不同瞬时点的位置坐标的变化来研究点的运动。

3. 三种方法的运动方程、速度及加速度

（1）矢量法。运动方程：

$$\vec{r} = \vec{r}(t)$$

速度和加速度：

$$\vec{v} = \frac{\mathrm{d}\vec{r}}{\mathrm{d}t}$$

$$\vec{a} = \frac{\mathrm{d}\vec{v}}{\mathrm{d}t} = \frac{\mathrm{d}^2\vec{r}}{\mathrm{d}t^2}$$

（2）直角坐标法。运动方程：

$$x = f_1(t)$$
$$y = f_2(t)$$
$$z = f_3(t)$$

速度和加速度在直角坐标轴上的投影：

$$v_x = \frac{\mathrm{d}x}{\mathrm{d}t}$$

$$v_y = \frac{\mathrm{d}y}{\mathrm{d}t}$$

$$v_z = \frac{\mathrm{d}z}{\mathrm{d}t}$$

$$a_x = \frac{\mathrm{d}v_x}{\mathrm{d}t} = \frac{\mathrm{d}^2 x}{\mathrm{d}t^2}$$

$$a_y = \frac{\mathrm{d}v_y}{\mathrm{d}t} = \frac{\mathrm{d}^2 y}{\mathrm{d}t^2}$$

$$a_z = \frac{\mathrm{d}v_z}{\mathrm{d}t} = \frac{\mathrm{d}^2 z}{\mathrm{d}t^2}$$

（3）自然法。运动方程：

$$s = f(t)$$

速度和加速度在自然轴上的投影：

$$v = \frac{\mathrm{d}s}{\mathrm{d}t}$$

$$a_\tau = \frac{\mathrm{d}v}{\mathrm{d}t} = \frac{\mathrm{d}^2 s}{\mathrm{d}t^2}$$

$$a_n = \frac{v^2}{\rho}$$

$$a_b = 0$$

第八章　刚体的基本运动

学习指南

1.学习目标

（1）知识目标。阐述刚体平行移动和定轴转动的特征，判断机构中做平行移动和定轴转动的刚体，说出定轴转动刚体内各点速度、加速度的矢量表达式。

（2）能力目标。熟练计算定轴转动刚体的角速度、角加速度和刚体内各点的速度、加速度。

（3）素质目标。运用运动学基础知识解决实际问题的探索精神。

2.学习重点

（1）刚体平行移动的特性。

（2）定轴转动刚体的运动方程、角速度、角加速度，定轴转动刚体内各点的速度、加速度的计算。

3.学习难点

定轴转动刚体内各点速度、加速度的矢量表达式。

本章研究刚体运动的两种基本形式——平行移动和定轴转动，它们是刚体的最简单的运动，刚体的复杂运动总可以看成是这两种运动的复合，所以这两种运动被称之为刚体的基本运动。

第一节　刚体的平行移动

刚体运动时，如其上任一直线始终保持与初始位置平行（即任一直线都保持其方位不变），则这种运动称为刚体的平行移动，简称平动。

如列车沿直线轨道行驶时车厢的运动（如图 8-1 所示）、荡木 AB 的摆动（如图 8-2 所示）等都是平动的实例。根据平动刚体上各点的轨迹形状，刚体的平动可分为直线平动和曲线平动两类。如车厢的运动为直线平动，而荡木的运动为曲线平动。

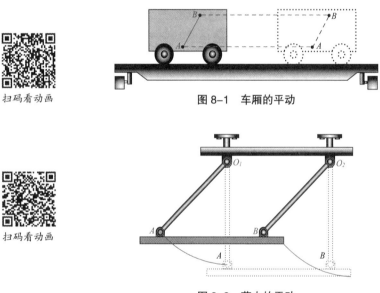

扫码看动画

图 8-1　车厢的平动

扫码看动画

图 8-2　荡木的平动

现在研究刚体做平动时其上各点运动的关系。在刚体上任取两点 A 和 B，如图 8-3 所示。根据定义，刚体平动时直线 AB 每经过时间间隔 Δt 所处的一连串位置 AB、A_1B_1、A_2B_2、$\cdots$、A_nB_n 互相平行。又因刚体上两点距离不变，即 $AB=A_1B_1=A_2B_2=\cdots=A_nB_n$，所以 AA_1B_1B、$A_1A_2B_2B_1$、$\cdots$ 都是平行四边形，因而 AA_1、A_1A_2、$\cdots$ 与 BB_1、B_1B_2、$\cdots$ 分别两两相等且平行。这就是说，折线 $AA_1A_2\cdots A_n$ 与折线 $BB_1B_2\cdots B_n$ 形状完全相同。当每个时间间隔 Δt 趋近于零时，这两条折线分别趋近于 A 点与 B 点的轨迹，它们的形状也完全相同。因此推知：刚体平动时，其上各点在空间描出的轨迹彼此相同。

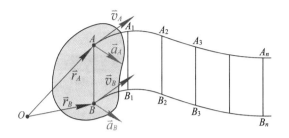

扫码看动画

图 8-3　平动刚体的运动性质

由图 8-3 可知，A、B 两点的矢径有如下关系

$$\vec{r}_A = \vec{r}_B + \overline{BA}$$

将上式各项对时间求导数，注意到 $\overline{BA}$ 是模和方向都不变的矢量，$\dfrac{\mathrm{d}}{\mathrm{d}t}(\overline{BA}) = 0$，故有

$$\frac{\mathrm{d}\vec{r}_A}{\mathrm{d}t} = \frac{\mathrm{d}\vec{r}_B}{\mathrm{d}t}$$

即

$$\vec{v}_A = \vec{v}_B$$

将上式再对时间求导数

$$\frac{\mathrm{d}\vec{v}_A}{\mathrm{d}t} = \frac{\mathrm{d}\vec{v}_B}{\mathrm{d}t}$$

即

$$\vec{a}_A = \vec{a}_B$$

因此可得结论：当刚体平动时，刚体内各点的轨迹形状都相同，且在同一瞬时各点都具有相同的速度和加速度。由此可见，平动刚体的运动可用其上任选一点的运动来代表，研究刚体的平动可归结为研究点的运动。

例 8-1　曲柄滑道机构，当曲柄 OA 在平面上绕定轴 O 转动时，通过滑槽导杆中的滑块 A 的带动，可使导杆在水平槽中沿直线往复滑动，如图 8-4 所示。若曲柄 OA 的长为 r，曲柄与 x 轴的夹角为 $\varphi = \omega t$，其中 ω 是常数，求此导杆上 B 点在任一瞬时的速度和加速度。

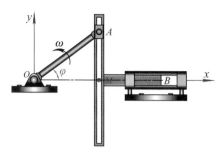

图 8-4   曲柄滑道机构

解 导杆做平动，因此导杆上各点的轨迹形状都相同，且在同一瞬时各点具有相同的速度和加速度，为此可通过求滑槽中 M 点的速度和加速度（M 点是曲柄的销钉 A 在 x 轴上的投影）来求导杆上 B 点的速度和加速度。M 点的位置坐标为

$$x_M = r\cos\varphi = r\cos\omega t$$

这就是 M 点的运动方程，因此 M 点的速度和加速度为

$$v_M = \frac{\mathrm{d}x_M}{\mathrm{d}t} = -r\omega\sin\omega t$$

$$a_M = \frac{\mathrm{d}v_M}{\mathrm{d}t} = -r\omega^2\cos\omega t$$

所以 B 点的速度和加速度为

$$v_B = v_M = -r\omega\sin\omega t$$

$$a_B = a_M = -r\omega^2\cos\omega t$$

第二节   刚体的定轴转动

刚体运动时，如刚体内或其扩展部分有一条直线始终保持不动，则这种运动称为刚体的定轴转动。这条固定的直线称为转轴。电机转子、旋梯、飞机试车时的涡轮、飞轮等的运动都是定轴转动的实例。

如图 8-5 所示，通过转轴作两个平面：平面 N_0 是固定的，平面 N 则固连在刚体上随之一起转动。于是，刚体的位置可由这两平面的夹角来确定，这

个夹角用 φ 表示，称为刚体的转角。转角 φ 是一个代数量，它的符号规定如下：自 z 轴的正端往负端看，从固定面起按逆时针转向计算角 φ，取正值；按顺时针转向计算角 φ，取负值。转角 φ 是时间的函数，即

$$\varphi = \varphi(t) \tag{8-1}$$

上式称为刚体定轴转动的运动方程，简称刚体的转动方程。若转动方程 $\varphi = \varphi(t)$ 已知，则刚体在任一瞬时的位置即可确定。φ 角的单位是弧度（rad）。

扫码看动画

图 8-5　刚体的定轴转动

在时间间隔 Δt 中，刚体的转角的增量为 $\Delta\varphi$，则刚体的瞬时角速度

$$\omega = \lim_{\Delta t \to 0} \frac{\Delta\varphi}{\Delta t} = \frac{\mathrm{d}\varphi}{\mathrm{d}t} \tag{8-2}$$

即刚体的角速度等于其转角对时间的一阶导数。

角速度的单位是弧度 / 秒（rad/s）。工程上还常用每分钟转数来表示转动的快慢，称为转速，用 n 来表示，其单位为转 / 分（r/min）。转速 n 与角速度 ω 的换算关系是

$$\omega = \frac{2\pi n}{60} = \frac{\pi n}{30} \mathrm{rad/s} \tag{8-3}$$

角速度是代数量，从轴的正端向负端看，刚体逆时针转动时，角速度取正值，反之取负值。

类似地，刚体的瞬时角加速度为

$$\alpha = \lim_{\Delta t \to 0} \frac{\Delta\omega}{\Delta t} = \frac{\mathrm{d}\omega}{\mathrm{d}t} = \frac{\mathrm{d}^2\varphi}{\mathrm{d}t^2} \tag{8-4}$$

即刚体的角加速度等于其角速度对时间的一阶导数，也等于其转角对时

间的二阶导数。角加速度也是代数量，它的单位是弧度／秒²(rad/s²)。

若 α 与 ω 的符号相同，则角速度的绝对值随时间而增加，刚体做加速转动；反之，则角速度的绝对值随时间而减小，刚体做减速转动。

由上述讨论可以看出：刚体的定轴转动与点的曲线运动的研究方法是相似的，刚体的位置角 φ、角速度 ω 及角加速度 α 对应于点的弧坐标 s、速度 v 及切向加速度 a_τ。所以，当刚体的角加速度 α 恒为常量时，称为匀变速转动，则有

$$\omega = \omega_0 + \alpha t$$

$$\varphi = \varphi_0 + \omega_0 t + \frac{1}{2}\alpha t^2$$

$$\omega^2 = \omega_0{}^2 + 2\alpha(\varphi - \varphi_0)$$

当刚体的角速度 ω 恒为常量时，称为匀速转动，则有

$$\varphi = \varphi_0 + \omega t$$

式中，φ_0 和 ω_0 是初位置角和初角速度。

第三节　转动刚体内各点的速度和加速度

现在我们研究刚体绕定轴转动时的角速度和角加速度与刚体上任一点的速度和加速度之间的关系。

刚体做定轴转动时，刚体内任一点都做圆周运动，圆心在轴线上，圆周所在的平面与轴线垂直，圆周的半径 R 等于该点到轴线的垂直距离，如图 8-6 所示。若以 M_0 为计算起点，则当刚体转动 φ 角时，M 点即由 M_0 点移至 M，按自然法 M 点的弧坐标为

$$s = M_0 M = R\varphi = R\varphi(t) \tag{8-5}$$

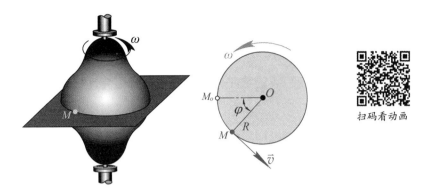

图 8-6 定轴转动刚体上一点的运动轨迹和速度

这就是动点 M 沿圆周的运动方程。动点速度的代数值为

$$v = \frac{\mathrm{d}s}{\mathrm{d}t} = R\frac{\mathrm{d}\varphi}{\mathrm{d}t} = R\omega \qquad (8-6)$$

即转动刚体内任一点的速度的大小，等于刚体的角速度与该点到转轴的垂直距离的乘积。速度的方向沿圆周的切线而指向转动的一方。

动点 M 的切向加速度为

$$a_{\tau} = \frac{\mathrm{d}v}{\mathrm{d}t} = R\frac{\mathrm{d}\omega}{\mathrm{d}t} = R\alpha \qquad (8-7)$$

即转动刚体内任一点的切向加速度的大小，等于刚体的角加速度与该点到转轴的垂直距离的乘积。它的方向沿圆周的切线，指向由角加速度确定，如图 8-7 所示。

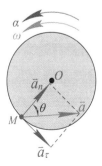

图 8-7 定轴转动刚体上一点的加速度

动点 M 的法向加速度为

$$a_n = \frac{v^2}{\rho} = \frac{(R\omega)^2}{dt} = R\omega^2 \qquad (8\text{-}8)$$

即转动刚体内任一点的法向加速度的大小，等于刚体角速度的平方与该点到转轴的垂直距离的乘积，它的方向总是沿转动半径指向转轴，如图 8-7 所示。

动点 M 的加速度的大小及其与半径所成的交角的正切为

$$\left.\begin{aligned} a &= \sqrt{a_\tau^2 + a_n^2} = R\sqrt{a^2 + \omega^4} \\ \tan\theta &= \frac{|a_\tau|}{a_n} = \frac{|\alpha|}{\omega^2} \end{aligned}\right\} \qquad (8\text{-}9)$$

由以上所述可知：转动刚体内任一点的速度和加速度的大小都与该点到转轴的距离成正比，如图 8-8（a）（b）所示。但是加速度与半径所成的偏角却与转动半径无关，也就是说，在同一瞬时，刚体内所有各点的加速度与半径都有相同的偏角。

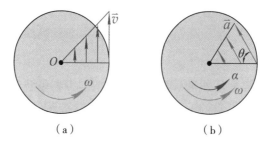

（a）　　　　　　　　（b）

图 8-8　定轴转动刚体上沿半径各点的速度分布和加速度分布

例 8-2　直径为 d 的轮子做匀速转动，每分钟转数为 n。求轮缘上各点的速度和加速度。

解　根据题意，在公式 $v=R\omega$ 中代入 $R=\dfrac{d}{2}$ 和 $\omega=\dfrac{\pi n}{30}$，得

$$v = \frac{\pi n d}{60}$$

由于轮子做匀速转动，所以 $\alpha = 0$，得

$$a_\tau = 0$$

$$a = a_n = R\omega^2 = \frac{d}{2}\frac{\pi^2 n^2}{30^2} = \frac{\pi^2 n^2 d}{1800}$$

例 8-3　已知一半径 $R=0.2$ m 的圆轮绕定轴 O 的转动方程为 $\varphi = -t^2 + 4t$（φ 以 rad 计，t 以 s 计），求 $t=1$ s 时，轮缘上任一点 M 的速度和加速度。如在此轮缘上绕一柔软而不可伸长的绳子并在绳端悬一物体 A，如图 8-9 所示，求当 $t=1$ s 时，物体 A 的速度和加速度。

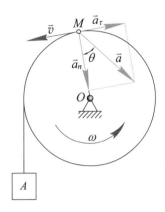

图 8-9　定轴转动的圆轮

解　圆轮在任一瞬时的角速度和角加速度为

$$\omega = \frac{\mathrm{d}\varphi}{\mathrm{d}t} = -2t + 4$$

$$\alpha = \frac{\mathrm{d}\omega}{\mathrm{d}t} = -2$$

当 $t=1$ s 时，则为

$$\omega = -2 \times 1 + 4 = 2 (\mathrm{rad/s})$$

$$\alpha = -2 \ \mathrm{rad/s^2}$$

因此轮缘上任一点 M 的速度和加速度为

$$v = R\omega = 0.2 \times 2 + 4 = 0.4 (\mathrm{m/s})$$

$$a_\tau = R\alpha = 0.2 \times (-2) = -0.4 (\mathrm{m/s^2})$$

$$a_n = R\omega^2 = 0.2 \times 2^2 = 0.8 (\mathrm{m/s^2})$$

它们的方向如图 8-9 所示。M 点的加速度及其偏角为

$$a = \sqrt{a_\tau^2 + a_n^2} = \sqrt{(-0.4)^2 + (0.8)^2} = 0.894 (\mathrm{m/s^2})$$

$$\theta = \arctan \frac{|\alpha|}{\omega^2} = \arctan \frac{2}{2^2} = \arctan 0.5 = 26°34'$$

因为 ω 与 α 的正负号相反，于是 $\bar{v}$ 与 $\bar{a}_\tau$ 的指向也相反，可见刚体在 $t=1$ s 时是做匀减速转动，故知加速度偏向与转动相反的一边。

现在求物体 A 的速度和加速度。因为绳子不可伸长，故知物体 A 落下的距离 s_A 应与轮缘上任一点 M 在同一时间内所走的弧长 s_M 完全相等，即

$$s_A = s_M$$

对上式两边求一阶及二阶导数，则得

$$v_A = v_M$$
$$a_A = a_M^\tau$$

这就是说物体的速度和加速度的代数值与 M 点的速度和切向加速度的代数值相等，因此

$$v_A = 0.4 \text{ m/s}$$
$$a_A = -0.4 \text{ m/s}^2$$

显然物体 A 的速度方向是向下的，而加速度的方向则是向上的。

第四节　角速度和角加速度的矢量表示·以矢积表示转动刚体内点的速度和加速度

绕定轴转动刚体的角速度可以用矢量表示。角速度矢量 $\bar{\omega}$ 的大小等于角速度的绝对值，即

$$|\bar{\omega}| = |\omega| = \left|\frac{d\varphi}{dt}\right|$$

角速度矢量 $\bar{\omega}$ 沿刚体的转轴画出，其指向则依照右手法则决定，如图 8-10 所示。至于角速度矢量的起点，可在轴线上任意选取，也就是说，角速度矢量是滑动矢量。可见如已知刚体的角速度矢量 $\bar{\omega}$，则刚体转轴的位置、角速度的大小及转向就能完全确定。可以证明，角速度矢量的合成是符合平行四边形法则的。

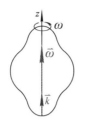 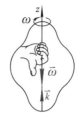

扫码看动画

图 8-10 角速度矢量

取 z 轴为刚体的转轴，并以 $\vec{k}$ 表示沿 z 轴的单位矢量，则角速度矢量可表示为

$$\vec{\omega} = \omega\vec{k} = \frac{\mathrm{d}\varphi}{\mathrm{d}t}\vec{k} \qquad (8\text{-}10)$$

求上式的导数，注意到单位矢量 $\vec{k}$ 是常矢量，则得角加速度矢量

$$\vec{\alpha} = \frac{\mathrm{d}\vec{\omega}}{\mathrm{d}t} = \frac{\mathrm{d}\omega}{\mathrm{d}t}\vec{k} \qquad (8\text{-}11)$$

可以看出角加速度矢量 $\vec{\alpha}$ 与角速度矢量一样都是沿 z 轴的滑动矢量，因此角加速度也可沿转轴画出。当角加速度 $\vec{\alpha}$ 的指向与 z 轴的正向相同时，则 α 之值是正的；反之，则为负值。

根据上述角速度和角加速度的矢量表示法，刚体内任一点的速度可以用矢积表示。

从转轴上任一点 O 作矢量 $\vec{\omega}$，再作矢径 $\vec{r} = \overline{OM}$，如图 8-11 所示。以 θ 表示 $\vec{r}$ 与 z 轴之间的夹角，点 O_1 表示 M 点所描绘的圆周的中心，R 是这个圆周的半径，于是速度 $\vec{v}$ 的大小为 $v=R\omega$。由直角三角形 OMO_1 可以知道 $|\vec{r}|\sin\theta$，所以 M 点速度的大小为

$$|\vec{v}| = R|\vec{\omega}| = |\vec{\omega}| \cdot |\vec{r}|\sin\theta$$

扫码看动画

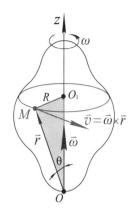

图 8-11　定轴转动刚体上点的速度的矢积表示

根据矢积的定义，我们知道矢积 $\vec{\omega} \times \vec{r}$ 应垂直于 $\vec{\omega}$ 与 $\vec{r}$ 构成的平面，亦即垂直于 OMO_1，这个矢积的大小是

$$|\vec{\omega} \times \vec{r}| = |\vec{\omega}| \cdot |\vec{r}| \sin\theta$$

其指向根据右手法则确定。由此可见，矢积 $\vec{\omega} \times \vec{r}$ 的大小及方向都与速度 $\vec{v}$ 的大小及方向相同，即

$$\vec{v} = \vec{\omega} \times \vec{r} \tag{8-12}$$

这就表明：转动刚体内任一点的速度，可由刚体的角速度矢量与该点矢径的矢积来表示。

绕定轴转动的刚体上任一点的加速度矢量也可用矢积表示。

为了求出加速度 $\vec{a}$ 与 $\vec{\omega}$ 和 $\vec{\alpha}$ 的关系式，取式（8-11）对于时间的导数，得

$$\vec{a} = \frac{d\vec{v}}{dt} = \frac{d}{dt}(\vec{\omega} \times \vec{r}) = \frac{d\vec{\omega}}{dt} \times \vec{r} + \vec{\omega} \times \frac{d\vec{r}}{dt}$$

已知 $\dfrac{d\vec{\omega}}{dt} = \vec{\alpha}, \dfrac{d\vec{r}}{dt} = \vec{v}$，于是得

$$\vec{a} = \vec{\alpha} \times \vec{r} + \vec{\omega} \times \vec{v} \tag{8-13}$$

上式右边的第一项的大小为

$$|\vec{\alpha} \times \vec{r}| = |\vec{\alpha}| \cdot |r| \sin\theta = |\vec{\alpha}| \cdot R$$

可见矢积 $\vec{\alpha} \times \vec{r}$ 的大小与点的切向加速度 $\vec{a}_\tau$ 的大小相同，根据右手法则其方向也与 $\vec{a}_\tau$ 相同，如图 8-12（a）所示。于是切向加速度可写为

$$\vec{a}_\tau = \vec{\alpha} \times \vec{r} \qquad (8\text{-}14)$$

这就表明：转动刚体内任一点的切向加速度矢量，等于刚体的角加速度矢量与该点矢径的矢积。式（8-12）右边的第二项的大小为

$$|\vec{\omega} \times \vec{v}| = |\omega| \cdot |v| \sin \frac{\pi}{2} = R\omega^2$$

可见矢积 $\vec{\omega} \times \vec{v}$ 的大小与点的法向加速度 $\vec{a}_n$ 的大小相同，根据右手法则，得知其方向也与 $\vec{a}_n$ 相同，如图 8-12（b）所示，于是法向加速度可写为

$$\vec{a}_n = \vec{\omega} \times \vec{v} \qquad (8\text{-}15)$$

这就表明：转动刚体内任一点的法向加速度矢量等于刚体的角速度矢量与该点速度矢量的矢积。

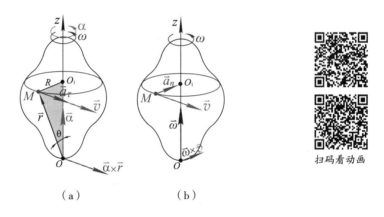

（a）　　　　　（b）

扫码看动画

图 8-12　定轴转动刚体上点的加速度的矢积表示

👍　　**本章小结**

1. 本章研究刚体的两种基本运动：平动和定轴转动。除研究刚体整体的运动外，还要研究其上的点与整体运动的关系。

2. 平动刚体上各点的轨迹形状、同一瞬时的速度和加速度都相同。因此刚体平动的问题，可归结为点的运动问题。

3.定轴转动刚体的转动方程、角速度和角加速度分别为

$$\varphi = \varphi(t)$$

$$\omega = \frac{d\varphi}{dt}$$

$$\alpha = \frac{d\omega}{dt} = \frac{d^2\varphi}{dt^2}$$

定轴转动刚体上各点的速度、切向加速度、法向加速度以及加速度的大小，都与各点的转动半径成正比，即

$$v = R\omega$$

$$a_\tau = R\alpha$$

$$a_n = R\omega^2$$

$$a = R\sqrt{a^2 + \omega^4}$$

而各点的加速度与转动半径的夹角都相同，与各点的转动半径无关，即

$$\theta = \arctan\frac{|\alpha|}{\omega^2}$$

4.角速度矢量是滑动矢量。对于定轴转动刚体，$\bar{\omega}$ 仅大小变化而方位不变，这时角加速度矢量 $\bar{\alpha} = \dfrac{d\bar{\omega}}{dt} = \dfrac{d\omega}{dt}\bar{k}$，即与 $\bar{\omega}$ 共线。

第九章 点的合成运动

1.学习目标

（1）知识目标。解释动点、动系、静系、绝对运动、相对运动、牵连运动、绝对速度、绝对加速度、相对速度、相对加速度、牵连点、牵连速度、牵连加速度的概念。画出牵连运动为平动时点的加速度矢量图，说明牵连运动为平动时点的加速度合成定理。说明科氏加速度产生的原因，会计算科氏加速度的大小并判定方向，说明牵连运动为转动时点的加速度合成定理。

（2）能力目标。恰当选取动点和动系，画出速度合成图，应用速度合成定理求解点的合成运动的速度问题，运用合成运动思想分析解决工程实际问题的能力。应用牵连运动为平动时点的加速度合成定理，求解牵连运动为平动时点的加速度。运用科氏加速度知识分析、判断实际问题，应用牵连运动为转动时点的加速度合成定理计算动点的加速度。

（3）素质目标。基于运动的合成与分解，探索解决问题的不同方法。基于牵连运动为平动时点的加速度合成定理的推导及应用强化问题意识和探索精神。通过推导牵连运动为转动时点的加速度合成定理培养严密的逻辑思维和严谨的工作作风。

2.学习重点

（1）速度合成定理及其应用。

（2）牵连运动为平动时点的加速度合成定理及其应用。

（3）牵连运动为转动时点的加速度合成定理及其应用。

3. 学习难点

（1）牵连点、科氏加速度。

（2）动点、动系的选取。

（3）速度合成定理的应用。

（4）牵连运动为转动时点的加速度合成定理的应用。

运动学仅研究物体运动的几何性质，而不考虑引起运动变化的原因。所谓物体的运动就是指物体相对于某坐标系的几何位置随时间变化，而同一物体相对于不同坐标系所表现出的运动特征（如轨迹、速度、加速度等）是不同的。本章将讨论一个动点相对于两个不同坐标系的运动之间的关系。主要研究速度之间的关系和加速度之间的关系。

第一节　点的合成运动的概念

在第七章中我们研究过点对于一个坐标系的运动。但是在实际问题中，还常常遇到同时在两个不同坐标系中描述同一个点的运动。例如，图 9-1 所示的桥式起重机，当起吊重物时，若桥梁保持不动，而小车沿桥梁水平向右行驶，同时将重物向上提升。重物对于固连于小车的坐标系是做铅垂向上的直线运动，而对于固连于地面的坐标系则做平面曲线运动。可见在这两个坐标系中所观察到的重物的运动是不同的。

扫码看动画

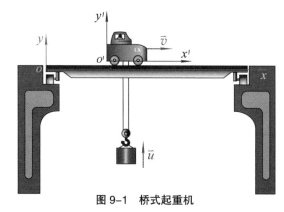

图 9-1　桥式起重机

　　为了便于研究，我们把所研究的运动物体上的一点或可以忽略几何尺寸和形状的运动物体称为动点，一般以 M 表示；把固连于地面的坐标系称为静坐标系，简称静系，并以 $Oxyz$ 表示；把相对于地面运动的坐标系称为动坐标系，简称动系，并以 $O'x'y'z'$ 表示。为了区分动点对于不同坐标系的运动，我们把动点对于静系的运动称为绝对运动，动点对于动系的运动称为相对运动，而把动系对于静系的运动称为牵连运动。例如上述桥式起重机，当我们研究重物的运动时，取重物为动点 M，动坐标系 $O'x'y'$ 固连在小车上，而静坐标系固连于地面，则重物相对于地面的平面曲线运动就是绝对运动，重物相对于小车的直线运动就是相对运动，小车连同动坐标系 $O'x'y'$ 相对于地面的运动就是牵连运动。

　　必须指出，绝对运动、相对运动都是点的运动，它可能是直线运动，也可能是曲线运动。若将动坐标系看作是一个无限延拓的刚体，很显然，牵连运动是刚体的运动，它可能是平动，也可能是转动或其他复杂的运动。刚体的平动和定轴转动我们在第八章里已有了解。至于刚体的较为复杂的运动将在下一章给予介绍。

　　显然，如果没有牵连运动，则动点的相对运动就是它的绝对运动；反之，如果没有相对运动，则动点随同动系所做的运动就是它的绝对运动。由此可见，动点的绝对运动既决定于动点的相对运动，也决定于动坐标系的运动即牵连运动。它是这两种运动的合成，因此动点的绝对运动也称为点的合成运动。

　　研究点的合成运动的主要问题，就是如何由已知动点的相对运动与牵连运动求出绝对运动；或者，如何将已知的绝对运动分解为相对运动与牵连运动。总之，就是要研究这三种运动的关系。

第二节　绝对运动、相对运动和牵连运动的速度与加速度

　　前面已经讲过，从不同的坐标系来观察同一点的运动，得到的结果不同。也就是说，对于不同坐标系点的运动轨迹、速度和加速度都不相同。动点

在静坐标系内所描绘的轨迹称为绝对轨迹，动点对于静坐标系的速度和加速度称为绝对速度和绝对加速度，以符号 $\vec{v}_a$ 和 $\vec{a}_a$ 表示。

动点对于动系的运动轨迹称为相对轨迹，动点对于动系的速度和加速度称为相对速度和相对加速度，以符号 $\vec{v}_r$ 和 $\vec{a}_r$ 表示。

现在我们来定义牵连速度和牵连加速度。

在某一瞬时，动坐标系上与动点重合的点，称为动点在该瞬时的牵连点。牵连点对于静坐标系的运动轨迹称为牵连轨迹。在某一瞬时，动坐标系上与动点重合的点（即牵连点）对于静坐标系的运动速度和加速度，称为动点在这一瞬时的牵连速度和牵连加速度，以符号 $\vec{v}_e$ 和 $\vec{a}_e$ 表示。

当坐标系做平动时，则动坐标系中各点具有相同的速度和加速度，因此可取动坐标系中任一点的速度和加速度作为动点的牵连速度和牵连加速度。当动坐标系的运动不是平动时，则动坐标系中各点的速度和加速度各不相同。在此情形下，应以某瞬时与动点 M 重合的 M' 点（即牵连点）的速度和加速度作为动点 M 在此瞬时的牵连速度和牵连加速度。例如，一小球 M 沿着直管 OA 以匀速度 $\bar{u}$ 运动，开始时在 O 点。又设直管以匀角速度 ω 绕着固连于静坐标系的 O 轴转动，将动坐标系固连于直管，如图 9-2 所示。在某瞬时 t，此小球在直管中的 M 点处，而 $OM=ut$，这时动点 M 的牵连速度和牵连加速度是直管 OA 上与小球 M 重合的 M' 点的速度和加速度。动点 M 的牵连速度大小为 $v_e = OM \cdot \omega = ut\omega$，其方向与直管 OA 垂直；牵连加速度的大小为 $a_e = OM \cdot \omega^2 = ut\omega^2$，其方向指向 O 点。

扫码看动画

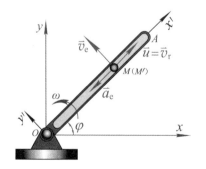

图 9-2　定轴转动的空心直管

第三节　点的速度合成定理

下面我们来研究点的相对速度、牵连速度和绝对速度三者之间的关系。

设有一动点 M 沿着固连于动坐标系的曲线 AB 运动，而曲线 AB 又随同动坐标系相对于静坐标系运动，如图 9-3 所示。某瞬时 t，动点在曲线上的 M 点。经过微小时间间隔 Δt 后，由于曲线 AB 随同动坐标系移至新的位置 $A'B'$，故动点的牵连点所经过的路程是 MM_1。同时，动点又相对于动坐标系沿着曲线 $A'B'$ 移动了一段弧线 M_1M'，显然动点在瞬时 $t+\Delta t$ 位于曲线 $A'B'$ 上的 M' 点。所以矢量 $\overline{MM'}$ 代表动点的绝对位移，$\overline{MM_1}$ 代表牵连位移，而矢量 $\overline{M_1M'}$ 代表相对位移。由图中矢量关系可得

$$\overline{MM'} = \overline{MM_1} + \overline{M_1M'}$$

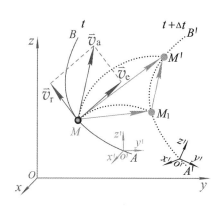

扫码看动画

图 9-3　几何法证明点的速度合成定理

将此矢量式除以 Δt 后，并取 Δt 趋近于零的极限，则得

$$\lim_{\Delta t \to 0} \frac{\overline{MM'}}{\Delta t} = \lim_{\Delta t \to 0} \frac{\overline{MM_1}}{\Delta t} + \lim_{\Delta t \to 0} \frac{\overline{M_1M'}}{\Delta t}$$

将上式中的各项与三种速度的定义比较可知，矢量 $\displaystyle\lim_{\Delta t \to 0} \frac{\overline{MM'}}{\Delta t}$ 就是动点在瞬时 t 的绝对速度 $\bar{v}_a$，其方向沿着曲线 MM' 上 M 点的切线方向；矢量 $\displaystyle\lim_{\Delta t \to 0} \frac{\overline{MM_1}}{\Delta t}$ 就是动点在瞬时 t 的牵连速度 $\bar{v}_e$，其方向沿着曲线 MM_1 上 M 点的

切线方向；矢量 $\lim\limits_{\Delta t \to 0} \dfrac{\overline{M_1 M'}}{\Delta t}$ 就是动点在瞬时 t 的相对速度 $\vec{v}_r$，其方向沿着曲线 AB 上 M 点的切线方向，于是便得到

$$\vec{v}_a = \vec{v}_e + \vec{v}_r \qquad (9\text{-}1)$$

上式表明：动点的绝对速度等于它的牵连速度与相对速度的矢量和。这就是点的速度合成定理。根据此定理，就可以应用平行四边形法则或矢量投影定理，由牵连速度与相对速度求得绝对速度；当然也可以由绝对速度及牵连速度（或相对速度）求得相对速度（或牵连速度）。

式（9-1）是矢量式，有三个矢量，每一个矢量均有大小和方向，因此在该矢量式里包含有六个要素，当知道其中四个要素时，就可以求出另外两个要素。也就是说，用一个矢量式，可以求出两个未知量。

应该指出，在推导速度合成定理时，并未限制动坐标系做什么样的运动，因此这个定理适用于牵连运动是任何运动的情况，即动坐标系可做平动、转动或其他较复杂的运动。

下面举例说明点的速度合成定理的应用。

例 9-1　三角形楔块沿水平方向运动，其斜边与水平线成 θ 角，顶杆 AB 沿铅垂槽滑动，如图 9-4 所示。若楔块以 $\vec{v}_0$ 向右运动，求顶杆 B 端的速度。

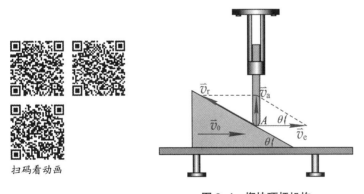

图 9-4　楔块顶杆机构

解　（1）选取动点、动系和静系。

在本题的情况下，顶杆 AB 与楔块彼此有相对运动，当楔块向右运动时，顶杆 AB 沿铅垂槽向上滑动。因 AB 杆做平动，所以 B 点的运动与 A 点的运动

相同，因此我们取 AB 杆上的 A 点为动点，动系固连于楔块上，静系固连于地面。

（2）三种运动分析。

绝对运动为动点 A 铅垂向上的直线运动；相对运动为动点 A 沿斜边的直线运动；牵连运动为楔块水平向右的平动。

（3）速度分析。

根据速度合成定理，有

$$\vec{v}_a = \vec{v}_e + \vec{v}_r$$

式中，绝对速度 $\vec{v}_a$ 的大小未知，方向铅垂向上；相对速度 $\vec{v}_r$ 的大小未知，方向沿楔块斜边向上；牵连速度 $\vec{v}_e$ 为楔块上与 AB 杆的端点 A 相重合的点的速度。由于楔块做平动，其上各点的速度都相等，所以牵连速度 $\vec{v}_e = \vec{v}_0$。作出速度矢量图，根据矢量合成法则 $\vec{v}_a$，应是以 $\vec{v}_e$、$\vec{v}_r$ 为边所构成的平行四边形的对角线，如图 9-4 所示。由图中三角函数关系求得

$$v_a = v_e \tan\theta = v_0 \tan\theta$$
$$v_B = v_A = v_a = v_0 \tan\theta$$

例 9-2　如图 9-5 所示，半径 R、偏心距为 e 的凸轮，以匀角速度 ω 绕 O 轴转动，顶杆 AB 能在滑槽中上下平动，顶杆的端点 A 始终与凸轮接触，且 OAB 成一直线。求在图示位置时，杆 AB 上 B 点的速度。

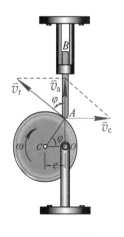

扫码看动画

图 9-5　凸轮顶杆机构

解 （1）选取动点、动系和静系。

因为顶杆 AB 做平动，各点速度相同，因此只要求出其上任一点的速度即可。取顶杆 AB 的端点 A 作为动点，动坐标系固连于凸轮，静坐标系固连于地面。

（2）三种运动分析。

点 A 的绝对运动是直线运动，相对运动是以凸轮中心 C 为圆心的圆周运动，牵连运动则是凸轮绕 O 轴的转动。

（3）速度分析。

根据速度合成定理，有

$$\vec{v}_a = \vec{v}_e + \vec{v}_r$$

式中，绝对速度 $\vec{v}_a$ 的大小未知，方向沿 AB；相对速度 $\vec{v}_r$ 的大小未知，方向沿凸轮轮廓线在 A 点的切线方向；牵连速度 $\vec{v}_e$ 为凸轮上与顶杆的端点 A 重合的那一点的速度，它的方向垂直于 OA，并且大小为 $v_e = \omega \cdot OA$。作出速度矢量图，如图 9-5 所示，由三角关系求得绝对速度为

$$v_a = v_e \cot\varphi = \omega \cdot OA \cdot \frac{e}{OA} = e\omega$$

$$v_B = v_A = v_a = e\omega$$

例 9-3 车厢以速度 $\vec{v}_1$ 沿水平直线轨道行驶，如图 9-6 所示。雨滴铅直落下，滴在车厢侧面的玻璃上，留下与铅垂直线成角 θ 的雨痕。试求雨滴的绝对速度。

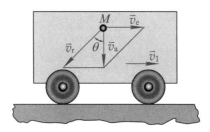

图 9-6　车厢玻璃上的雨滴运动分析

解 （1）选取动点、动系和静系。

本题要求的是雨滴相对于地面的速度。取雨滴 M 为动点，动坐标系固连于车厢，静坐标系固连于地面。

（2）三种运动分析。

相对运动是雨滴沿着与铅垂直线成 θ 角的直线运动；牵连运动是速度为 $\vec{v}_1$ 的车厢平动；绝对运动是雨滴沿铅垂直线的运动。

（3）速度分析。

在速度合成定理

$$\vec{v}_a = \vec{v}_e + \vec{v}_r$$

中，相对速度 $\vec{v}_r$ 的方向是已知的，它与铅垂直线的夹角为 θ，大小未知；牵连速度 $\vec{v}_e$ 的大小和方向都是已知的，它等于 $\vec{v}_1$；绝对速度 $\vec{v}_a$ 的方向也是已知的，它铅直向下。因此在式中四个要素已知，问题可以求解。

作出速度矢量图，并注意 $\vec{v}_a$ 是平行四边形的对角线。于是得雨滴落向地面的速度大小

$$v_a = v_e \cot\theta = v_1 \cot\theta$$

雨滴相对于车厢的速度大小为

$$v_r = \frac{v_e}{\sin\theta} = \frac{v_1}{\sin\theta}$$

例 9-4　已知船 A 以 40 km/h 的速度向右前进，一架直升飞机 B 以 20 km/h 的速度垂直下降，如图 9-7 所示。求直升飞机相对于该船的速度。

解　（1）选取动点、动系和静系。

本题要求直升飞机相对于船的速度。取直升飞机 B 为动点，动坐标系 $O'x'y'$ 固连于船上，静坐标系 Oxy 固连于地面。

（2）三种运动分析。

动点 B 的绝对运动是直线运动（铅垂向下），相对运动是直升飞机 B 相对于船 A 的运动，牵连运动则是船 A 的直线平动。

扫码看动画

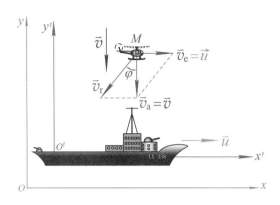

图 9-7 直升飞机三种速度分析

（3）速度分析。

根据速度合成定理，有

$$\vec{v}_a = \vec{v}_e + \vec{v}_r$$

式中，绝对速度 $\vec{v}_a$ 的大小为 $v_a = 20$ km/h，方向铅垂向下；相对速度 $\vec{v}_r$ 的大小未知，方向未知；牵连速度 $\vec{v}_e$ 为动坐标系 $O'x'y'$ 上与 B 重合的那一点的速度，其大小为 $v_e = 40$ km/h，方向沿水平方向向右。作出速度矢量图，如图 9-7 所示。由三角关系求得相对速度 $\vec{v}_r$ 的大小和方向：

$$v_r = \sqrt{v_a{}^2 + v_e{}^2} = 44.72 \text{ km/h}$$

$$\tan\varphi = \frac{v_e}{v_a} = 2 \ , \quad \varphi = 63.4°$$

在求解速度合成问题时，一般利用几何关系（直角三角形的三角函数关系或正弦定理）求得未知量，这样解题比较简便。根据以上各例，把解题步骤总结如下：

（1）选取动点、动系和静系。

选取动点、动系的一般原则是动点相对于动系要有运动，即动点和动系不能选在同一物体上，而且动点的相对运动轨迹要易于确定。

（2）分析三种运动。

要正确地分析三种运动。绝对运动和相对运动是点的运动，它们的运动可能是曲线运动，也可能是直线运动，而牵连运动是刚体的运动，常见的是平动或定轴转动。

（3）分析三种速度、求速度。

要正确地分析三种速度的大小和方向，然后根据速度合成定理，画出速度矢量图，在画速度矢量图（即速度平行四边形）时要注意，相对速度和牵连速度是平行四边形的两个边，而绝对速度则一定是平行四边形的对角线。最后利用图中的几何关系或矢量投影定理求出未知量。当知道 $\vec{v}_a$、$\vec{v}_e$ 和 $\vec{v}_r$ 的大小、方向六个要素中的四个要素时，可求出其余两个未知要素。

第四节　牵连运动为平动时点的加速度合成定理

我们在上一节中学习了点的速度合成定理，本节将在此基础上，找出合成运动中加速度间的关系。因为在合成运动中，加速度之间的关系比较复杂，所以先以动坐标系做平动的简单情况开始讨论。

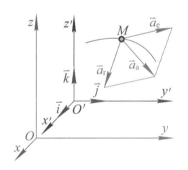

扫码看动画

图 9-8　解析法证明牵连运动为平动时点的加速度合成定理

设图 9-8 所示动坐标系 $O'x'y'$ 相对于静坐标系 $Oxyz$ 做平动。动点 M 的相对运动方程为

$$x' = f_1(t)$$

$$y' = f_2(t)$$

$$z' = f_3(t)$$

根据点的运动学理论，动点 M 的相对速度和相对加速度分别为

$$\vec{v}_r = \frac{\mathrm{d}x'}{\mathrm{d}t}\vec{i}' + \frac{\mathrm{d}y'}{\mathrm{d}t}\vec{j}' + \frac{\mathrm{d}z'}{\mathrm{d}t}\vec{k}' \tag{a}$$

$$\vec{a}_r = \frac{d^2 x'}{dt^2}\vec{i}' + \frac{d^2 y'}{dt^2}\vec{j}' + \frac{d^2 z'}{dt^2}\vec{k}' \tag{b}$$

式中，$\vec{i}'$、$\vec{j}'$、$\vec{k}'$ 为沿动坐标轴的单位矢量。

由于在每一瞬时，平动刚体内各点的速度和加速度彼此相等。由此可知，当牵连运动是平动时，动点在每一瞬时的牵连速度和牵连加速度都等于动坐标系原点 O' 在同一瞬时的速度和加速度，即

$$\vec{v}_e = \vec{v}_{O'}$$
$$\vec{a}_e = \vec{a}_{O'}$$

为了求点 M 的绝对加速度 $\vec{a}_a$，需求该点的绝对速度 $\vec{v}_a$ 对时间的一阶导数，即

$$\vec{a}_a = \frac{d\vec{v}_a}{dt}$$

根据点的速度合成定理有

$$\vec{v}_a = \vec{v}_e + \vec{v}_r$$

因此可得

$$\vec{a}_a = \frac{d\vec{v}_e}{dt} + \frac{d\vec{v}_r}{dt} \tag{c}$$

先计算上式右端的第一项。因为

$$\vec{v}_e = \vec{v}_{O'}$$

于是有

$$\frac{d\vec{v}_e}{dt} = \frac{d\vec{v}_{O'}}{dt}$$

而 $\vec{v}_{O'}$ 对时间的一阶导数等于点 O' 的加速度 $\vec{a}_{O'}$，又因动坐标系做平动，动点 M 的牵连加速度等于原点 O' 的加速度，于是

$$\frac{d\vec{v}_e}{dt} = \frac{d\vec{v}_{O'}}{dt} = \vec{a}_{O'} = \vec{a}_e \tag{d}$$

由此可见，当牵连运动为平动时，牵连速度对时间的一阶导数等于牵连加速度。其次计算式（c）右端的第二项。取式（a）对时间 t 的一阶导数，并注意到当动坐标系做平动时，单位矢 $\vec{i}'$、$\vec{j}'$、$\vec{k}'$ 是大小和方向都保持不变的恒矢量。于是得

$$\frac{\mathrm{d}\vec{v}_{\mathrm{r}}}{\mathrm{d}t} = \frac{\mathrm{d}^2 x'}{\mathrm{d}t^2}\vec{i}' + \frac{\mathrm{d}^2 y'}{\mathrm{d}t^2}\vec{j}' + \frac{\mathrm{d}^2 z'}{\mathrm{d}t^2}\vec{k}'$$

比较上式和式（b），得

$$\frac{\mathrm{d}\vec{v}_{\mathrm{r}}}{\mathrm{d}t} = \vec{a}_{\mathrm{r}} \qquad\qquad (\text{e})$$

可见，当牵连运动为平动时，相对速度对时间的一阶导数等于相对加速度。

将式（d）和（e）代入式（c），得

$$\vec{a}_{\mathrm{a}} = \vec{a}_{\mathrm{e}} + \vec{a}_{\mathrm{r}} \qquad\qquad (9\text{--}2)$$

上式表示牵连运动为平动时点的加速度合成定理：当牵连运动为平动时，动点在某瞬时的绝对加速度等于在该瞬时它的牵连加速度与相对加速度的矢量和。即牵连运动为平动时，动点的绝对加速度可以由牵连加速度与相对加速度所构成的平行四边形的对角线来确定。

当动点的绝对运动轨迹，相对运动轨迹以及牵连点的运动轨迹为曲线时，通常将它们的加速度分解为切向加速度和法向加速度，于是上述加速度合成定理的数学表达式可以写成如下形式：

$$\vec{a}_{\mathrm{a}}^{\tau} + \vec{a}_{\mathrm{a}}^{n} = \vec{a}_{\mathrm{e}}^{\tau} + \vec{a}_{\mathrm{e}}^{n} + \vec{a}_{\mathrm{r}}^{\tau} + \vec{a}_{\mathrm{r}}^{n}$$

例 9-5　图 9-9 所示的曲柄滑道机构中，曲柄长 $OA=10$ cm，绕 O 轴做定轴转动。当 $\varphi=30°$ 时，曲柄 OA 的角速度 $\omega=1$ rad/s，角加速度 $\alpha=1$ rad/s²，求导杆 BC 上任一点的加速度和滑块 A 在滑道中的相对加速度。

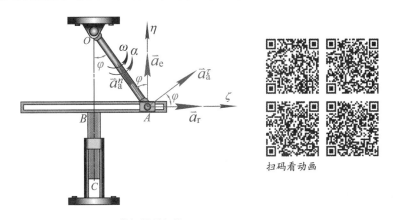

扫码看动画

图 9-9　曲柄滑道机构

解 (1) 选取动点、动系和静系。

取滑块 A 为动点，动坐标系固连于导杆 BC，静坐标系固连于地面。

(2) 三种运动分析。

绝对运动为以点 O 为圆心的圆周运动；相对运动为沿滑道的直线运动；牵连运动为导杆的铅垂直线平动。

(3) 加速度分析。

因绝对运动为圆周运动，所以绝对加速度分解为切向加速度 $\vec{a}_a^\tau$ 和法向加速度 $\vec{a}_a^n$。根据牵连运动为平动时点的加速度合成定理，有

$$\vec{a}_a^\tau + \vec{a}_a^n = \vec{a}_e + \vec{a}_r$$

式中，$\vec{a}_a^\tau$ 的大小为 $a_a^\tau = OA \cdot \alpha = 10 \text{ cm/s}^2$，方向已知，即垂直于曲柄 OA。$\vec{a}_a^n$ 的大小为 $a_a^n = OA \cdot \omega^2 = 10 \text{ cm/s}^2$，方向指向 O 点。牵连加速度 $\vec{a}_e$ 为导杆 BC 上与滑块 A 重合的点的加速度，大小未知。由于导杆做铅垂直线平动，其上各点的加速度都相等。相对加速度 $\vec{a}_r$ 的方向沿水平滑道，大小未知。画出加速度矢量图，如图 9-9 所示。在矢量图上建立投影轴 ζ 和 η，将上矢量式分别投影在两个轴上。

在 ζ 轴上投影：$a_a^\tau \cos 30° - a_a^n \sin 30° = a_r$

在 η 轴上投影：$a_a^\tau \sin 30° + a_a^n \cos 30° = a_r$

解得

$$a_r = 3.66 \text{ cm/s}^2, \quad a_e = 13.66 \text{ cm/s}^2$$

由于导杆做平动，各点的加速度都相同，所以 a_e 即为此瞬时导杆上各点的加速度大小。

求出的未知量 a_e 和 a_r 均为正值，说明假设的指向都是正确的。如求出的未知量为负值，则说明所设指向与实际指向相反。

对于矢量式里的矢量超过三项的问题，不便利用矢量图中的几何关系求得未知量，一般情况下采用矢量投影法来求解。当利用矢量投影法解题时，首先在矢量图上建立投影轴，在建立投影轴时，尽可能地使投影轴与一个大小未知的矢量垂直，这样在得到的投影方程中只有一个未知量，可以简化数学计算。

例 9-6 如图 9-10 所示，在以加速度 $\vec{a}$ 做水平直线平动的车厢内，有一

圆轮以匀角速度 ω 绕中心 O 转动。轮轴通过点 O 并与加速度 $\bar{a}$ 的方向垂直。已知轮的半径为 R。求轮缘上的点 1、2、3 和 4 在图示瞬时的加速度。

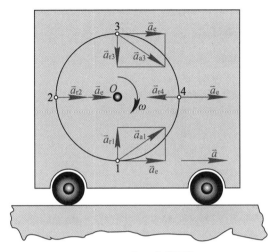

图 9-10　车厢内的圆轮

解 （1）选取动点、动系和静系。

取轮上的点 1、2、3 和 4 为动点，动系固连于车厢，静系固连于地面。

（2）三种运动分析。

各动点的绝对运动是曲线运动，其轨迹未知；相对运动是绕 O 点的圆周运动；牵连运动是车厢的水平直线平动。

（3）加速度分析。

各点的绝对加速度的大小和方向均未知。因为圆轮是匀速转动，所以各点的相对加速度大小都相等，并且都等于法向加速度，即 $a_{r1} = a_{r2} = a_{r3} = a_{r4} = a_r = R\omega^2$，方向是由各点指向 O 点。因车厢做平动，其上各点的加速度都相等，即 $\bar{a}_{e1} = \bar{a}_{e2} = \bar{a}_{e3} = \bar{a}_{e4} = \bar{a}_e = \bar{a}_O$。

根据牵连运动为平动时点的加速度合成定理，有

$$\bar{a}_a = \bar{a}_e + \bar{a}_r$$

式中，除 $\bar{a}_a$ 的大小和方向未知外，其余四个要素均已知。各点的加速度矢量图如图 9-10 所示，由图可得

$$a_{a1} = \sqrt{a^2 + R^2\omega^4}$$
$$a_{a2} = a + R\omega^2$$

$$a_{a3} = \sqrt{a^2 + R^2\omega^4}$$

$$a_{a4} = a - R\omega^2$$

例 9-7 如图 9-11（a）所示，半圆形凸轮在水平面上向右做减速运动，若凸轮半径为 R，图示瞬时的速度和加速度分别为 $\vec{v}$ 和 $\vec{a}$，求杆 AB 在图示位置时其上任一点的加速度。

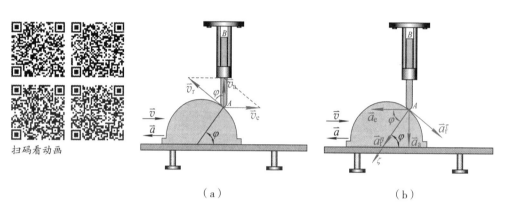

扫码看动画

（a）　　　　　　　　　　（b）

图 9-11　凸轮顶杆机构中顶杆上一点的速度分析和加速度分析

解　（1）选取动点、动系和静系。

取杆 AB 上的 A 点为动点，动系固连于凸轮上，静系固连于地面。

（2）三种运动分析。

绝对运动为铅垂的直线运动；相对运动为沿半圆凸轮的曲线运动；牵连运动为凸轮的水平直线平动。

（3）速度分析。

根据速度合成定理，有

$$\vec{v}_a = \vec{v}_e + \vec{v}_r$$

式中，绝对速度 $\vec{v}_a$ 的大小未知，方向沿 AB 向上；牵连速度 $\vec{v}_e$ 已知，即 $\vec{v}_e = \vec{v}$；相对速度 $\vec{v}_r$ 的大小未知，方向沿凸轮 A 点的切线。速度矢量图如图 9-11（a）所示，由图中几何关系得

$$v_r = \frac{v_e}{\sin\varphi} = \frac{v}{\sin\varphi}$$

（4）加速度分析。

根据牵连运动为平动时点的加速度合成定理，有

$$\vec{a}_a = \vec{a}_e + \vec{a}_r^{\tau} + \vec{a}_r^n$$

式中，绝对加速度 $\vec{a}_a$ 的大小未知，方向为铅垂方向。牵连加速度 $\vec{a}_e = \vec{a}$。相对加速度的切向分量 $\vec{a}_r^{\tau}$ 的大小未知，方向为凸轮 A 点处的切线方向。相对加速度的法向分量 $\vec{a}_r^n$ 的大小为

$$a_r^n = \frac{v_r^2}{R} = \frac{v^2}{r \sin^2 \varphi}$$

方向沿半径指向圆心。加速度矢量图如图 9-11（b）所示。选取投影轴 ζ，将上矢量式投影在 ζ 轴上，得

$$a_a \sin \varphi = a_e \cos \varphi + a_r^n$$

把已知量代入上式，解得

$$a_a = \frac{1}{\sin \varphi}(a \cos \varphi + \frac{v^2}{R \sin^2 \varphi}) = a \cot \varphi + \frac{v^2}{R \sin 3\varphi}$$

当 $\varphi < 90°$ 时，$a_a > 0$，说明所设 $\vec{a}_a$ 的方向与实际一致。

本题虽未要求求出相对速度 $\vec{v}_r$，但是在该题的条件下求加速度必定要用到 $\vec{v}_r$，因此我们必须先进行速度分析，求出相对速度 $\vec{v}_r$，否则进行加速度分析时，未知量超过两个，无法求出未知的加速度。

第五节　牵连运动为转动时点的加速度合成定理

当牵连运动为转动时，加速度合成定理与上节所述的结论不同。让我们先分析一个实例。设动点 M 在圆盘上半径为 R 的圆槽内相对于圆盘以大小不变的速度 $\vec{v}_r$ 做圆周运动。同时，圆盘以匀角速度 ω 绕定轴 O' 转动，如图 9-12 所示。现在分析 M 点的加速度。

现将动坐标系 $O'x'y'$ 固连于圆盘，静坐标系 Oxy 固连于地面，运动分析如下。

扫码看动画

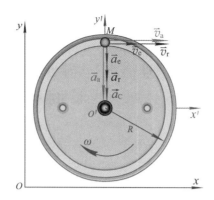

图 9-12　圆槽内小球的运动分析

相对运动是动点 M 对于圆盘的匀速圆周运动。相对速度是 $\vec{v}_r$，相对加速度 $\vec{a}_r = \vec{a}_r^n$，方向指向圆心 O'，大小为

$$a_r = a_r^n = \frac{v_r^2}{R}$$

牵连运动是圆盘以匀角速度 ω 绕定轴 O' 的转动。动点 M 的牵连速度 $\vec{v}_e$ 等于圆盘上与动点瞬时相重合的那一点的速度，方向垂直于 $O'M$，大小为 $v_e = R\omega$。动点 M 的牵连加速度 $\vec{a}_e = \vec{a}_e^n$，方向指向轴 O'，大小为

$$a_e = a_e^n = R\omega^2$$

绝对运动是动点 M 做半径为 R 的圆周运动。由于 $\vec{v}_r$ 与 $\vec{v}_e$ 同方向，所以点 M 的绝对速度的方向垂直于 $O'M$，大小为

$$v_a = v_e + v_r = R\omega + v_r = 常量$$

可见，点 M 的绝对运动是匀速圆周运动。因此，点 M 的绝对加速度 $\vec{a}_a = \vec{a}_a^n$，方向指向轴 O'，大小为

$$a_a = \frac{v_a}{R} = \frac{(R\omega + v_r)^2}{R} = R\omega^2 + \frac{v_r^2}{R} + 2\omega v_r$$

从上式可以看出，在这个实例中，点 M 的绝对加速度不仅仅与牵连加速度（大小等于 $R\omega^2$）和相对加速度（大小等于 $\frac{v_r^2}{R}$）有关，这里还增加了一项 $2\omega v_r$，我们称之为科氏加速度，以后用符号 $\vec{a}_C$ 表示。

可以证明，当牵连运动是任意规律的转动时，点的加速度合成规律可表示成

$$\vec{a}_a = \vec{a}_e + \vec{a}_r + \vec{a}_C \tag{9-3}$$

即当牵连运动为转动时，动点的绝对加速度等于牵连加速度、相对加速度与科氏加速度的矢量和，这就是牵连运动为转动时点的加速度合成定理。

在普遍情况下科氏加速度为

$$\vec{a}_C = 2\vec{\omega} \times \vec{v}_r \tag{9-4}$$

根据矢量运算法则，科氏加速度的大小为

$$a_C = 2\omega v_r \sin\theta$$

式中，ω 是动坐标系的角速度，也称牵连转动角速度，θ 是矢量 $\vec{\omega}$ 与 $\vec{v}_r$ 间的最小夹角，角速度矢量方向的确定在第八章已经学习过。当 $\theta=90°$ 时，$\sin\theta = 1$，此时科氏加速度的大小为

$$a_C = 2\omega v_r$$

科氏加速度的方向由右手法则确定，即当右手的四个手指从 $\vec{\omega}$ 以最短的途径转向 $\vec{v}_r$ 握拳时，大拇指的指向就是 $\vec{a}_C$ 的方向，如图 9-13 所示。

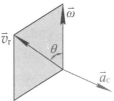

扫码看动画

图 9-13　科氏加速度

当绝对运动、相对运动轨迹为曲线时，式（9-3）也可以写成如下形式

$$\vec{a}_a^\tau + \vec{a}_a^n = \vec{a}_e^\tau + \vec{a}_e^n + \vec{a}_r^\tau + \vec{a}_r^n + \vec{a}_C$$

显然，当牵连运动为转动时点的加速度合成定理的公式（9-3）与当牵连运动为平动时点的加速度合成定理的公式（9-2）有所不同。式（9-3）增加了科氏加速度一项。产生科氏加速度这一项是由于动系的转动和相对运动相互影响的结果。下面我们再用一个特例来就这个结论作出说明。

设有一直杆 OA 以匀角速度 ω 绕 O 轴转动，在 t 瞬时，杆 OA 在 I 位置，在 $t+\Delta t$ 瞬时，杆 OA 运动到位置 II，与此同时动点沿此杆由 M 点运动到 M' 点，如图 9-14 所示。

令动点在 M 点时的牵连速度为 $\vec{v}_e$，相对速度为 $\vec{v}_r$，而在 M' 点时的牵连速度为 $\vec{v}_e'$，相对速度为 $\vec{v}_r'$，由图 9-14 可知，相对速度和牵连速度可改写为

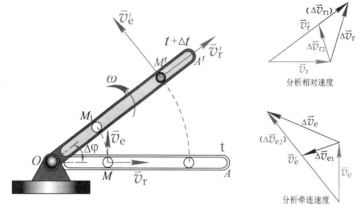

图 9-14　科氏加速度产生的原因

$$\Delta\vec{v}_r = \vec{v}_r' - \vec{v}_r = \Delta\vec{v}_{r1} + \Delta\vec{v}_{r2}$$
$$\Delta\vec{v}_e = \vec{v}_e' - \vec{v}_e = \Delta\vec{v}_{e1} + \Delta\vec{v}_{e2}$$

式中，$\Delta\vec{v}_{r1}$ 表示相对速度大小的改变量，$\Delta\vec{v}_{r2}$ 表示由于牵连运动为转动而引起的相对速度方向的改变量；$\Delta\vec{v}_{e1}$ 表示牵连速度方向的改变量，$\Delta\vec{v}_{e2}$ 表示由于相对运动而引起的牵连速度大小的改变量。

根据速度合成定理，在瞬时 t，点的绝对速度为 $\vec{v}_a = \vec{v}_e + \vec{v}_r$；在瞬时 $t+\Delta t$，点的绝对速度为 $\vec{v}_a' = \vec{v}_e' + \vec{v}_r'$。故动点在 Δt 时间间隔内绝对速度的增量为

$$\Delta\vec{v}_a = \vec{v}_a' - \vec{v}_a = (\vec{v}_r' - \vec{v}_r) + (\vec{v}_e' - \vec{v}_e) = \Delta\vec{v}_r + \Delta\vec{v}_e$$

等式两边除以 Δt 并取极限，则得动点 M 在瞬时 t 的绝对加速度

$$\vec{a}_a = \lim_{\Delta t \to 0} \frac{\Delta\vec{v}_r}{\Delta t} + \lim_{\Delta t \to 0} \frac{\Delta\vec{v}_e}{\Delta t}$$

即

$$\vec{a}_a = \lim_{\Delta t \to 0} \frac{\Delta\vec{v}_{r1}}{\Delta t} + \lim_{\Delta t \to 0} \frac{\Delta\vec{v}_{r2}}{\Delta t} + \lim_{\Delta t \to 0} \frac{\Delta\vec{v}_{e1}}{\Delta t} + \lim_{\Delta t \to 0} \frac{\Delta\vec{v}_{e2}}{\Delta t}$$

现在来说明这个等式右边各项的物理意义。

第一项 $\lim\limits_{\Delta t \to 0}\dfrac{\Delta \bar{v}_{r1}}{\Delta t}$ 是相对速度大小对时间的变化率，显然这是动点的相对加速度 $\bar{a}_r$。

第三项 $\lim\limits_{\Delta t \to 0}\dfrac{\Delta \bar{v}_{e1}}{\Delta t}$ 是杆 OA 上在瞬时 t 与动点相重合之点的速度方向对时间的变化率，即为动点的牵连加速度 $\bar{a}_e$。

第二项 $\lim\limits_{\Delta t \to 0}\dfrac{\Delta \bar{v}_{r2}}{\Delta t}=\lim\limits_{\Delta t \to 0}\dfrac{|\Delta \varphi| \cdot v_r}{\Delta t}=\left|\dfrac{d\varphi}{dt}\right| \cdot v_r = \omega v_r$ 是表明由于转动的牵连运动使相对速度 $\bar{v}_r$ 方向改变而产生的加速度，这是科氏加速度的一部分。

第四项 $\lim\limits_{\Delta t \to 0}\dfrac{\Delta \bar{v}_{e2}}{\Delta t}=\lim\limits_{\Delta t \to 0}\omega\dfrac{(OM'-OM_1)}{\Delta t}=\lim\limits_{\Delta t \to 0}\dfrac{M_1M'}{\Delta t}=\omega v_r$ 是由于相对运动的存在使牵连速度的大小发生改变而产生的加速度，这是科氏加速度的另一部分。

因而，上述第二项和第四项之和即为科氏加速度。经数学推导，科氏加速度表示为

$$\bar{a}_C=\lim\limits_{\Delta t \to 0}\dfrac{\Delta \bar{v}_{r2}}{\Delta t}+\lim\limits_{\Delta t \to 0}\dfrac{\Delta \bar{v}_{e2}}{\Delta t}=2\bar{\omega} \times \bar{v}_r$$

从上述特例可以看出，由于转动的牵连运动和相对运动相互影响，使相对速度的方向和牵连速度的大小发生改变，因而产生了附加的加速度，即科氏加速度。而在牵连运动为平动时，因为动系做平动，相对轨迹平行移动，因而相对速度方向不会因牵连运动而发生改变；又因在同一瞬时平动物体上各点的速度相同，因而牵连速度大小也不会因相对运动而发生变化。因此牵连运动为平动时，不会产生科氏加速度。

下面推导牵连运动为转动时点的加速度合成定理。如图 9–15 所示，设 $Oxyz$ 代表静坐标系，$O'x'y'z'$ 代表动坐标系，动坐标系绕定轴 Oz 转动的角速度和角加速度分别为 $\bar{\omega}_e$ 和 $\bar{\alpha}_e$，动点 M 的相对速度和相对加速度分别为

$$\bar{v}_r=\dfrac{dx'}{dt}\bar{i}'+\dfrac{dy'}{dt}\bar{j}'+\dfrac{dz'}{dt}\bar{k}' \qquad (a)$$

$$\bar{a}_r=\dfrac{d^2x'}{dt^2}\bar{i}'+\dfrac{d^2y'}{dt^2}\bar{j}'+\dfrac{d^2z'}{dt^2}\bar{k}' \qquad (b)$$

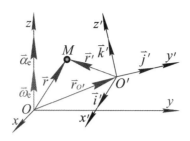

图 9-15　解析法推导牵连运动为转动时点的加速度合成定理

点 M 的牵连速度和牵连加速度分别为动坐标系上与动点 M 相重合的那一点的速度和加速度，它们分别是

$$\vec{v}_e = \vec{\omega}_e \times \vec{r} \qquad (c)$$

$$\vec{a}_e = \vec{\alpha}_e \times \vec{r} + \vec{\omega}_e \times \vec{v}_e \qquad (d)$$

因为动点在某瞬时的绝对加速度等于它的绝对速度对时间的一阶导数，而绝对速度等于牵连速度与相对速度的矢量和，于是有

$$\vec{a}_a = \frac{d\vec{v}_a}{dt} = \frac{d\vec{v}_e}{dt} + \frac{d\vec{v}_r}{dt} \qquad (e)$$

上式右端两项不等于牵连加速度和相对加速度。先分析右端的第一项。将式（c）代入，得

$$\frac{d\vec{v}_e}{dt} = \frac{d}{dt}(\vec{\omega}_e \times \vec{r}) = \frac{d\vec{\omega}_e}{dt} \times \vec{r} + \vec{\omega}_e \times \frac{d\vec{r}}{dt} \qquad (f)$$

由于动坐标系的角速度矢 $\vec{\omega}_e$ 对时间的一阶导数等于它的角加速度矢 $\vec{\alpha}_e$，动点矢径 $\vec{r}$ 对时间的一阶导数等于它的绝对速度，于是上式可改写为

$$\frac{d\vec{v}_e}{dt} = \vec{\alpha}_e \times \vec{r} + \vec{\omega}_e \times \vec{v}_a = \vec{\alpha}_e \times \vec{r} + \vec{\omega}_e \times \vec{v}_e + \vec{\omega}_e \times \vec{v}_r$$

对照式（d）可知，上式右端的前两项之和就是牵连加速度 $\vec{a}_e$，于是

$$\frac{d\vec{v}_e}{dt} = \vec{a}_e + \vec{\omega}_e \times \vec{v}_r \qquad (g)$$

由此可知，当牵连运动为转动时，牵连速度 $\vec{v}_e$ 对时间的一阶导数等于牵连加速度 $\vec{a}_e$ 和一项附加项。

下面分析式（e）右端的第二项。将式（a）代入，得

$$\frac{d\vec{v}_r}{dt} = \left(\frac{d^2 x'}{dt^2}\vec{i}' + \frac{d^2 y'}{dt^2}\vec{j}' + \frac{d^2 z'}{dt^2}\vec{k}'\right) + \left(\frac{dx'}{dt}\frac{d\vec{i}'}{dt} + \frac{dy'}{dt}\frac{d\vec{j}'}{dt} + \frac{dz'}{dt}\frac{d\vec{k}'}{dt}\right) \qquad (h)$$

上式右端的第一个括弧内所包含的各项之和等于相对加速度 $\vec{a}_r$［见式（b）］。为了确定第二个括弧内的各项，先分析动坐标系中的单位矢 $\vec{i}\,'$、$\vec{j}\,'$、$\vec{k}\,'$ 对时间的一阶导数。

以 $\vec{k}\,'$ 为例。设 $\vec{k}\,'$ 的矢端点 A 的矢径为 $\vec{r}_A$（图 9-16），则点 A 的速度既等于矢径 $\vec{r}_A$ 对时间的一阶导数，又可用角速度矢 $\vec{\omega}_e$ 和矢径 $\vec{r}_A$ 的矢积表示，即

$$\vec{v}_A = \frac{\mathrm{d}\vec{r}_A}{\mathrm{d}t} = \vec{\omega}_e \times \vec{r}_A$$

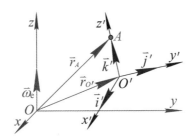

图 9-16　动坐标系中的单位矢对时间的一阶导数

由图 9-16 可见

$$\vec{r}_A = \vec{r}_{O'} + \vec{k}\,'$$

其中 $\vec{r}_{O'}$ 为动坐标系原点 O' 的矢径。于是，前一式成为

$$\frac{\mathrm{d}\vec{r}_{O'}}{\mathrm{d}t} + \frac{\mathrm{d}\vec{k}\,'}{\mathrm{d}t} = \vec{\omega}_e \times (\vec{r}_{O'} + \vec{k}\,')$$

因为

$$\vec{v}_{O'} = \frac{\mathrm{d}\vec{r}_{O'}}{\mathrm{d}t} = \vec{\omega}_e \times \vec{r}_{O'}$$

因此得

$$\frac{\mathrm{d}\vec{k}\,'}{\mathrm{d}t} = \vec{\omega}_e \times \vec{k}\,'$$

同理可得

$$\frac{\mathrm{d}\vec{i}\,'}{\mathrm{d}t} = \vec{\omega}_e \times \vec{i}\,'$$

$$\frac{\mathrm{d}\vec{j}\,'}{\mathrm{d}t} = \vec{\omega}_e \times \vec{j}\,'$$

将以上三式代入式（h）右端的第二个括弧得

$$\left(\frac{dx'}{dt}\frac{d\vec{i}'}{dt}+\frac{dy'}{dt}\frac{d\vec{j}'}{dt}+\frac{dz'}{dt}\frac{d\vec{k}'}{dt}\right)=\vec{\omega}_e\times\left(\frac{dx'}{dt}\vec{i}'+\frac{dy'}{dt}\vec{j}'+\frac{dz'}{dt}\vec{k}'\right)=\vec{\omega}_e\times\vec{v}_r$$

于是式（h）为

$$\frac{d\vec{v}_r}{dt}=\vec{a}_r+\vec{\omega}_e\times\vec{v}_r \qquad\qquad (i)$$

由此可知，当牵连运动为转动时，相对速度对时间的一阶导数等于相对加速度加一项附加项。

将式（g）和（i）代入式（f），得

$$\vec{a}_a=\vec{a}_e+\vec{a}_r+2\vec{\omega}_e\times\vec{v}_r$$

令

$$\vec{a}_C=2\vec{\omega}_e\times\vec{v}_r$$

于是

$$\vec{a}_a=\vec{a}_e+\vec{a}_r+\vec{a}_C$$

例 9-8　凸轮机构如图 9-17（a）所示，顶杆 AB 可沿铅垂导向套筒运动，其端点 A 由弹簧紧压在凸轮表面上。设凸轮以匀角速度 ω 转动，在图示位置瞬时，$OA=r$，凸轮轮廓曲线在 A 点的法线 An 与 OA 的夹角为 θ，曲率半径为 ρ。求此瞬时顶杆上 A 点的速度和加速度。

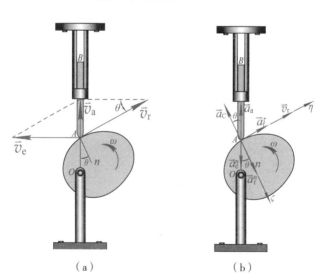

图 9-17　凸轮顶杆机构中顶杆上一点的速度分析和加速度分析

解　（1）选取动点、动系和静系。

取顶杆上的 A 点为动点，动系固连于凸轮上，静系固连于地面。

（2）三种运动分析。

绝对运动为铅垂方向的直线运动；相对运动为 A 点沿凸轮轮廓表面的曲线运动；牵连运动为凸轮绕 O 轴的定轴转动。

（3）速度分析。

根据速度合成定理，有

$$\vec{v}_a = \vec{v}_e + \vec{v}_r$$

式中，绝对速度 $\vec{v}_a$ 的大小未知，方向为铅垂向上；相对速度 $\vec{v}_r$ 的大小未知，方向垂直于 An；牵连速度 $\vec{v}_e$ 的大小为 $v_e = r\omega$，方向垂直于 OA，指向凸轮转动的一方。速度矢量图如图 9-17（a）所示，由图中三角函数关系得

$$v_a = v_e \tan\theta = r\omega \tan\theta$$

$$v_r = \frac{v_e}{\cos\theta} = \frac{r\omega}{\cos\theta}$$

（4）加速度分析。

根据牵连运动为转动时点的加速度合成定理，有

$$\vec{a}_a = \vec{a}_e + \vec{a}_r + \vec{a}_C$$

式中，绝对加速度 $\vec{a}_a$ 的大小未知，方向为铅垂方向。因为牵连运动为定轴转动，所以以牵连加速度 $\vec{a}_e$ 分解为切向加速度 $\vec{a}_e^{\tau}$ 和法向加速度 $\vec{a}_e^{n}$。又因为凸轮绕 O 轴的转动是匀速，故 $a_e^{\tau} = 0$。因此，$\vec{a}_e = \vec{a}_e^{n}$，其大小为 $a_e = r\omega^2$，方向沿 AO 指向 O 点。由于相对运动为曲线运动，相对加速度 $\vec{a}_r$ 分为切向加速度 $\vec{a}_r^{\tau}$ 和法向加速度 $\vec{a}_r^{n}$。$\vec{a}_r^{\tau}$ 的大小未知，方向垂直于 An，即凸轮轮廓曲线在 A 点的切线方向。$\vec{a}_r^{n}$ 的大小为

$$a_r^{n} = \frac{v_r^2}{\rho} = \frac{r^2\omega^2}{\rho\cos^2\theta}$$

方向指向凸轮轮廓线的曲率中心。科氏加速度 $\vec{a}_C$ 的大小为

$$a_C = 2\omega v_r = \frac{2r\omega^2}{\cos\theta}$$

方向由右手法则确定。加速度矢量图如图 9-17（b）所示。根据以上加速度分析，在本题中可将牵连运动为转动时点的加速度合成定理写成下面形式

$$\vec{a}_a = \vec{a}_e + \vec{a}_r^\tau + \vec{a}_r^n + \vec{a}_C$$

建立投影轴 ζ，将上式投影在轴 ζ 上，得

$$-a_a \cos\theta = a_e \cos\theta + a_r^n - a_C$$

解得

$$a_a = r\omega^2 (2\sec^2\theta - \frac{r}{\rho}\sec^3\theta - 1)$$

当求解牵连运动为转动时点的加速度合成问题时，不管是否题目要求，必须进行速度分析，求出相对速度 $\vec{v}_r$ 和牵连转动角速度 $\bar{\omega}$，以便计算科氏加速度 $\vec{a}_C$。

例 9-9　刨床急回机构如图 9-18 所示，曲柄 OA 的一端与滑块 A 用铰链连接。当曲柄 OA 以匀角速度 ω 绕定轴 O 转动时，滑块在摇杆 O_1B 的槽中滑动，并带动摇杆 O_1B 绕固定轴 O_1 转动。设曲柄长 $OA=r$，两轴间距离 $OO_1 = \sqrt{3}r$，求曲柄在水平位置的瞬时，摇杆 O_1B 绕 O_1 轴转动的角速度 ω_1 和角加速度 α_1、滑块 A 对于摇杆 O_1B 的相对速度和相对加速度。

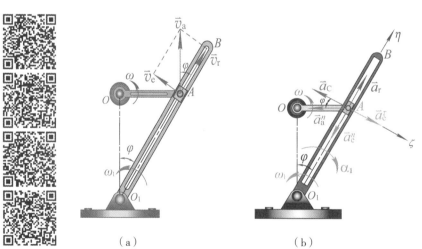

扫码看动画

图 9-18　刨床急回机构速度分析和加速度分析

解　（1）选取动点、动系和静系。

根据机构的运动情形，可以看出滑块与摇杆彼此有相对运动，因而选取

滑块 A 为动点，动坐标系固连于摇杆 O_1B，静坐标系固连于地面。

（2）三种运动分析。

滑块 A 的绝对运动是以点 O 为圆心的圆周运动，相对运动是沿 O_1B 方向的直线运动，而牵连运动则是摇杆绕 O_1 轴的定轴转动。

（3）速度分析。

根据速度合成定理，有

$$\vec{v}_a = \vec{v}_e + \vec{v}_r$$

式中，绝对速度 $\vec{v}_a$ 的大小和方向都已知，它的大小等于 $r\omega$，而方向与曲柄 OA 垂直；牵连速度 $\vec{v}_e$ 是摇杆 O_1B 上与 A 点重合的那一点的速度，它的方向垂直于 O_1B，而大小未知；相对速度 $\vec{v}_r$ 的大小未知，方向沿 O_1B。由于 $\vec{v}_a$ 的大小和方向都是已知的，因此，这是一个速度分解问题。画出速度矢量图，如图 9–18（a）所示。由图中直角三角形的边角关系，可得

$$v_e = v_a \sin\varphi$$
$$v_r = v_e \sin\varphi$$

由已知条件可知 $\varphi=30°$，且 $v_a = r\omega$，所以

$$v_e = \frac{1}{2}r\omega$$

$$v_r = \frac{\sqrt{3}}{2}r\omega$$

因为 $v_e = O_1A \cdot \omega_1$，其中 $O_1A = 2r$，故摇杆在此瞬时的角速度为

$$\omega_1 = \frac{v_e}{O_1A} = \frac{1}{4}\omega$$

其转向显然为逆时针。

（4）加速度分析。

根据牵连运动为转动时点的加速度合成定理，有

$$\vec{a}_a = \vec{a}_e + \vec{a}_r + \vec{a}_C$$

式中，绝对加速度 $\vec{a}_a$ 分解为切向加速度 $\vec{a}_a^\tau$ 和法向加速度 $\vec{a}_a^n$。又因为点 A 做匀速圆周运动，故 $\vec{a}_a^\tau = 0$。因此，$\vec{a}_a = \vec{a}_a^n$，其大小为 $a_a^n = r\omega^2$，方向沿 AO 指向 O 点。相对加速度 $\vec{a}_r$ 的大小未知，方向沿 O_1B。因为牵连运动为定轴转动，所以牵连加速度 $\vec{a}_e$ 分解为切向加速度 $\vec{a}_e^\tau$ 和法向加速度 $\vec{a}_e^n$，其中 $\vec{a}_e^n$ 的大小为

$$a_e^n = O_1A \cdot \omega_1^2 = \frac{1}{8}r\omega^2$$

方向沿 BO_1 指向 O_1，$\vec{a}_e^\tau$ 的大小未知，方向垂直于 O_1A。科氏加速度 $\vec{a}_C$ 的大小为

$$a_C = 2\omega_1 v_r = \frac{\sqrt{3}}{4}r\omega^2$$

方向由右手法则确定。加速度矢量图如图 9-18（b）所示。根据以上加速度分析，在本题中可将牵连运动为转动时点的加速度合成定理写成下面形式：

$$\vec{a}_a = \vec{a}_e^\tau + \vec{a}_e^n + \vec{a}_r + \vec{a}_C$$

建立投影轴 η、ζ，将上式分别在两轴上投影。

在 η 轴上投影，得

$$-a_a^n \sin\varphi = -a_e^n + a_r$$

解得

$$a_r = -\frac{3}{8}r\omega^2$$

负号表示 $\vec{a}_r$ 的实际方向与图示方向相反。

在 ζ 轴上投影，得

$$-a_a^n \cos\varphi = -a_C + a_e^\tau$$

解得

$$a_e^\tau = -\frac{\sqrt{3}}{4}r\omega^2$$

因为 $a_e^\tau = O_1A \cdot \alpha_1$，其中 $O_1A = 2r$，故摇杆在此瞬时的角加速度为

$$\alpha_1 = -\frac{\sqrt{3}}{8}\omega^2$$

由于 α_1 为负值，所以此瞬时 O_1B 杆的角加速度的实际转向为逆时针。

例 9-10　如图 9-19（a）所示的圆盘绕通过盘心 O 与盘面垂直的轴以匀角速度 $\omega = 4$ rad/s 转动，在圆盘上有一滑块 M 沿径向滑槽 OA 滑动。在图示瞬时，滑块 M 到轴 O 的距离 $OM=2$ cm，相对于圆盘的速度大小为 $v=4$ cm/s，加速度大小为 $a=4$ cm/s²，方向均由 O 指向 A，求此瞬时滑块 M 的绝对速度和绝对加速度。

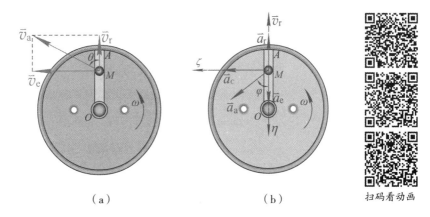

（a）　　　　　　　　　　（b）　　　　　扫码看动画

图 9-19　滑块速度分析和加速度分析

解　（1）选取动点、动系和静系。

取滑块 M 为动点，动系固连于圆盘上，静系固连于地面。

（2）三种运动分析。

绝对运动为曲线运动，其轨迹未知；相对运动为滑块沿滑槽 OA 的直线运动；牵连运动为圆盘绕 O 轴的定轴转动。

（3）速度分析。

根据速度合成定理，有

$$\vec{v}_a = \vec{v}_e + \vec{v}_r$$

式中，绝对速度 $\vec{v}_a$ 的大小、方向均未知；相对速度的大小 $v_r = v = 4 \text{ cm/s}$，方向由 O 指向 A；牵连速度大小为

$$v_e = OM \cdot \omega = 2 \times 4 = 8 (\text{cm/s})$$

方向垂直于 OA，指向向左。画出速度矢量图，如图 9-9（a）所示。从图中可以看出 $\vec{v}_e$ 和 $\vec{v}_r$ 相互垂直，由速度合成定理，得

$$v_a = \sqrt{v_e^2 + v_r^2} = \sqrt{8^2 + 4^2} = 8.94 (\text{cm/s})$$

$\vec{v}_a$ 与 OA 的夹角 θ 为

$$\theta = \arctan \frac{v_e}{v_r} = \arctan \frac{8}{4} = 63°26'$$

（4）加速度分析。

根据牵连运动为转动时点的加速度合成定理，有

$$\vec{a}_{\mathrm{a}} = \vec{a}_{\mathrm{e}} + \vec{a}_{\mathrm{r}} + \vec{a}_{\mathrm{C}}$$

其中，绝对加速度 $\vec{a}_{\mathrm{a}}$ 的大小、方向均未知。相对加速度 $\vec{a}_{\mathrm{r}}$ 已知，其大小 $a_{\mathrm{r}} = a = 4 \ \mathrm{cm/s}^2$，方向由 O 指向 A。由于牵连运动为定轴转动，牵连加速度可分解为切向加速度 $\vec{a}_{\mathrm{e}}^{\tau}$ 和法向加速度 $\vec{a}_{\mathrm{e}}^{n}$，因为圆盘以匀角速度转动，$a_{\mathrm{e}}^{\tau} = 0$，所以牵连加速度就等于法向加速度 $\vec{a}_{\mathrm{e}}^{n}$，即 $\vec{a}_{\mathrm{e}} = \vec{a}_{\mathrm{e}}^{n}$，其大小为

$$a_{\mathrm{e}} = a_{\mathrm{e}}^{n} = OM \cdot \omega^2 = 2 \times 4^2 = 32(\mathrm{cm/s}^2)$$

方向指向 O 轴。科氏加速度 $\vec{a}_{\mathrm{C}} = 2\vec{\omega} \times \vec{v}_{\mathrm{r}}$，其大小为

$$a_{\mathrm{C}} = 2\omega v_{\mathrm{r}} = 2 \times 4 \times 4 = 32(\mathrm{cm/s}^2)$$

方向由右手法则确定，即垂直于滑槽指向左。画加速度矢量图，建立投影轴 ζ、η，如图 9-9（b）所示。把加速度合成定理的矢量式分别投影在两轴上。在 ζ 轴上投影，得

$$a_{\mathrm{a}\zeta} = a_{\mathrm{C}} = 32 \ \mathrm{cm/s}^2$$

在 η 轴上投影，得

$$a_{\mathrm{a}\eta} = a_{\mathrm{e}} - a_{\mathrm{r}} = 32 - 4 = 28(\mathrm{cm/s}^2)$$

因此，滑块 M 的绝对加速度的大小为

$$a_{\mathrm{a}} = \sqrt{(a_{\mathrm{a}\zeta})^2 + (a_{\mathrm{a}\eta})^2} = 42.52(\mathrm{cm/s}^2)$$

绝对加速度与滑槽夹角为

$$\varphi = \arctan\frac{a_{\mathrm{a}\zeta}}{a_{\mathrm{a}\eta}} = \arctan\frac{32}{28} = 48°49'$$

👍 本章小结

1.点的绝对运动是点的牵连运动和相对运动的合成结果。

绝对运动：动点相对于静坐标系的运动。

相对运动：动点相对于动坐标系的运动。

牵连运动：动坐标系相对于静坐标系的运动。

2. 速度合成定理：

$$\vec{v}_{\mathrm{a}} = \vec{v}_{\mathrm{e}} + \vec{v}_{\mathrm{r}}$$

适用于牵连运动是任何运动的情况。

3. 加速度合成定理：

$$\vec{a}_a = \vec{a}_e + \vec{a}_r \quad （牵连运动为平动时）$$

$$\vec{a}_a = \vec{a}_e + \vec{a}_r + \vec{a}_C （牵连运动为转动时）$$

式中，科氏加速度 $\vec{a}_C$ 是由于牵连运动为转动时，牵连运动和相对运动相互影响而产生的一项附加的加速度

$$\vec{a}_C = 2\vec{\omega} \times \vec{v}_r$$

其大小为

$$a_C = 2\omega v_r \sin\theta$$

当动坐标系做平动或 $\vec{\omega}$ 与 $\vec{v}_r$ 平行时，$a_C = 0$。

第十章　刚体的平面运动

学习指南 🖒 --- ●

1. 学习目标

（1）知识目标。说明刚体平面运动的特征，并会判断机构中做平面运动的刚体，描述刚体平面运动简化、分解的研究方法，解释刚体平面运动的角速度和角加速度，解释基点的概念。解释速度瞬心、瞬时平动的概念，说明速度瞬心的特点，说明平面图形上各点的速度分布规律，确定速度瞬心的位置。阐述加速度基点法。

（2）能力目标。应用合成运动思想分析刚体平面运动的知识迁移能力，应用基点法、投影法求平面图形上任一点的速度。应用瞬心法求平面图形上任一点的速度，应用速度瞬心理论分析相关力学现象。应用基点法求平面图形上任一点的加速度。

（3）素质目标。通过刚体复杂运动的简化分解，进一步形成化繁为简的思维方式和触类旁通的科学素养。寻求计算平面图形上一点速度和加速度新方法的探索精神。

2. 学习重点

（1）刚体平面运动的特征。

（2）刚体平面运动的角速度和角加速度。

（3）应用基点法求平面图形上任一点的速度。

（4）速度瞬心法的应用。

（5）应用基点法求平面图形上任一点的加速度。

3. 学习难点

（1）刚体平面运动的简化。

（2）速度基点法的应用。

（3）确定速度瞬心。

（4）判断瞬时平动。

（5）应用基点法求平面图形上任一点的加速度。

刚体的平面运动是一种比刚体的基本运动更为复杂的运动。本章将以刚体的平动和定轴转动知识为基础，通过运动合成的方法将平面运动分解为上述两种基本运动，然后应用合成运动的概念，阐明平面运动刚体上各点的速度和加速度的计算方法。

第一节　刚体平面运动的概述

在第八章中，我们讨论了刚体的两种基本运动，即平动和定轴转动，但是在工程实际中，我们所遇到的不仅是这两种运动。例如行星齿轮机构中动齿轮 A 的运动（见图 10-1），曲柄连杆机构中连杆 AB 的运动（见图 10-2），以及沿直线轨道滚动的轮子的运动等。

扫码看动画

图 10-1　行星齿轮机构　　　　图 10-2　曲柄连杆机构

当观察这些刚体运动时，我们注意到刚体内任意直线的方向不能始终与原来的方向平行，而且也找不到固定不动的直线，可见这些刚体的运动即不是平动也不是定轴转动，而是比这两种基本运动更为复杂的运动。但是这些运动具有一个共同的特征，那就是：当刚体运动时，刚体内任意一点至某一固定平面的距离保持不变。刚体的这种运动称为平面运动。

可以看出：当刚体做平面运动时，刚体上任一点都在某一平面内运动。根据这个特点，可把问题的研究加以简化。设平面 Ⅰ 为某一固定平面，作定平面 Ⅱ 与平面 Ⅰ 平行并与刚体相交成一平面图形 S，如图 10-3 所示。当刚体运动时，平面图形 S 始终保持在定平面 Ⅱ 内。

扫码看动画

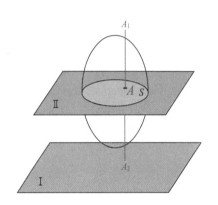

图 10-3　刚体平面运动的简化

如在刚体内任取与图形 S 垂直的直线 A_1A_2，显然直线 A_1A_2 的运动是平动，因而直线上各点都具有相同的运动。由此可见，直线与图形的交点 A 的运动即可代表直线 A_1A_2 的运动，而平面图形 S 内各点的运动即可代表整个刚体的运动。于是我们就得到这样的结论：刚体平面运动可以简化为平面图形在其自身平面内的运动。以后我们把刚体的平面运动也称为平面图形的运动。

第二节　平面运动分解为平动与转动

先看一个实例：车轮沿直线轨道滚动是平面运动，如图 10-4 所示。如果在车厢上观察，则车轮相对于车厢做定轴转动，而车厢相对于地面做平动。这样，车轮的平面运动可以看成是车轮随同车厢的平动和相对于车厢的转动的合成；反过来说，车轮的平面运动可以分解为随同车厢的平动和相对于车厢的转动。

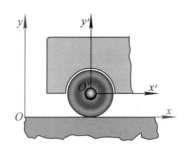

图 10-4 车轮平面运动的分解

现在我们进一步来说明平面图形的运动可以分解为平动和转动。在图形上任取两点 O 及 M，并作这两点的连线 OM，如图 10-5 所示，则这条直线的位置可以代表图形的位置。设图形的初始位置为 Ⅰ，做平面运动后的位置为 Ⅱ，现在我们证明：平面图形总可使之经过一次平动和转动，由位置 Ⅰ 达到位置 Ⅱ。以直线 OM 及 $O'M'$ 分别表示图形在位置 Ⅰ 及位置 Ⅱ 的情形，显然当直线从位置 OM 变到 $O'M'$ 时可视为由两步完成：第一步是先使直线 OM 平行移至位置 $O'M_1$，然后再绕 O' 转过一个角度，最后达到位置 $O'M'$。这就证明：平面运动可分解为平动和转动，也就是说，平面运动可视为平动与转动的合成运动。

扫码看动画

图 10-5 刚体平面运动的分解

为了描述图形的运动，在定平面内选取静坐标系 Oxy，并在图形上选一点 O'，再以点 O' 为原点取动坐标系 $O'x'y'$，如图 10-6 所示，并且使动坐标轴的方向永远与静坐标轴的方向保持平行，显然这一动坐标系是做平动。我们通常称这一平动坐标系的原点 O' 为基点。于是可将平面运动视为随同以基点 O' 为原点的动坐标系 $O'x'y'$ 的平动（牵连运动）与绕基点 O' 的转动（相对运动）的合成运动。也就是说，刚体的平面运动可以分解为随同基点的平动和绕基点的转动。

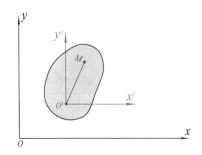

图 10-6　基点的选取及刚体平面运动的分解

由于平面图形在其平面上的位置，完全可以由图形内的线段 $O'M$ 的位置来确定，而 $O'M$ 的位置可用基点 O' 的坐标 $x_{O'}$、$y_{O'}$ 和 $O'M$ 与 x 轴的夹角 φ 来表示，如图 10-6 所示。当图形运动时，$x_{O'}$、$y_{O'}$ 和 φ 都随时间而变化，且都是时间 t 的单值连续函数，可表示为

$$x_{O'} = f_1(t)$$

$$y_{O'} = f_2(t)$$

$$\varphi = f_3(t)$$

如函数 $f_1(t)$、$f_2(t)$、$f_3(t)$ 都已知，则对于每一瞬时 t 都可以表示出 $x_{O'}$、$y_{O'}$ 及 φ 角，平面图形在该瞬时的位置也就确定了。这一组方程称为刚体的平面运动方程。

在以上的讨论中，图形内基点 O' 的选取是完全任意的，平面图形内的任一点都可取为基点。由于所选取的基点的不同，则图形平动的速度及加速度都不相同。但图形对于不同基点转动的角速度及角加速度都是一样的，现说明如下。

设图形由位置 Ⅰ 运动到位置 Ⅱ，可由直线 AB 及 $A'B'$ 来表示，如图 10-7 所示。由图示可看出选取不同的基点 A 和 B，则平动的位移 AA' 和 BB' 显然是不同的，自然平动的速度及加速度也不相同；但对于绕不同基点转过的角位移 $\Delta\varphi_A$ 和 $\Delta\varphi_B$ 的大小及转向总是相同的，即 $\Delta\varphi_A = \Delta\varphi_B$，根据

$$\omega_A = \frac{\mathrm{d}\varphi_A}{\mathrm{d}t}, \quad \omega_B = \frac{\mathrm{d}\varphi_B}{\mathrm{d}t}$$

及

$$\alpha_A = \frac{\mathrm{d}\omega_A}{\mathrm{d}t} , \quad \alpha_B = \frac{\mathrm{d}\omega_B}{\mathrm{d}t}$$

故知

$$\omega_A = \omega_B \qquad \alpha_A = \alpha_B$$

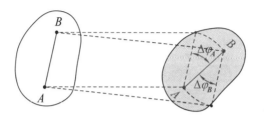

扫码看动画

图 10-7　平面运动刚体的角速度和角加速度

这就是说：在任一瞬时，图形绕其平面内任一点转动的角速度及角加速度都相同。以后我们将这角速度及角加速度直接称为平面图形的角速度及角加速度。

第三节　平面图形内各点的速度—基点法

应用合成运动的方法，把平面图形的运动分解成随同基点的平动和绕基点的转动后，就可以求解平面图形上各点的速度。

设平面图形上 O' 点的速度为 $\vec{v}_{O'}$，图形的角速度大小为 ω。我们选取 O' 点为基点，并在 O' 点上建立一平动坐标系 $O'x'y'$，求图形上任一点 M 的速度，如图 10-8 所示。

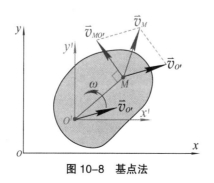

扫码看动画

图 10-8　基点法

点 M 做合成运动时，牵连运动是动坐标系以基点 M 的速度 $\vec{v}_{O'}$ 进行平动。因此点 M 的牵连速度等于

$$\vec{v}_e = \vec{v}_{O'}$$

相对运动是点 M 绕基点 O' 的圆周运动。点 M 的相对速度为

$$\vec{v}_r = \vec{v}_{MO'}$$

式中，$\vec{v}_{MO'}$ 为点 M 绕基点 O' 转动的速度，$\vec{v}_{MO'}$ 的大小为

$$v_{MO'} = \omega \cdot MO'$$

方向垂直于转动半径 MO'，并指向图形转动的一方。于是，由点的速度合成定理

$$\vec{v}_a = \vec{v}_e + \vec{v}_r \qquad (10-1)$$

就可以求得点 M 的绝对速度

$$\vec{v}_M = \vec{v}_{O'} + \vec{v}_{MO'} \qquad (10-2)$$

即平面图形上任一点的速度等于基点的速度与该点绕基点转动的速度的矢量和。这种求平面图形上任一点速度的方法称为基点法，又称为合成法。

由以上所述可以看出图形内任意两点的速度具有简单的关系，现用图 10-8 中 O' 及两点 M 说明之。将 O'、M 两点的速度 $\vec{v}_{O'}$ 及 $\vec{v}_M$ 投影于 $O'M$ 连线上，因为 $\vec{v}_{MO'}$ 总是垂直于 $O'M$，显然在此连线上的投影等于零，故知 O'、M 两点的速度在其连线上的投影相等，即

$$[\vec{v}_M]_{O'M} = [\vec{v}_{O'}]_{O'M} \qquad (10-3)$$

这就是速度投影定理，可表述为：在任一瞬时，平面图形上任意两点的速度在这两个点连线上的投影相等。

这个定理也可以由下面的理由来说明：因为 O' 和 M 是刚体上的两点，它们之间的距离应保持不变，所以两点的速度在 $O'M$ 方向的分量必须相同，否则，线段 $O'M$ 不是伸长，便要缩短。因此，这个定理不仅适于刚体的平面运动，而且适于刚体的任何运动，它反映了刚体上任意两点间距离保持不变的特征。应用这个定理求解平面图形内任一点的速度，有时非常方便。

例 10-1　已知 AB 杆长为 l，在铅垂面内沿固定面下滑，当杆与水平面的夹角 $\theta = 60°$ 时，A 点的速度为 $\vec{v}_A$，沿水平向右，如图 10-9 所示。求 B 端的

速度及 AB 杆的角速度。

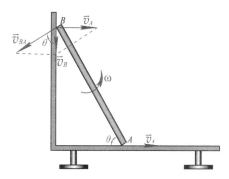

图 10-9　基点法求杆 AB 上一点的速度和杆 AB 的角速度

解 （1）基点法。

杆 AB 做平面运动，已知杆上 A 点的速度，故可选 A 点为基点。应用基点法求 B 点的速度有

$$\vec{v}_B = \vec{v}_A + \vec{v}_{BA}$$

其中，基点 A 的速度 $\vec{v}_A$ 的大小和方向已知；B 点的速度 $\vec{v}_B$ 的大小未知，其方向铅垂向下；B 点绕基点 A 转动的速度 $\vec{v}_{BA}$ 的大小未知，方向垂直于 AB。作出速度矢量图，如图 10-9 所示。由图中几何关系得

$$v_B = v_A \cot 60° = \frac{\sqrt{3}}{3} v_A$$

$$v_{BA} = \frac{v_A}{\sin 60°} = \frac{2\sqrt{3}}{3} v_A$$

因为 $v_{BA} = \omega \cdot AB = \omega l$，故杆 AB 的角速度为

$$\omega = \frac{v_{BA}}{l} = \frac{2\sqrt{3}}{3} v_A$$

其转向由 $\vec{v}_{BA}$ 的指向确定，显然为逆时针。

（2）投影法。

已知点 A 的速度大小和方向，又知点 B 的速度方向，所以本题也可用速度投影法求 B 的速度。由速度投影定理

$$[\vec{v}_A]_{AB} = [\vec{v}_B]_{AB}$$

得

$$v_A \cos 60° = v_B \cos 30°$$

解得

$$v_B = \frac{\sqrt{3}}{3} v_A$$

在速度投影法中，不出现相对速度 $\vec{v}_{BA}$，所以不能用它来计算 AB 杆的角速度。

例 10-2   如图 10–10 所示的曲柄连杆机构中，已知：$AB=BC=30$ cm；曲柄 AB 的角速度 $\omega=5$ rad/s。求 $\varphi = 30°$ 时 BC 杆角速度及点 C 的速度。

扫码看动画

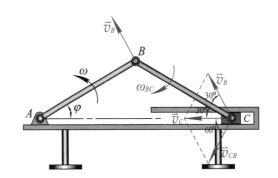

图 10–10   基点法求连杆 BC 上 C 点速度和连杆 BC 的角速度

解   连杆 BC 做平面运动。由于 AB 杆做定轴转动，故 B 点的速度大小为

$$v_B = AB \cdot \omega = 150 \text{ cm/s}$$

其方向垂直于 AB 杆，指向由 AB 杆的角速度 ω 的转向来确定。取连杆 BC 上速度已知的 B 点为基点，根据求平面图形上各点速度的基点法，有

$$\vec{v}_C = \vec{v}_B + \vec{v}_{CB}$$

式中，$\vec{v}_C$ 的大小未知，方向水平向左；$\vec{v}_B$ 的大小和方向均已知；$\vec{v}_{CB}$ 的大小未知，方向垂直于 BC 杆。作出速度矢量图，并注意 $\vec{v}_C$ 为平行四边形的对角线，如图 10–10 所示。由图中等边三角形关系得

$$v_C = v_{CB} = v_B = 150 \text{ cm/s}$$

由于 $v_{CB} = \omega_{BC} \cdot BC$ ，故 BC 杆的角速度为

$$\omega_{BC} = \frac{v_{CB}}{BC} = 5 \text{ rad/s}$$

其转向由 C 点绕 B 点转动的速度 $\vec{v}_{CB}$ 指向确定，即为顺时针转向。

例 10-3　如图 10-11 所示四连杆机构中， $OA = O_1B = \frac{1}{2}AB$ ，曲柄 OA 的角速度为 ω_0 ，当它在图示水平位置时，杆 O_1B 恰好在铅垂位置。求此时连杆 AB 和杆 O_1B 的角速度。

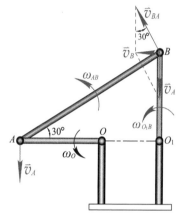

扫码看动画

图 10-11　四连杆机构

解　连杆 AB 做平面运动。由于曲柄 OA 做定轴转动， A 点速度大小为

$$v_A = OA \cdot \omega_0 = \frac{1}{2}AB \cdot \omega_0$$

方向垂直于 OA 向下。取连杆 AB 上的 A 点为基点，根据求平面图形上各点速度的基点法，有

$$\vec{v}_B = \vec{v}_A + \vec{v}_{BA}$$

式中， B 点的速度 $\vec{v}_B$ 的大小未知，方向垂直于 O_1B 指向左（因 O_1B 杆绕 O_1 轴转动）；基点速度 $\vec{v}_A$ 的大小和方向前面已分析，均已知； B 点绕基点 A 转动的速度 $\vec{v}_{BA}$ 的大小未知，方向垂直于 AB 杆。

作出速度矢量图，如图 10-11 所示。由已知条件可知 $\angle BAO = 30°$ ，根据图中的几何关系，得

$$v_{BA} = \frac{v_A}{\cos 30^\circ} = \frac{\sqrt{3}}{3} AB \cdot \omega_O$$

$$v_B = v_A \tan 30^\circ = \frac{\sqrt{3}}{6} AB \cdot \omega_O$$

因为 $v_{BA} = AB \cdot \omega_{AB}$，所以 AB 杆的角速度为

$$\omega_{AB} = \frac{v_{BA}}{AB} = \frac{\sqrt{3}}{3} \omega_O$$

其转向由 $\bar{v}_{BA}$ 的指向确定，为逆时针转向。

由于 O_1B 杆做定轴转动，$v_B = O_1B \cdot \omega_{O_1B}$，故 O_1B 杆的角速度为

$$\omega_{O_1B} = \frac{v_B}{O_1B} = \frac{\sqrt{3}}{3} \omega_O$$

其转向由 $\bar{v}_B$ 的指向确定，为逆时针转向。

总结以上各例的解题步骤如下：

（1）选取基点。分析题中各物体的运动，哪些物体做平动，哪些物体做转动，哪些物体做平面运动。在平面运动刚体上选取基点。一般取速度已知点为基点。

（2）速度分析。分析平面图形上哪一点的速度大小和方向是已知的，哪一点的速度的某要素（一般是速度方向）是已知的，判断问题是否可解。

（3）应用公式 $\bar{v}_M = \bar{v}_{O'} + \bar{v}_{MO'}$ 作速度矢量图。必须注意，作图时要使 $\bar{v}_M$ 成为以 $\bar{v}_{O'}$ 和 $\bar{v}_{MO'}$ 为边构成的平行四边形的对角线。

（4）利用几何关系，求解未知量。

（5）如果需要再研究另一个做平面运动的物体，可按上述步骤继续进行。

第四节　平面图形内各点的速度——速度瞬心法

应用基点法求平面图形上任一点的速度时，基点的选择是任意的。实际上，我们总是选择速度已知的一点作为基点。很自然会想到这样的问题：如果选图形上瞬时速度等于零的一点作为基点，那么计算将能简化，因为这时

图形上任一点的速度就等于绕基点转动的速度这一项了。问题是每瞬时图形上是否存在速度等于零的一点，下面来讨论这个问题。

设已知图形上某点 O 的速度是 $\vec{v}_O$，图形的角速度是 ω，如图 10-12 所示。选点 O 作为基点，作垂直于基点的速度 $\vec{v}_O$ 的直线，在这条直线上所有各点绕 O 点转动的速度（相对速度）与基点的速度（牵连速度）方向相反。由于绕基点转动速度的大小与该点到基点的距离成正比，因此，其中必有一点 P，它绕基点 O 转动的速度和基点的速度大小相等，而方向相反。根据求平面图形内各点速度的基点法，该点 P 的速度等于零。点 P 的位置应满足下列关系式

$$v_{PO} = PO \cdot \omega = v_O$$

或

$$PO = \frac{v_O}{\omega}$$

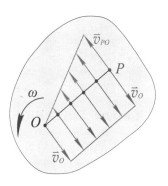

扫码看动画

图 10-12 速度瞬心法

这说明，如平面图形的角速度不等于零，则在该瞬时平面图形上总有速度为零的一点。这个点称为平面图形的瞬时速度中心，简称速度瞬心。如取速度瞬心 P 作为基点，则平面图形上任一点 M 的速度大小为

$$v_M = v_{MP} = MP \cdot \omega$$

其方向与 MP 垂直，指向图形转动的一方。这就是说，平面图形上各点的速度等于该点绕速度瞬心转动的速度。由此可见，平面运动的速度分析问题可归结为绕速度瞬心的瞬时转动问题，只要求出速度瞬心位置和图形的角速度，

就可以求出图形上所有各点的速度，这种方法称为速度瞬心法。

必须指出：速度瞬心可以在平面图形内也可以在图形外，速度瞬心的位置不是固定的，它是随时间而改变的，也就是说，平面图形在不同瞬时具有不同的速度瞬心。

速度瞬心法是求平面图形内任意点的速度的比较简便而常用的方法，应用这个方法时应首先确定速度瞬心的位置。确定速度瞬心时应注意这样的事实，即当刚体绕速度瞬心转动时，刚体上任意点的速度应与该点至速度瞬心的连线垂直。下面介绍确定速度瞬心的几种方法。

1. 在某瞬时，已知图形上 A、B 两点的速度的方向

由于图形上各点速度应垂直于该点和速度瞬心的连线，故过 A、B 两点分别作出 $\bar{v}_A$、$\bar{v}_B$ 的垂线，其交点就是图形的速度瞬心，如图 10-13（a）所示。

扫码看动画

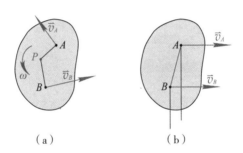

（a）　　　　　　（b）

图 10-13　已知平面图形上两点的速度方向确定图形的速度瞬心

在特殊情形下，若 A、B 两点的速度 $\bar{v}_A$ 与 $\bar{v}_B$ 互相平行且指向相同，但 AB 连线不与 $\bar{v}_A$ 或 $\bar{v}_B$ 的方向垂直，如图 10-13（b）所示，则速度瞬心 P 将位于无穷远处，这时平面图形在该瞬时的角速度等于零，即

$$\omega = \frac{v_A}{AP} = 0$$

这就说明在此瞬时平面图形内各点的速度都相同，其速度分布情况和平动时一样，在这种情况下平面图形的运动称为瞬时平动。应该注意，这时平面图形上各点的加速度并不相等，所以这种现象只能瞬时存在。

2. 在某瞬时，已知图形上 A、B 两点的速度 $\bar{v}_A$ 及 $\bar{v}_B$ 的大小，其方向均与 AB 连线垂直

在 $\vec{v}_A$ 与 $\vec{v}_B$ 的指向相同的情况下，作 AB 连线的延长线，再作速度 $\vec{v}_A$、$\vec{v}_B$ 端点的连线，则这两条连线的交点 P 即为速度瞬心，如图 10–14（a）所示。

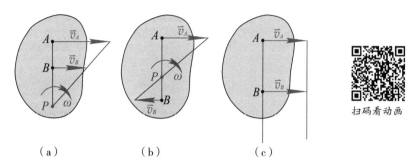

（a） （b） （c）

图 10–14 已知平面图形上两点的速度方向确定图形的速度瞬心

在 $\vec{v}_A$ 与 $\vec{v}_B$ 的指向相反情况下，作 AB 连线，再作两速度端点的连线，则这两条连线的交点 P 即为速度瞬心，如图 10–14（b）所示。

在特殊情况下，如果 $\vec{v}_A$ 与 $\vec{v}_B$ 的大小相等且指向相同，如图 10–14（c）所示，速度瞬心的位置将在无穷远处，在此情形下平面图形内各点的速度都相同，刚体做瞬时平动。

3. 平面图形做纯滚动

当平面图形在另一固定平面（或曲面）上滚动而不滑动时，平面图形与固定面接触点 P 的速度为零，此点即为平面图形在此瞬时的速度瞬心，如图 10–15 所示。

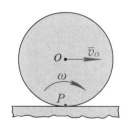

图 10–15 纯滚动的圆轮的速度瞬心

例 10-4 试用速度瞬心法求例 10-1 中 AB 杆的角速度及 B 点的速度。

解 AB 杆上 A、B 两点的速度方向已知，通过 A、B 两点分别作出 $\vec{v}_A$ 和 $\vec{v}_B$ 的垂线，两垂线的交点 P 就是杆 AB 的速度瞬心，如图 10–16 所示，此瞬时 AB 杆上各点的速度都等于该点绕 P 点转动的速度，所以有

扫码看动画

扫码看动画

$$v_A = AP \cdot \omega$$

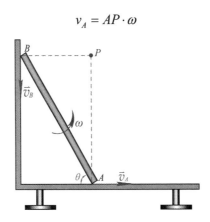

图 10-16　速度瞬心法求 AB 杆的角速度及 B 点的速度

AB 杆的角速度为

$$\omega = \frac{v_A}{AP} = \frac{v_A}{AB\sin\theta} = \frac{2\sqrt{3}}{3l}v_A$$

其转向由 AB 杆上 A、B 两点的速度 $\bar{v}_A$ 和 $\bar{v}_B$ 的方向来确定，即逆时针转向。再求 B 点的速度：

$$v_B = BP \cdot \omega = AB\cos\theta \cdot \omega = \frac{\sqrt{3}}{3}v_A$$

例 10-5　车轮沿直线轨道做无滑动的滚动，已知轮心的速度 $\bar{v}_O$ 及车轮的半径 R，如图 10-17 所示。求轮缘上 A、B、C 各点的速度。

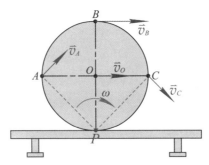

图 10-17　纯滚动的圆轮

解　车轮做平面运动，它与轨道的接触点 P 是轮在此瞬时的速度瞬心。在车轮上各点的速度都等于该点绕速度瞬心 P 转动的速度，所以有

$$v_O = OP \cdot \omega = R\omega$$

车轮转动的角速度为 $\omega = \dfrac{v_O}{R}$，其转向是由轮心的速度指向来确定，即为顺时针转向。由于图形绕任一点转动的角速度都一样，所以各点的速度的大小为

$$v_A = \omega \cdot AP = \omega \cdot \sqrt{R^2 + R^2} = \sqrt{2}v_O$$

$$v_B = \omega \cdot BP = 2R\omega = 2v_O$$

$$v_C = \omega \cdot CP = \omega \cdot \sqrt{R^2 + R^2} = \sqrt{2}v_O$$

其方向垂直于该点与速度瞬心 P 的连线，指向由平面图形的角速度 ω 的转向来确定。

例 10-6　试用速度瞬心法求例 10-2 中 BC 杆的角速度及 C 点的速度。

解　BC 杆做平面运动。作 BC 杆上 B、C 两点的速度 $\vec{v}_B$ 和 $\vec{v}_C$ 的垂线，交点 P 即为杆 BC 在此瞬时的速度瞬心，如图 10-18 所示，所以 BC 杆上各点的速度都等于该点绕速度瞬心 P 转动的速度。因此有

$$v_B = BP \cdot \omega_{BC}$$

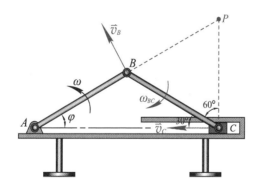

扫码看动画

图 10-18　速度瞬心法求 BC 杆的角速度及 C 点的速度

BC 杆的角速度为

$$\omega_{BC} = \frac{v_B}{BP} = \frac{AB \cdot \omega}{BC} = \omega = 5 \text{ rad/s}$$

其转向由 $\vec{v}_B$ 和 $\vec{v}_C$ 的方向来确定，即为顺时针转向。BC 杆上 C 点的速度大小为

$$v_C = CP \cdot \omega_{BC} = BC \cdot \omega_{BC} = 150 \text{ cm/s}$$

例 10-7 试用速度瞬心法求例 10-3 中连杆 AB 和杆 O_1B 的角速度。

解 连杆 AB 做平面运动，由于曲柄 OA 和杆 O_1B 都做定轴转动，所以 A 点和 B 点的速度 $\vec{v}_A$ 和 $\vec{v}_B$ 的方向已知，根据已知条件可知道 A 点的速度大小，即 $v_A = OA \cdot \omega_O = \frac{1}{2} AB \cdot \omega_O$。分别过 A 点和 B 点作 $\vec{v}_A$ 和 $\vec{v}_B$ 的垂线，交点为 O_1，此点即是连杆 AB 的速度瞬心，如图 10-19 所示。因此，AB 杆上各点的速度都等于该点绕速度瞬 O_1 的转动速度。由于连杆 AB 上 A 点的速度大小已知，可求出连杆 AB 的角速度，即

$$\omega_{AB} = \frac{v_A}{O_1 A} = \frac{\frac{1}{2} AB \omega_O}{AB \cos 30°} = \frac{\sqrt{3}}{3} \omega_O$$

扫码看动画

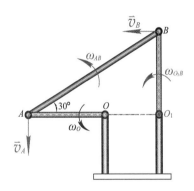

图 10-19 四连杆机构

其转向由 $\vec{v}_A$ 和 $\vec{v}_B$ 的方向确定，然后求出 B 点的速度大小，即

$$v_B = O_1 B \cdot \omega_{AB} = \frac{1}{2} AB \cdot \frac{\sqrt{3}}{3} \omega_O = \frac{\sqrt{3}}{6} AB \cdot \omega_O$$

由于 O_1B 做定轴转动，$v_B = O_1 B \cdot \omega_{O_1B}$，所以 O_1B 杆的角速度为

$$\omega_{O_1B} = \frac{v_B}{O_1 B} = \frac{\frac{\sqrt{3}}{6} AB \cdot \omega_O}{\frac{1}{2} AB} = \frac{\sqrt{3}}{3} \omega_O$$

从以上各例可以看出，用速度瞬心法求平面图形内各点的速度比用速度

基点法更简便。因此，速度瞬心法是求平面图形内各点速度最常用方法。

总结以上各例的解题步骤如下：

（1）分析已知条件，确定平面图形的速度瞬心位置 P。

（2）由平面图形上已知点的速度，求出图形的角速度 ω。

（3）再根据 $v_M = MP \cdot \omega$ 求出平面图形上其他点的速度。

第五节　平面图形内各点的加速度

我们已经知道平面运动可以分解为随同基点的平动（牵连运动）与绕基点的转动（相对运动）。于是平面图形内任一点 M 的加速度可以应用加速度合成定理求出。因为牵连运动是平动，故 M 点的绝对加速度等于牵连加速度与相对加速度的矢量和，即表示为

$$\vec{a}_{\mathrm{a}} = \vec{a}_{\mathrm{e}} + \vec{a}_{\mathrm{r}}$$

而点 M 的牵连加速度 $\vec{a}_{\mathrm{e}}$ 可以由基点 O' 的加速度 $\vec{a}_{O'}$ 来代表，如图 10-20 所示，即有

$$\vec{a}_{\mathrm{e}} = \vec{a}_{O'}$$

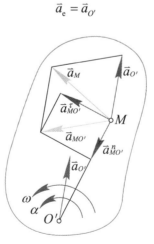

扫码看动画

图 10-20　平面图形内一点的加速度分析

点 M 的相对加速度 $\vec{a}_{\mathrm{r}}$ 是它绕基点 O' 做圆周运动时的加速度，这里用符号 $\vec{a}_{MO'}$ 表示。设平面图形的角速度、角加速度的大小分别为 ω、α，转向如图

10-20 所示，则 $\vec{a}_{MO'}$ 可分解成切向加速度 $\vec{a}_{MO'}^{\tau}$ 和法向加速度 $\vec{a}_{MO'}^{n}$，即

$$\vec{a}_{MO'} = \vec{a}_{MO'}^{\tau} + \vec{a}_{MO'}^{n}$$

式中，$\vec{a}_{MO'}^{\tau}$ 的方向垂直于 MO'，并与 α 的转向一致，而 $\vec{a}_{MO'}^{n}$ 指向基点 O'。它们的大小分别为

$$a_{MO'}^{\tau} = MO' \cdot \alpha$$

$$a_{MO'}^{n} = MO' \cdot \omega^2$$

则 $\vec{a}_{MO'}$ 的大小为

$$a_{MO'} = \sqrt{(a_{MO'}^{\tau})^2 + (a_{MO'}^{n})^2} = MO'\sqrt{\alpha^2 + \omega^4}$$

其方向由 $\vec{a}_{MO'}$ 与 MO' 连线的夹角 θ 来表示，即

$$\tan\theta = \frac{a_{MO'}^{\tau}}{a_{MO'}^{n}} = \frac{|\alpha|}{\omega^2}$$

于是，平面图形上任一点 M 的加速度可表示为

$$\vec{a}_M = \vec{a}_{O'} + \vec{a}_{MO'}^{\tau} + \vec{a}_{MO'}^{n} \tag{10-4}$$

即平面图形上任一点的加速度，等于基点的加速度与绕基点转动的切向加速度和法向加速度的矢量和。这就是平面运动的加速度合成法，又称基点法。

式（10-4）是一个矢量式，四个加速度矢量共有八个要素，须知其中的六个要素，才能求出其余两个未知的要素。但是，由于 $\vec{a}_{MO'}^{\tau}$ 和 $\vec{a}_{MO'}^{n}$ 的方向总是已知的，所以只要知道其余的四个要素即可。

例 10-8 杆 AB 长 l，上端 B 靠在墙上，下端 A 以铰链和圆柱中心相连，如图 10-21 所示。杆 AB 与水平面成 45° 角时，圆柱中心 A 的速度为 $\vec{v}_A$，加速度为 $\vec{a}_A$。试求此瞬时杆 AB 的角速度、角加速度和 B 点的速度、加速度。

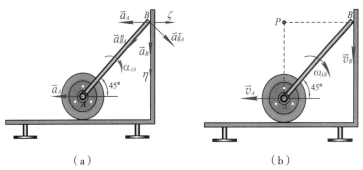

扫码看动画

（a）　　　　　　　　　　（b）

图 10-21　加速度分析和速度分析

解　　P 点是 AB 杆的速度瞬心：

$$\omega_{AB} = \frac{v_A}{AP} = \frac{v_A}{AB\cos 45°} = \frac{\sqrt{2}}{l}v_A$$

$$v_B = BP \cdot \omega_{AB} = AB\cos 45° \omega_{AB} = v_A$$

AB 杆上 A 点的加速度已知，取 AB 杆上 A 点为基点。由加速度合成法，有

$$\vec{a}_B = \vec{a}_A + \vec{a}_{BA}^{\tau} + \vec{a}_{BA}^{n}$$

$\vec{a}_B$ 大小未知，方向沿铅垂方向；$\vec{a}_A$ 的大小、方向均已知；$\vec{a}_{BA}^{\tau}$ 的大小未知，方向垂直于 AB 杆；$\vec{a}_{BA}^{n}$ 的大小为

$$a_{BA}^{n} = AB \cdot \omega_{AB}^2 = \frac{2v_A^2}{l}$$

方向指向基点 A。画加速度矢量图，如图 10-21 的所示，建立投影轴 ζ、η 轴，把上矢量式分别投影在 ζ、η 轴上。

在 ζ 轴上投影：

$$0 = -a_A + a_{BA}^{\tau}\cos 45° - a_{BA}^{n}\cos 45°$$

解得

$$a_{BA}^{\tau} = \frac{a_A + a_{BA}^{n}\cos 45°}{\cos 45°} = \sqrt{2}a_A + \frac{2v_A^2}{l}$$

$$\alpha_{AB} = \frac{a_{BA}^{\tau}}{AB} = \frac{\sqrt{2}}{l}(a_A + \frac{\sqrt{2}v_A^2}{l})$$

197

在 η 轴上投影：

$$a_B = a_{BA}^{\tau} \cos 45° + a_{BA}^{n} \cos 45°$$

解得

$$a_B = a_A + 2\sqrt{2}\frac{v_A^2}{l}$$

例 10-9 滚轮沿水平直线轨道只滚动不滑动，已知轮心在图示瞬时的速度为 $\vec{v}_O$，加速度为 $\vec{a}_O$，滚轮的半径为 R，如图 10-22 所示，求轮缘上与轨道接触点 P 的加速度。

扫码看动画

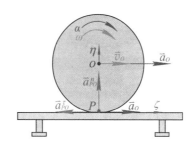

图 10-22 纯滚动圆轮的速度瞬心的加速度分析

解 P 点是轮的速度瞬心，滚轮的角速度为

$$\omega = \frac{v_O}{R}$$

滚轮的角加速度 α 等于角速度对时间的一阶导数，即

$$\alpha = \frac{\mathrm{d}\omega}{\mathrm{d}t} = \frac{\mathrm{d}}{\mathrm{d}t}\left(\frac{v_O}{R}\right) = \frac{1}{R}\frac{\mathrm{d}v_O}{\mathrm{d}t} = \frac{a_O}{R}$$

ω 和 α 转向分别由 $\vec{v}_O$ 和 $\vec{a}_O$ 的指向决定，都是顺时针转向。

取轮心 O 为基点。由加速度合成法，P 点的加速度为

$$\vec{a}_P = \vec{a}_O + \vec{a}_{PO}^{\tau} + \vec{a}_{PO}^{n}$$

式中，$\vec{a}_P$ 的大小、方向均未知；$\vec{a}_O$ 的大小、方向均已知；$\vec{a}_{PO}^{\tau}$ 的大小为

$$a_{PO}^{\tau} = R\alpha = a_O$$

方向垂直于 PO，指向由 α 转向决定（水平向左）；$\vec{a}_{PO}^{n}$ 的大小为

$$a_{PO}^n = R\omega^2 = \frac{v_O^2}{R}$$

方向指向轮心 O。画出加速度矢量图，如图 10–22 所示，把上矢量式分别投影在 ζ 轴和 η 轴上。在 ζ 轴上投影，得

$$a_{P\zeta} = a_O - a_{PO}^\tau = 0$$

在 η 轴上投影，得

$$a_{P\eta} = a_{PO}^n = \frac{v_O^2}{R}$$

所以

$$a_P = \sqrt{\left(a_{P\zeta}\right)^2 + \left(a_{P\eta}\right)^2} = a_{P\eta} = \frac{v_O^2}{R}$$

方向沿 PO 指向轮心 O，可见速度瞬心的加速度不等于零。

本章小结

1. 刚体内任意一点在运动过程中始终与某一固定平面保持相等的距离，这种运动称为刚体的平面运动。刚体的平面运动可以简化为平面图形在自身平面内的运动，而平面图形的运动通常分解为随同基点的牵连平动和绕基点的相对转动，其平动部分与基点的选取有关，而转动部分与基点的选取无关。

2. 求平面图形内各点的速度的方法。

（1）速度合成法（基点法）：

$$\vec{v}_M = \vec{v}_{O'} + \vec{v}_{MO'}$$

（2）速度投影法：

$$[\vec{v}_A]_{AB} = [\vec{v}_B]_{AB}$$

（3）速度瞬心法：

$$v_M = MP \cdot \omega$$

速度瞬心是速度分布中心，它是某瞬时平面图形上速度等于零的一点，而它的加速度一般并不等于零，所以平面图形绕速度瞬心的转动与刚体绕定轴的转动有本质的不同。

3.求平面图形内各点加速度的方法，一般只用加速度合成法（基点法），即

$$\vec{a}_M = \vec{a}_{O'} + \vec{a}_{MO'}^{\tau} + \vec{a}_{MO'}^{n}$$

第三篇
动力学

动力学研究物体的运动变化与所受力之间的关系。

在静力学中，我们研究了作用于物体上力系的简化和物体在力系作用下的平衡条件，但没有研究物体在不平衡力系作用下将如何运动。在运动学中，我们从几何方面研究了物体的运动，而没有涉及使物体运动发生变化的原因，即作用于物体上的力。在动力学中，我们不但要研究物体的运动，而且要进一步研究物体产生运动的原因，也就是要研究物体的运动变化与作用于物体上的力之间的关系，建立机械运动的普遍规律。从这个意义上说，静力学、运动学里所研究的问题在动力学里统一起来了。

在动力学中，我们把所研究的物体抽象为理想的力学模型，即质点和质点系（包括刚体）。质点是具有一定质量而几何形状和尺寸大小可以忽略不计的物体。例如，在研究飞机的飞行轨迹时，飞机的形状和大小对所研究的问题不起主要作用，此时，可将飞机抽象为一个质点。质点系是由有限个或无限个相互有联系的质点所组成的系统。质点系是力学中最普遍化的力学模型，它包括刚体、弹性体和流体，其中刚体是质点系的特殊情形。例如，在研究飞机飞行姿态变化的问题时，应将飞机抽象化为一个刚体。

在动力学中，研究的问题比较广泛，但是所要研究的基本问题可归纳为两类：已知物体的运动，求作用于物体上的力；已知作用于物体上的力，求物体的运动。

第十一章 动量定理

学习指南

1. 学习目标

（1）知识目标。解释和计算质点系的动量，说明质点系动量定理的含义、动量守恒的条件，说出质心的定义，应用质心坐标公式确定质点系质心的位置，应用质点系的动量和质心动量的关系计算刚体（系）的动量。

（2）能力目标。将实际问题抽象成质点系动力学模型，应用质心运动定理解决刚体（系）动力学问题。

（3）素质目标。基于质心运动定理形成由整体到局部的简化思想。

2. 学习重点

刚体（系）动量的计算，质心运动定理及其应用。

3. 学习难点

应用质心运动定理解决刚体系动力学问题。

本章研究动量定理及该定理的另一种重要表达形式——质心运动定理。

第一节 动力学普遍定理概述

从上一章中我们知道，质点的动力学问题应用牛顿定律可以得到解决。应该指出，只有在特殊情况下才能把物体抽象为质点。一般情况下应将物体抽象化为质点系。对质点系动力学问题，若仍以牛顿定律为基础求解，则问题归结为求联立微分方程组的积分，而质点系内各质点所受的力可能是时间、位置或速度的函数，求解这样的微分方程组在数学上将遇到相当多的困难。在许多工程技术问题中，并不需要求出质点系中每个质点的运动规律，只需知道质点系整体运动的特征就够了，如质心的运动，相对质心的转动等。描述质点系整体运动特征的力学量有质点系的动量、动量矩和动能，这些运动量的变化与质点系上所受作用力系之间的关系，统称为动力学普遍定理，它包括动量定理、动量矩定理、动能定理。应用普遍定理解决实际问题具有物理概念明确、数学运算简便的特点，也有助于深入了解机械运动的规律。

需要指明的是，动力学普遍定理是各自独立的基本规律，它们从不同侧面反映了力学现象的普遍性质。为使理论系统化，我们以牛顿定律为基础来阐述。

第二节　质点的动量定理

质点的动量定理建立了质点的动量变化与力的冲量之间的关系。

一、质点的动量

日常经验告诉我们，物体机械运动的强弱不但与物体的质量有关，而且与其运动速度有关。例如子弹质量虽小，但速度很大，当它遇到障碍物时，会产生很大的冲击力，足以穿透该障碍；又如轮船停靠码头时，其速度虽小，但由于它的质量很大，若轮船与岸接触，会产生很大的冲击力。因此，人们认识到物体的质量与其速度的乘积是物体机械运动强度的一种度量。

我们把质点的质量与其速度的乘积称为质点的动量。若质点的质量为 m，某瞬时的速度为 $\bar{v}$，则该瞬时质点的动量为 $m\bar{v}$，它是一个矢量，其方向与速度 $\bar{v}$ 的方向相同。动量的单位是千克·米/秒（kg·m/s）。

在直角坐标系中，某瞬时质点的速度可表示为

$$\bar{v} = v_x\bar{i} + v_y\bar{j} + v_z\bar{k}$$

则质点的动量

$$m\bar{v} = mv_x\bar{i} + mv_y\bar{j} + mv_z\bar{k} \tag{11-1}$$

单位矢量 $\vec{i}$ 、$\vec{j}$ 、$\vec{k}$ 前面的系数是动量在相应坐标轴上的投影。

二、力的冲量

日常生活中我们觉察到，一个物体在力的作用下所引起的运动变化，不仅与力的大小和方向有关，还与力所作用的时间长短有关。例如，人们沿轨道推一车厢，当车厢被推动时，经过一段时间，车厢会获得一定大小的速度；若用机车牵引，因牵引力较大，只需很短的时间就可以达到相同的速度。因此，我们用力与作用时间的乘积来度量力在这段时间内的积累作用。作用力与其作用时间的乘积称为力的冲量。冲量是矢量，其方向与力的方向相同。

若作用力为常力，作用时间为 t，则力的冲量为

$$\vec{I} = \vec{F} \cdot t \tag{11-2}$$

若作用力为变力，则其作用时间（$t_2 - t_1$）的每个微小时间间隔 $\mathrm{d}t$ 内，作用力可看作常力，力的冲量为微元冲量，简称元冲量，即

$$\mathrm{d}\vec{I} = \vec{F} \cdot \mathrm{d}t \tag{11-3}$$

在时间间隔（$t_2 - t_1$）内，力的冲量为

$$\vec{I} = \int_{t_1}^{t_2} \vec{F} \cdot \mathrm{d}t \tag{11-4}$$

冲量的单位是牛顿·秒（N·s），实际上和动量的单位是相同的，即 $1\ \mathrm{N} \cdot \mathrm{s} = 1\ (\mathrm{kg} \cdot \mathrm{m/s^2}) \cdot \mathrm{s} = 1\ \mathrm{kg} \cdot \mathrm{m/s}$。

三、质点的动量定理

下面我们讨论质点的动量变化与力的冲量之间的关系。

根据牛顿第二定律

$$m\vec{a} = m\frac{\mathrm{d}\vec{v}}{\mathrm{d}t} = \vec{F}$$

引入动量这一概念后，上式可表示为

$$\frac{\mathrm{d}(m\vec{v})}{\mathrm{d}t} = \vec{F} \tag{11-5}$$

即质点的动量对时间的一阶导数，等于作用在该质点上的力系的合力，这就是质点的动量定理。

质点的动量定理可写成下面的形式。

1. 若将式（11-5）改写为

$$\mathrm{d}(m\vec{v}) = \vec{F} \cdot \mathrm{d}t \qquad (11-6)$$

此式表明，质点动量的微元增量等于作用于质点上的力的元冲量，称为微分形式质点的动量定理。

2. 若质点在时间间隔（t_2-t_1）内，速度由 $\vec{v}_1$ 变化到 $\vec{v}_2$，积分式（11-6）得

$$m\vec{v}_2 - m\vec{v}_1 = \vec{F} \cdot \mathrm{d}t = \vec{I} \qquad (11-7)$$

式（11-7）表明，质点的动量在某一时间间隔内的变化，等于在同一时间间隔内作用在该质点上的力的冲量。这就是有限形式质点的动量定理，又称冲量定理。

将式（11-7）投影到直角坐标轴上得

$$\left.\begin{array}{l} mv_{2x} - mv_{1x} = \displaystyle\int_{t_1}^{t_2} F_x \mathrm{d}t = I_x \\[2ex] mv_{2y} - mv_{1y} = \displaystyle\int_{t_1}^{t_2} F_y \mathrm{d}t = I_y \\[2ex] mv_{2z} - mv_{1z} = \displaystyle\int_{t_1}^{t_2} F_z \mathrm{d}t = I_z \end{array}\right\} \qquad (11-8)$$

式（11-8）称为有限投影形式质点的动量定理。

下面讨论质点动量守恒的两种情形。

1. 如果质点不受力的作用或作用在质点上的合力恒等于零，即 $\vec{F} = 0$，由式（11-7）知

$$m\vec{v}_2 = m\vec{v}_1 = 常矢量$$

这表明作用在质点上的合力为零，则质点的动量守恒。

2. 如果质点所受的力在 x 轴方向上的投影恒等于零，即 $F_x = 0$，由式（11-8）知

$$mv_{2x} = mv_{1x} = 常量$$

这时称质点在 x 轴方向上动量守恒。

例 11-1　列车在坡度为 θ 角的斜坡上行驶，如图 11-1 所示。经过时间 t（单位 s）后，它的速度由 $\vec{v}_0$ 变为 $\vec{v}$（单位 m/s）。在这段时间内，机车的牵引力为 F（单位为 N），列车重量为 W。求列车所受阻力是其重量的多少倍。

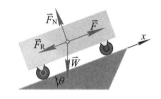

图 11-1 列车受力分析

解 取列车为研究对象。由于列车平动，可将列车视为质点。列车受力如图 11-1 所示。取 x 轴沿斜坡向上，由动量定理

$$mv_{2x} - mv_{1x} = \int_{t_1}^{t_2} F_x \mathrm{d}t$$

$$\sum F_x = F - W\sin\theta - F_R$$

$$t_2 - t_1 = t$$

$$\frac{W}{g}v - \frac{W}{g}v_0 = (F - W\sin\theta - F_R)t$$

令 $F_R = \mu W$ ，μ 为阻力与重量的比值，代入上式得

$$\mu = \frac{F}{W} - \sin\theta - \frac{v - v_0}{gt}$$

第三节　质点系的动量定理

一、质点系的动量

设由 n 个质点 $M_1, M_2, \cdots, M_n$ 所组成的质点系，系内任一质点 M_i 的动量为 $m_i\vec{v}_i$ ，则

$$\vec{P} = \sum m_i\vec{v}_i$$

$\vec{P}$ 称为质点系的动量。即质点系的动量等于质点系内的每个质点动量的矢量和（动量主矢）。质点系的动量是矢量，它是质点系整体运动强度的一种度量。

在直角坐标系下，质点系的动量可表示为

$$\vec{P} = P_x\vec{i} + P_y\vec{j} + P_z\vec{k}$$

式中，

$$P_x = \sum m_i v_{ix}, P_y = \sum m_i v_{iy}, P_z = \sum m_i v_{iz}$$

二、质点系的动量定理

质点系内各质点所受的力可按内力和外力来区分。质点系内各质点间的相互作用力称为内力，用 $\vec{F}^i$ 表示；外界物体对质点系内各质点的作用力称为外力，用 $\vec{F}^e$ 表示。对由 n 个质点组成的质点系，其中任一质点 M_i 某瞬时的动量为 $m_i \vec{v}_i$，设作用在该质点上外力的合力为 $\vec{F}_i^e$，内力的合力为 $\vec{F}_i^i$，由质点的动量定理有

$$\frac{\mathrm{d}}{\mathrm{d}t}(m_i \vec{v}_i) = \vec{F}_i^e + \vec{F}_i^i$$

这样的方程可以列出 n 个，将这些方程相加得

$$\sum \frac{\mathrm{d}}{\mathrm{d}t}(m_i \vec{v}_i) = \sum \vec{F}_i^e + \sum \vec{F}_i^i$$

改变求和与求导的次序，则得

$$\frac{\mathrm{d}}{\mathrm{d}t} \sum (m_i \vec{v}_i) = \sum \vec{F}_i^e + \sum \vec{F}_i^i$$

根据牛顿第三定律，内力在质点系中是成对出现的，每对内力大小相等，方向相反，故内力系主矢为零，即

$$\sum \vec{F}_i^i = 0$$

于是上式简化为

$$\frac{\mathrm{d}}{\mathrm{d}t} \vec{P} = \frac{\mathrm{d}}{\mathrm{d}t} \sum (m_i \vec{v}_i) = \sum \vec{F}_i^e \qquad (11\text{--}9)$$

此式表明，质点系的动量对时间的一阶导数等于质点系上所有外力的矢量和（外力系的主矢），这就是质点系的动量定理。此定理说明质点系动量的变化只与质点系所受的外力有关，而与质点系的内力无关。

质点系的动量定理可写成下面两种形式。

1.若将式（11-9）改写为

$$\mathrm{d}\vec{P} = \sum \vec{F}_i^e \cdot \mathrm{d}t \qquad (11\text{--}10)$$

此式表明，质点系动量的微元增量等于作用于质点系上外力主矢的元冲量，这就是微分形式质点系的动量定理。

2. 若在有限时间间隔（t_2-t_1）内，积分式（11-10）得

$$\vec{P}_2 - \vec{P}_1 = \sum \int_{t_1}^{t_2} \vec{F}_i^e \cdot \mathrm{d}t = \sum \vec{I}_i^e \qquad （11-11）$$

此式表明，质点系的动量在任一时间间隔内的变化，等于在同一时间间隔内质点系外力冲量的矢量和，这就是有限形式质点系的动量定理，又称冲量定理。

将式（11-11）投影到直角坐标轴上，得

$$\left.\begin{aligned} P_{2x} - P_{1x} &= \sum I_x^e \\ P_{2y} - P_{1y} &= \sum I_y^e \\ P_{2z} - P_{1z} &= \sum I_z^e \end{aligned}\right\} \qquad （11-12）$$

这就是有限投影形式质点系的动量定理。

下面讨论质点系动量守恒的两种情形。

1. 质点系运动过程中，若其所受外力主矢恒等于零，则由式（11-9），有

$$\vec{P} = \sum m_i \vec{v}_i = 常矢量$$

即质点系的动量守恒。

2. 质点系运动过程中，若其所受外力主矢在 x 轴方向上的投影为零，则由式（11-12）得

$$P_x = \sum m_i v_{ix} = 常量$$

即质点系在 x 轴方向上动量守恒。

以上结论称为质点系的动量守恒定律。

需要指出的是，质点系的内力虽然不能改变系统的动量，但可以改变质点系内各质点的动量。例如：

（1）枪体的反坐现象。射击前，枪体与子弹组成的质点系动量为零。射击时，弹药爆炸产生的气体压力是内力，它使子弹获得向前的动量，同时枪体获得向后的动量，而保持总动量恒等于零，枪体的后退称为反坐。

（2）螺旋桨的作用。若将装有螺旋桨的飞机与其周围的部分空气看成一

个质点系，它从静止开始运动，当螺旋桨转动时，使桨叶周围空气压力发生变化，这一压力对系统来说是内力，它使系统内部分空气获得向后的动量而使飞机获得向前的动量，总体动量仍保持不变。

例 11-2　一质量为 m_1 的人站在质量为 m_2 的船头，开始人和船都是静止的，若人以相对船的速度 $\bar{v}_r$ 向岸上跳去，如图 11-2 所示，求人和船的绝对速度。水的阻力忽略不计。

扫码看动画

图 11-2　人和船的受力和运动分析

解　将人和船视为质点，取人和船为研究对象。建立水平坐标轴 Ox，人和船所受外力为重力及浮力，均为铅垂方向，故系统

$$\sum F_x^e = 0$$

则人和船在 x 轴方向上的动量守恒。人跳离时，设人和船的绝对速度分别为 $\bar{v}$ 及 $\bar{V}$，方向与 x 轴方向相同，注意到人和船初始静止，则有

$$\sum m v_x = m_2 V + m_1 v = 0$$

对人和船进行运动分析，由速度合成定理有

$$v = V + v_r$$

联合以上两式，求得

$$V = -\frac{m_1}{m_1 + m_2} v_r, v = \frac{m_2}{m_1 + m_2} v_r$$

式中负号说明速度 $\bar{V}$ 的方向与 x 轴正方向相反。

例 11-3　飞行中的火箭单位时间喷出的燃气质量为 q，气流相对喷口的速度为 $\bar{c}$，火箭在重力场中铅垂向上飞行，如图 11-3 所示，不计空气阻力，求火箭的运动微分方程。

图 11-3　火箭的受力和运动分析

$\boxed{\text{解}}$　正在喷气飞行的火箭，其质量在不断变化，但在任意瞬时 t 到 $t+\mathrm{d}t$ 时间内，火箭本身和喷出的燃气仍可视为一不变质量的质点系，可应用微分形式的质点系动量定理进行分析。

设在瞬时 t，火箭质量为 m，速度为 $\vec{v}$，则动量为

$$\vec{P}_1 = m\vec{v}$$

而在瞬时 $t+\mathrm{d}t$，火箭的质量变化为（$m - q\mathrm{d}t$），速度变为 $\vec{v} + \mathrm{d}\vec{v}$；喷出的燃气的质量为 $q\mathrm{d}t$，速度为 $\vec{v} + \mathrm{d}\vec{v} + \vec{c}$。这时系统的动量为

$$\vec{P}_2 = (m - q\mathrm{d}t)(\vec{v} + \mathrm{d}\vec{v}) + q\mathrm{d}t(\vec{v} + \mathrm{d}\vec{v} + \vec{c})$$
$$= m\vec{v} + m\mathrm{d}\vec{v} + q\mathrm{d}t \cdot \vec{c}$$

故在 $\mathrm{d}t$ 时间内质点系的动量变化为

$$\mathrm{d}\vec{P} = \vec{P}_2 - \vec{P}_1 = m\mathrm{d}\vec{v} + q\mathrm{d}t \cdot \vec{c}$$

由质点系动量定理，得

$$\frac{\mathrm{d}\vec{P}}{\mathrm{d}t} = m\frac{\mathrm{d}\vec{v}}{\mathrm{d}t} + q\vec{c} = m\vec{g}$$

令 $\vec{\Phi} = -q\vec{c}$，称为火箭反推力，则上式可写成

$$m\frac{\mathrm{d}\vec{v}}{\mathrm{d}t} = m\vec{g} + \vec{\Phi}$$

这就是火箭运动微分方程。由此可知反推力是火箭的动力，只有加大反推力，才能获得较大的加速度。要提高反推力，需要提高 q 或 c 的值。

第四节　质心运动定理

质点系的运动不仅与质点系所受的外力有关，而且与质点系中各质点质量分布情况有关，质点系的质量中心（简称质心）是描述质点系质量分布的一个特征量。质心运动定理是质点系动量定理的又一种表述形式，它在动力学理论中占有非常重要的地位。

一、质点系的质心

设由 n 个质点组成的质点系，系中任一质点 M_i 的质量为 m_i，矢径为 $\vec{r}_i$，各质点的质量之和 $\sum m_i = m$ 就是整个质点系的质量，则由矢径

$$\vec{r}_C = \frac{\sum m_i \vec{r}_i}{m} \tag{11-13}$$

所确定的几何点 C 称为质点系的质量中心，简称质心。

在直角坐标系中，质心的坐标公式为

$$x_C = \frac{\sum m_i x_i}{m}, y_C = \frac{\sum m_i y_i}{m}, z_C = \frac{\sum m_i z_i}{m} \tag{11-14}$$

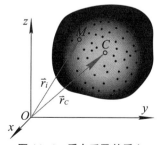

图 11-4　质点系及其质心

应当注意，质心和重心是两个不同的概念。重心是地球对物体作用的引力的平行力系中心，物体离开重力场，重心将失去意义。质心是表征质点系质量分布的一个几何点，与作用力无关，无论质点系是否在重力场中运动，

质心总是存在的。当质点系在均匀重力场中运动时，质心与重心重合。一般说来，质心比重心有更广泛的意义。

需要指明的是，对于质量分布均匀（简称均质）的物体，其几何中心即是质心。对于刚体而言，虽然其质心随着刚体运动，但它相对刚体的位置是不变的。

二、质点系的动量与质心的动量

由式（11-13）得

$$m\vec{r}_C = \sum m_i \vec{r}_i$$

两边对时间 t 求导得

$$m\vec{v}_C = \sum m_i \vec{v}_i = \vec{P}$$

其投影式为

$$mv_{Cx} = \sum m_i v_{ix}, mv_{Cy} = \sum m_i v_{iy}, mv_{Cz} = \sum m_i v_{iz}$$

上式表明，质点系的动量等于质点系的质量与其质心速度的乘积。因此，计算质点系的动量时，并不一定需要知道质点系中每个质点的速度，只要知道其质心的速度就够了。这对计算质点系特别是刚体的动量是十分方便的。

三、质心运动定理

将质点系的动量 $\vec{P} = \sum m_i \vec{v}_i = m\vec{v}_C$ 代入质点系动量定理表达式（11-9）中，得

$$m\vec{a}_C = m\frac{\mathrm{d}\vec{v}_C}{\mathrm{d}t} = \sum \vec{F}_e \tag{11-15}$$

式中，$\vec{a}_C$ 为质心 C 的加速度。上式表明，质点系的质量与质心加速度的乘积等于作用在质点系上所有外力的矢量和（外力的主矢），这就是质心运动定理。

质心运动定理是矢量形式，在应用时取投影形式。质心运动定理在直角坐标轴上的投影式为

$$\left. \begin{array}{l} ma_{Cx} = \sum F_x^e \\ ma_{Cy} = \sum F_y^e \\ ma_{Cz} = \sum F_z^e \end{array} \right\} \tag{11-16}$$

质心运动定理在自然轴上的投影式为

$$
\left.
\begin{array}{l}
m\dfrac{v_C^2}{\rho} = \sum F_n^e \\[3mm]
m\dfrac{\mathrm{d}v_C}{\mathrm{d}t} = \sum F_\tau^e \\[3mm]
0 = \sum F_b^e
\end{array}
\right\}
\qquad (11\text{-}17)
$$

下面讨论质心运动定理的两种特殊情形。

1. 质点系运动过程中，若质点系所受外力主矢恒等于零，则由式（11-15）得 $m\bar{v}_C =$ 常矢量，质心处于静止或匀速直线运动状态，即前面所说的质点系的动量守恒。

2. 质点系运动过程中，若质点系外力的主矢在 x 轴方向的投影为零，则由式（11-16）得 $mv_{Cx} =$ 常量，即质点系的动量在 x 方向保持不变。若质点系外力的主矢在 x 轴方向的投影为零，且初瞬时质心速度在 x 轴方向的投影 $v_{cx}=0$，则 $x_C =$ 常量，即质心坐标 x_C 在运动过程中保持不变。

以上两种情形称为质心运动守恒。

质心运动定理与质点系动量定理本质上是一个定理。质心运动定理具有重要的理论意义，它使得某些质点系动力学问题可化为质点动力学问题来求解。在研究质点系质心的运动时，不论质点系是否为刚体和怎样运动，都可以假想地将质点系的质量和所受外力都集中在质心，当作质点一样地列出其运动微分方程。这微分方程所确定的运动正是质心这一几何点的运动。因此，质心运动定理在刚体动力学中有重要意义。不论刚体做何种运动，若已知其质心的运动，则只需再求出刚体绕质心的转动，其运动就完全确定。如刚体做平动，则只需知道其质心的运动即可。

式（11-15）中并不包含内力。由此可见，质点系的内力不影响其质心的运动。例如，跳水运动员自跳板起跳后，不论他在空中采取何种姿势，做何种动作，由于外力（重力）并未改变，故在入水前他的质心仍沿抛物线轨迹运动。反过来说，只有外力才能使质点系质心的运动发生改变。例如，火车车轮与钢轨间必须有足够大的摩擦力（外力），才能使火车有效地加速（或减速）行进。假如车轮与钢轨完全光滑，则尽管机车内燃机汽缸中的燃气压力（内力）很大，也无法改变火车的运动。因此，在冰冻严重时往往需要在钢轨上撒沙，以增大摩擦。又如刚体受到外力偶作用时，因力偶两力的矢量和等于零，所以力偶不影响其质心的运动。若刚体原来静止，则受力偶作用后其质心仍保持静止，刚体只是绕其质心转动而已。

例 11-4　电动机用螺栓固定在水平基础上，如图 11-5 所示。电动机外壳及其定子的质量为 m_1，转子的质量为 m_2。转子的轴通过定子的质心 O_1，由于制造上的误差，转子的质心 O_2 到 O_1 的距离为 e。转子以角速度 ω 匀速转动，求螺栓和基础对电动机的反力。

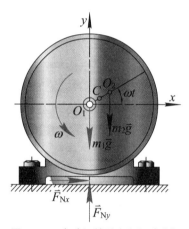

图 11-5　电动机的受力和运动分析

解　取电机定子、转子组成的质点系为研究对象，其所受外力有 $m_1\vec{g}$、$m_2\vec{g}$，及螺栓和基础的反力 $\vec{F}_{Nx}$、$\vec{F}_{Ny}$。取固定坐标系 O_1xy 如图所示，定子的质心 O_1 的坐标为 $x_1 = 0, y_1 = 0$，而转子质心 O_2 的坐标为 $x_2 = e\cos\omega t, y_2 = e\sin\omega t$，根据质心坐标公式，系统质心的坐标为

$$x_C = \frac{m_2 x_2}{m_1 + m_2}, \quad y_C = \frac{m_2 y_2}{m_1 + m_2}$$

由质心运动定理

$$\begin{cases} (m_1 + m_2)a_{Cx} = \sum F_x^e \\ (m_1 + m_2)a_{Cy} = \sum F_y^e \end{cases}$$

即

$$
\begin{cases}
(m_1 + m_2)\dfrac{\mathrm{d}^2 x_C}{\mathrm{d}t^2} = F_{Nx} \\[3mm]
(m_1 + m_2)\dfrac{\mathrm{d}^2 y_C}{\mathrm{d}t^2} = F_{Ny} - m_1 g - m_2 g
\end{cases}
$$

解得

$$
F_{Nx} = m_2 \frac{\mathrm{d}^2 x_2}{\mathrm{d}t^2} = -m_2 e \omega^2 \cos \omega t
$$

$$
F_{Ny} = m_1 g + m_2 g - m_2 e \omega^2 \sin \omega t
$$

由上式可见，支座除定子和转子的重力以外，还承受由于转子偏心而产生的周期性动载荷。具有高速旋转部件的机械产生的振动多由此而形成。

例 11-5　船长 $AB=2a$，质量为 m_1，船上有质量为 m_2 的一个人，如图 11-6 所示。设人最初在船尾 A 处，后来向船头 B 走去，不计水的阻力，求当人走到 B 处时，船向后移动多少。

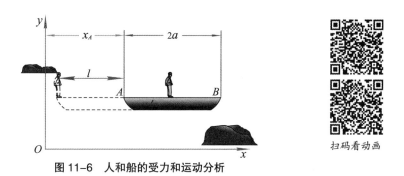

图 11-6　人和船的受力和运动分析

解　取人和船为一质点系。作用于质点系上的外力有人和船的重力 $m_2\vec{g}$ 和 $m_1\vec{g}$ 以及水对船的浮力 $\vec{F}_N$，均为铅垂方向，则有 $\sum F_x = 0$，故质点系的质心运动守恒。又因为人和船最初是静止的，所以人和船的质心的横坐标 x_C 保持不变。

当人在船尾时，质心的坐标为

$$
x_{C1} = \frac{m_2 x_A + m_1(x_A + a)}{m_1 + m_2}
$$

当人走到船头时，质心的坐标为

$$x_{C2} = \frac{m_2(x_A + \Delta x_A + 2a) + m_1(x_A + \Delta x_A + a)}{m_1 + m_2}$$

由 $x_{C1} = x_{C2}$，得

$$\Delta x_A = -\frac{2am_2}{m_1 + m_2}$$

负号表示向左，船向后移动的距离为

$$l = \frac{2am_2}{m_1 + m_2}$$

例 11-6　质量为 m、长为 $2l$ 的均质杆 OA 绕定轴 O 转动，如图 11-7 所示。设在某瞬时杆的角速度为 ω，角加速度为 α，求此时轴 O 对杆的约束反力。

扫码看动画

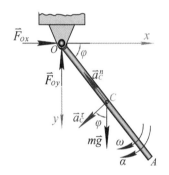

图 11-7　均质杆的受力和运动分析

解　以杆为研究对象，杆受重力 $m\vec{g}$ 及轴 O 对杆的约束反力 $\vec{F}_{Ox}$ 和 $\vec{F}_{Oy}$，建立坐标系 Oxy，如图所示。由质心运动定理

$$ma_{Cx} = \sum F_x^e$$
$$ma_{Cy} = \sum F_y^e$$

得

$$-m(a_C^{\tau} \sin\varphi + a_C^n \cos\varphi) = F_{Ox}$$
$$m(a_C^{\tau} \cos\varphi - a_C^n \sin\varphi) = mg - F_{Oy}$$

又因为 $a_C^{\tau} = l\alpha, a_C^n = l\omega^2$，代入上式得

$$F_{Ox} = -ml(\alpha \sin\varphi + \omega^2 \cos\varphi)$$
$$F_{Oy} = mg - ml(\alpha \cos\varphi - \omega^2 \sin\varphi)$$

👍 **本章小结**

1.动量定理建立了物体系统的动量变化与其所受外力之间的关系。

质点的动量：

$$m\vec{v}$$

质点系的动量：

$$\vec{P} = \sum m_i \vec{v}_i = m\vec{v}_C$$

力的冲量：

$$\vec{I} = \int_0^t \vec{F} \cdot \mathrm{d}t$$

质点的动量定理：

$$\frac{\mathrm{d}(m\vec{v})}{\mathrm{d}t} = \vec{F}$$

$$m\vec{v}_2 - m\vec{v}_1 = \int_{t_1}^{t_2} \vec{F} \cdot \mathrm{d}t = \vec{I}$$

质点系的动量定理：

$$\frac{\mathrm{d}\vec{P}}{\mathrm{d}t} = \sum \vec{F}^e$$

$$\vec{P}_2 - \vec{P}_1 = \sum \vec{I}^e$$

2.质心运动定理：

$$m\vec{a}_C = \sum \vec{F}_e$$

质点系的质心位置：

$$\vec{r}_C = \frac{\sum m_i \vec{r}_i}{m}$$

$$x_C = \frac{\sum m_i x_i}{m}$$

$$y_C = \frac{\sum m_i y_i}{m}$$

$$z_C = \frac{\sum m_i z_i}{m}$$

质心运动定理是刚体动力学的重要方程，当质心的运动已知或可求时，用它求解系统所受外力非常方便。

第十二章　动量矩定理

1.学习目标

（1）知识目标。解释质点系动量矩的概念，计算刚体平动、定轴转动时的动量矩，解释回转半径，计算刚体的转动惯量。解释质点系相对质心的动量矩，计算刚体（系）对任一点的动量矩。

（2）能力目标。应用质点系的动量矩定理及刚体定轴转动微分方程求解动力学问题，运用动量矩守恒定律解释相关力学现象，应用质点系动量矩定理分析工程实际问题。应用质点系相对质心的动量矩定理和刚体平面运动微分方程求解有关动力学问题。

（3）素质目标。基于动量矩定理将静力学和运动学知识迁移，进一步构建动力学体系框架。基于质点系相对质心的动量矩定理的分析推导，培养严谨的工作作风和缜密的逻辑思维。

2.学习重点

（1）刚体平动、定轴转动时动量矩的计算。

（2）刚体定轴转动微分方程及其应用。

（3）应用刚体平面运动微分方程求解有关问题。

3.学习难点

（1）质点系的动量矩定理及守恒定律。

（2）刚体平面运动时动量矩的计算。

（3）相对质心动量矩定理及其应用。

从静力学我们知道，作用在质点系上的外力系，向一点简化一般会得到力系的主矢与主矩。由质点系动量定理或质心运动定理可知，外力系的主矢引起质点系的动量或质心运动的变化，外力系的主矩对质点系运动所产生的影响，这一问题将由动量矩定理来回答。

质点系质心的运动只描述了质点系运动的一方面特征，它不能完全代表质点系的运动。例如，刚体的定轴转动，若转轴通过刚体的质心，则其动量恒为零，这种运动变化与外力之间的关系就不能用动量定理或质心运动定理来描述。质点系的动量矩定理从另一方面描述了质点系的运动，质点系的动量矩随时间的变化与外力主矩之间的关系，就是本章所讲述的动量矩定理。

第一节　质点的动量矩定理

一、质点的动量矩

现在我们把力对点的矩和力对轴的矩的概念应用于动量。如图 12-1 所示，设质点 M 绕定点 O 运动，某瞬时的动量为 $m\vec{v}$，质点相对于 O 点的位置用矢径 $\vec{r}$ 表示，则质点 M 对固定点 O 的动量矩定义为

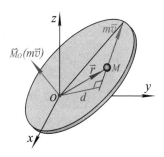

扫码看动画

图 12-1　质点的动量矩

$$\vec{M}_O(m\vec{v}) = \vec{r} \times m\vec{v} \tag{12-1}$$

动量矩是矢量，其方向由右手法则确定，它的大小为

$$\left| \vec{M}_O(m\vec{v}) \right| = \left| m\vec{v} \right| \cdot d = mvr\sin\theta$$

其中 d 为 O 点到动量矢量的距离，θ 为 $\vec{r}$ 与 $m\vec{v}$ 之间的夹角。

由力对点之矩与力对轴之矩的关系，只需将其中的矢量 $\vec{F}$ 换为 $m\vec{v}$，则得到质点 M 对固定点的动量矩与对通过该点的三个坐标轴的动量矩之间的关系，即

$$\vec{M}_O(m\vec{v}) = M_x(m\vec{v})\vec{i} + M_y(m\vec{v})\vec{j} + M_z(m\vec{v})\vec{k}$$

质点的动量矩是表征质点绕某点（或某轴）的运动强度的一种度量，动量矩的单位是千克·米²/秒（kg·m²/s）.

二、质点的动量矩定理

质点运动过程中，质点对固定点 O 的动量矩矢一般不是常矢量，而是随时间在变化的，下面考察动量矩相对时间的变化率。将式（12-1）对时间 t 求导数得

$$\frac{\mathrm{d}}{\mathrm{d}t}\vec{M}_O(m\vec{v}) = \frac{\mathrm{d}}{\mathrm{d}t}(\vec{r} \times m\vec{v}) = \frac{\mathrm{d}\vec{r}}{\mathrm{d}t} \times m\vec{v} + \vec{r} \times \frac{\mathrm{d}(m\vec{v})}{\mathrm{d}t}$$

$$= \vec{v} \times m\vec{v} + \vec{r} \times \frac{\mathrm{d}(m\vec{v})}{\mathrm{d}t}$$

根据质点的动量定理 $\frac{\mathrm{d}(m\vec{v})}{\mathrm{d}t} = \vec{F}$，并注意到 $\vec{v} \times m\vec{v} = 0$，于是上式可改写为

$$\frac{\mathrm{d}}{\mathrm{d}t}\vec{M}_O(m\vec{v}) = \vec{r} \times \vec{F}$$

$$\frac{\mathrm{d}}{\mathrm{d}t}\vec{M}_O(m\vec{v}) = \vec{M}_O(\vec{F})$$

（12-2）

这就表明，质点对某固定点的动量矩对时间的一阶导数等于作用在质点上的力对该固定点的矩。这就是质点的动量矩定理。

将式（12-2）投影到直角坐标轴上，由对点之矩和对轴之矩之间的关系得

$$\left.\begin{array}{l}\dfrac{\mathrm{d}}{\mathrm{d}t}M_x(m\vec{v}) = M_x(\vec{F}) \\[2mm] \dfrac{\mathrm{d}}{\mathrm{d}t}M_y(m\vec{v}) = M_y(\vec{F}) \\[2mm] \dfrac{\mathrm{d}}{\mathrm{d}t}M_z(m\vec{v}) = M_z(\vec{F})\end{array}\right\}$$

（12-3）

上式表明，质点对某定轴的动量矩对时间的一阶导数等于作用在质点上的力对同轴的矩。这就是投影形式质点的动量矩定理。

下面讨论质点动量矩定理的两种特殊情形。

1. 如果作用于质点的力对于某一固定点 O 的矩恒等于零，即 $\vec{M}_O(\vec{F}) = 0$，则由式（12-2）可知，质点对该点的动量矩保持不变，即

$$\vec{M}_O(m\vec{v}) = 常矢量$$

2. 如果作用于质点的力对于某一固定轴的矩恒等于零，例如 $M_x(\vec{F}) = 0$，则由式（12-3）可知，质点对该轴的动量矩保持不变。即

$$M_x(m\vec{v}) = 常量$$

上述两种情况称质点的动量矩守恒。

质点的动量矩定理建立了质点的动量矩与力矩之间的关系，和质点的动量定理一样，实际上均是质点的运动微分方程。

例 12-1　如图 12-2 所示，试求单摆的运动规律。

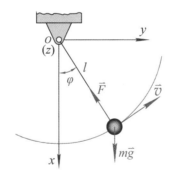

图 12-2　单摆的受力和运动分析

解　所谓单摆就是一个系在不计重量的不可伸长的绳上做周期性摆动的质点。

取直角坐标系如图 12-2 所示，z 轴垂直纸面向外。由质点动量矩定理的投影形式

$$\frac{\mathrm{d}}{\mathrm{d}t} M_z(m\vec{v}) = M_z(\vec{F})$$

$$M_z(m\vec{v}) = mvl = ml^2 \frac{\mathrm{d}\varphi}{\mathrm{d}t}$$

$$M_z(\vec{F}) = M_z(m\vec{g}) + M_z(\vec{F}) = -mgl\sin\varphi$$

代入动量矩定理表达式中，得

$$\frac{\mathrm{d}^2\varphi}{\mathrm{d}t^2} + \frac{g}{l}\sin\varphi = 0$$

当单摆做微小摆动时，$\sin\varphi \approx \varphi$，于是上式成为

$$\frac{\mathrm{d}^2\varphi}{\mathrm{d}t^2} + \frac{g}{l}\varphi = 0$$

解此微分方程，得单摆做微幅摆动时的运动方程为

$$\varphi = \varphi_0\sin(\sqrt{\frac{g}{l}}t + \theta)$$

可见单摆做简谐运动，其固有频率为

$$\omega_0 = \sqrt{\frac{g}{l}}$$

第二节　质点系的动量矩定理

一、质点系的动量矩

质点系内各质点的动量对某固定点 O 的矩的矢量和称为质点系对固定点 O 的动量矩，用 $\vec{L}_O$ 表示，即

$$\vec{L}_O = \sum\vec{M}_O(m_i\vec{v}_i)$$

它是表征质点系绕 O 点运动强度的一种度量。

质点系的动量对某轴的矩的代数和称为质点系对于该轴的动量矩。将 $\vec{L}_O$ 向通过 O 点的直角坐标系 $Oxyz$ 的三个轴投影，则质点系对各坐标轴的动量矩为

$$L_x = \sum M_x(m_i\vec{v}_i)$$
$$L_y = \sum M_y(m_i\vec{v}_i)$$
$$L_z = \sum M_z(m_i\vec{v}_i)$$

二、质点系的动量矩定理

设质点系由 n 个质点组成，系中任一质点 M_i 的动量为 $m_i \vec{v}_i$，对某固定点 O 的矢径为 $\vec{r}_i$，该质点所受的外力合力为 $\vec{F}_i^e$，内力合力为 $\vec{F}_i^i$，根据质点的动量矩定理有

$$\frac{\mathrm{d}}{\mathrm{d}t} \vec{M}_O(m_i \vec{v}_i) = \vec{M}_O(\vec{F}_i^e) + \vec{M}_O(\vec{F}_i^i)$$

这样的方程共可列出 n 个，将这 n 个方程相加，得

$$\frac{\mathrm{d}}{\mathrm{d}t} \sum \vec{M}_O(m_i \vec{v}_i) = \sum \vec{M}_O(\vec{F}_i^e) + \sum \vec{M}_O(\vec{F}_i^i)$$

上式左边 $\sum \vec{M}_O(m_i \vec{v}_i)$ 为质点系对固定点 O 的动量矩 $\vec{L}_O$，右边 $\sum \vec{M}_O(\vec{F}_i^e)$ 为作用于质点系的全部外力对 O 点的主矩，将其记为 $\vec{M}_O^e$。$\sum \vec{M}_O(\vec{F}_i^i)$ 为质点系全部内力对 O 点的主矩，由于质点系的内力总是成对出现的，且大小相等，方向相反，故 $\sum \vec{M}_O(\vec{F}_i^i) = 0$，于是上式可改写为

$$\frac{\mathrm{d}}{\mathrm{d}t} \vec{L}_O = \vec{M}_O^e \tag{12-4}$$

式（12-4）表明，质点系对任一固定点的动量矩对时间的一阶导数等于质点系所受外力对同一点的矩的矢量和，这就是质点系的动量矩定理。将上式向通过 O 点的直角坐标轴投影，得

$$\frac{\mathrm{d}L_x}{\mathrm{d}t} = M_x^e, \frac{\mathrm{d}L_y}{\mathrm{d}t} = M_y^e, \frac{\mathrm{d}L_z}{\mathrm{d}t} = M_z^e \tag{12-5}$$

式（12-5）表明，质点系对任一固定轴的动量矩对时间的一阶导数等于质点系所受外力对同一轴的矩的代数和。这就是投影形式质点系的动量矩定理。

由质点系的动量矩定理可知，质点系的内力不能改变质点系的动量矩，只有外力才能改变质点系的动量矩。下面讨论质点系动量矩定理的两种特殊情形。

1. 如果质点系不受外力作用，或质点系所受外力对固定点 O 的主矩 $\vec{M}_O^e$ 恒等于零，则由式（12-4）得

$$\vec{L}_O = \sum \vec{M}_O(m_i \vec{v}_i) = 常矢量$$

2. 若质点系所受外力对某固定轴 x 的主矩 M_x^e 恒等于零，则由式（12-5）得

$$L_x = \sum M_x(m_i \vec{v}_i) = 常量$$

上述两种情况称为质点系的动量矩守恒。

质点系的动量矩定理主要用于解决质点系有关转动的动力学问题，由于定理中不包括内力，这就为解题带来了方便。质点系动量矩定理在刚体动力学中的具体形式，是动力学理论的重要内容，这在以后各节中会分别叙述到。

例 12-2　半径为 r，质量为 m_1 的滑轮绕定轴 O 转动，在滑轮上绕过一柔软而不可伸长的绳子，其两端各系一质量为 m_2 和 m_3 的重物 A 和 B，且 $m_2 > m_3$，如图 12-3 所示。略去轮辐的质量，即滑轮的质量视为均匀分布在轮缘上，求此两重物的加速度和滑轮的角加速度。

扫码看动画

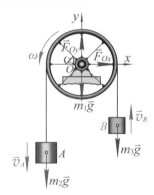

图 12-3　滑轮与重物的受力和运动分析

解　取滑轮及两重物这一质点系为研究对象。建立图示坐标系 $Oxyz$。对系统运动分析求系统对 O 点的动量矩。因绳不可伸长，则 $v_A = v_B = v$；由于绳与滑轮之间无相对滑动，轮缘上各点速度的大小亦为 v，则质点系对转轴 z 的动量矩为

$$L_z = m_2 vr + m_3 vr + \sum \Delta m vr = (m_1 + m_2 + m_3)vr$$

对系统作受力分析如图 12-3 所示，求系统所受各外力对转轴 z 的力矩。因重力 $m_1 \vec{g}$ 及轴承反力 $\vec{F}_{Ox}$，$\vec{F}_{Oy}$ 均与 z 轴相交，这三个力对 z 轴的矩为零，故

$$M_z^e = m_2 gr - m_3 gr$$

由质点系的动量矩定理：

$$\frac{\mathrm{d}L_z}{\mathrm{d}t} = M_z^e$$

$$(m_1 + m_2 + m_3)r\frac{\mathrm{d}v}{\mathrm{d}t} = gr(m_2 - m_3)$$

注意到两重物的加速度 $a_A = a_B = a$，则

$$a = \frac{\mathrm{d}v}{\mathrm{d}t} = \frac{m_2 - m_3}{m_1 + m_2 + m_3}g$$

滑轮的角加速度为

$$\alpha = \frac{a}{r} = \frac{m_2 - m_3}{m_1 + m_2 + m_3} \cdot \frac{g}{r}$$

例 12-3 水平杆 AB 长为 $2a$，可绕铅垂轴 z 转动，其两端各用铰链与长为 l 的杆 AC 及 BD 相连，杆端各联结质量为 m 的小球 C 和 D。起初两小球用细线相连，使杆 AC 和 BD 均为铅垂，此时系统绕 z 轴的角速度为 ω_0，如图 12-4（a）所示。当细线被拉断后，杆 AC 及 BD 各与铅垂线成 θ 角，如图 12-4（b）所示。不计各杆的质量，求这时系统的角速度 ω。

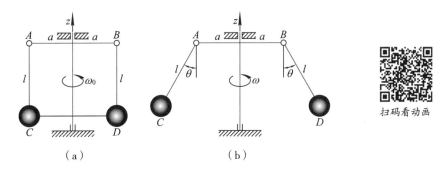

（a）　　　　　　　（b）

扫码看动画

图 12-4　杆与小球组成的系统

解 取系统为研究对象，系统所受外力为小球的重力及轴承处的反力。因重力与 z 轴平行而反力通过 z 轴，故系统外力对 z 轴的矩等于零，即系统对 z 轴的动量矩守恒。

线断前系统对 z 轴的动量矩为

$$L_{z1} = 2(ma\omega_0) = 2ma^2\omega_0$$

线断后系统对 z 轴的动量矩为

$$L_{z2} = 2m(a + l\sin\theta)^2\omega$$

由 $L_{z1} = L_{z2}$ ，得

$$2ma^2\omega_0 = 2m(a + l\sin\theta)^2\omega$$

由此解得

$$\omega = \frac{a^2}{(a + l\sin\theta)^2}\omega_0$$

显然此时的角速度 $\omega < \omega_0$。

第三节　刚体的定轴转动微分方程

动量矩定理的一个直接应用是推导刚体的定轴转动微分方程。

一、定轴转动刚体对转轴的动量矩

刚体绕固定轴 z 转动，某瞬时的角速度为 ω，如图 12-5 所示。在刚体内任取一质点 M_i，其质量为 m_i，该点至转轴 z 的距离为 r_i，该点的动量大小 $m_i v_i = m_i r_i\omega$，其对转轴 z 的动量矩为

扫码看动画

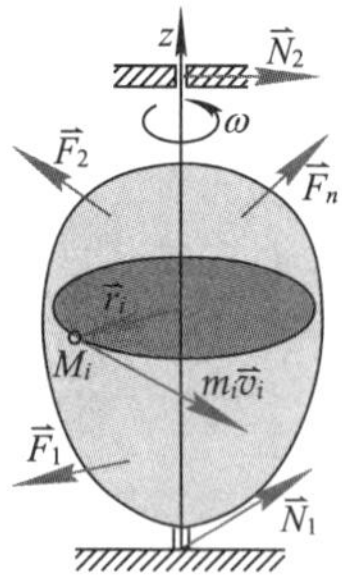

图 12-5　定轴转动刚体对转轴的动量矩

$$M_z(m_i\vec{v}_i) = m_i r_i^2\omega \tag{12-6}$$

则刚体对 z 轴的动量矩为

$$L_z = \sum M_z(m_i\vec{v}_i) = \omega\sum m_i r_i^2$$

$$J_z = \sum m_i r_i^2$$

J_z 称为刚体对 z 轴的转动惯量，于是

$$L_z = J_z \omega \qquad (12\text{--}7)$$

即定轴转动刚体对转轴的动量矩等于刚体对转轴的转动惯量与角速度的乘积。

刚体的转动惯量是反映刚体的质量对转轴分布状况的物理量，是刚体转动惯性的量度。

对于转动惯量的概念和计算，我们将在下节中进一步讨论。

二、刚体的定轴转动微分方程

设刚体上作用了主动力 $\vec{F}_1, \vec{F}_2, \cdots \vec{F}_n$ 和轴承反力 $\vec{F}_{N1}, \vec{F}_{N2}$，如图 12–5 所示。由于轴承反力对 z 轴的力矩等于零，外力对转轴 z 的矩 $M_z^e = \sum M_z(\vec{F})$。根据质点系对 z 轴的动量矩定理有

$$\frac{\mathrm{d}}{\mathrm{d}t}(J_z \omega) = M_z^e = \sum M_z(\vec{F})$$

考虑到 J_z 不随时间变化及 $\alpha = \dfrac{\mathrm{d}\omega}{\mathrm{d}t} = \dfrac{\mathrm{d}^2\varphi}{\mathrm{d}t^2}$，则上式可写成

$$J_z \alpha = M_z^e$$

或

$$J_z \frac{\mathrm{d}\omega}{\mathrm{d}t} = M_z^e, \quad J_z \frac{\mathrm{d}^2\varphi}{\mathrm{d}t^2} = M_z^e \qquad (12\text{--}8)$$

即定轴转动刚体对转轴的转动惯量与角加速度的乘积等于其外力对转轴的主矩。这就是刚体定轴转动微分方程。

作为特殊情况，从式（12–8）可以推知：当外力矩 M_z^e 等于常量时，因刚体的 J_z 不变，故 α 为常量，刚体做匀变速转动；当外力矩 M_z^e 为零时，则 $\dfrac{\mathrm{d}\omega}{\mathrm{d}t} = 0$，$\omega$ 为常量（当然可以是零），即定轴转动刚体匀速转动或静止。

刚体的定轴转动微分方程说明，刚体的转动是由作用在刚体上的外力矩所引起的。飞机平飞时，欲使飞机的姿态发生改变，如俯仰、横滚等，必须有外力矩的作用，飞行员通过操纵杆、舵而改变机体上的空气动力布局产生一外力矩，就可实现改变飞机姿态的目的。

例 12-4 如图 12-6（a）所示，已知滑轮半径为 R，转动惯量为 J，带动滑轮的皮带拉力为 $\vec{F}_1$ 和 $\vec{F}_2$。求滑轮的角加速度。

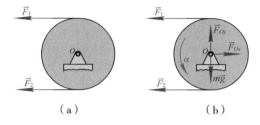

图 12-6 滑轮的受力和运动分析

解 取滑轮为研究对象，受力分析如图 12-6（b）所示，设滑轮的角加速度为 α，根据刚体的定轴转动微分方程得

$$J\alpha = M_O^e$$

$$J\alpha = R(F_1 - F_2)$$

$$\alpha = \frac{R(F_1 - F_2)}{J}$$

例 12-5 如图 12-7 所示，均质细长杆 OA 的质量为 m，长为 l，对 O 轴的转动惯量为 J_O，左端用铰支座连接，右端用绳悬挂于水平位置，现将绳突然剪断，试求：（1）此瞬时杆 OA 的角加速度和 O 点的约束反力；（2）当杆 OA 下落至与水平位置成 φ 角时，该瞬时杆 OA 的角加速度和角速度。

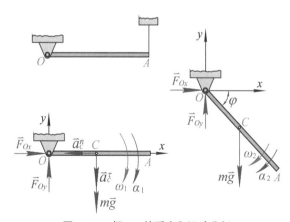

图 12-7 杆 OA 的受力和运动分析

解 取杆 OA 为研究对象，受力分析如图 12-7 所示。

（1）绳剪断瞬时，设 OA 的角加速度为 α_1，建立坐标系，由刚体的定轴转动微分方程有

$$J_O \alpha = mg \cdot \frac{l}{2}$$

$$\alpha_1 = \frac{mgl}{2J_O}$$

求 O 处的约束反力，由质心运动定理得

$$-ma_C^n = F_{Ox} \qquad\qquad (1)$$

$$-ma_C^\tau = F_{Oy} - mg \qquad\qquad (2)$$

式中，$a_C^n = \frac{l}{2}\omega_1^2$。由于绳被剪断瞬时，$\omega_1 = 0$，则有 $a_C^n = 0$，代入（1）式，解得

$$F_{Ox} = 0$$

式中，$a_C^\tau = \frac{l}{2} \cdot \alpha_1 = \frac{l}{2} \times \frac{mgl}{2J_O} = \frac{mgl^2}{4J_O}$，代入（2）式，解得

$$F_{Oy} = (1 - \frac{ml^2}{4J_O})mg$$

（2）当杆 OA 下落至与水平位置成 φ 角时，设其角速度、角加速度分别为 ω_2、α_2，由定轴转动微分方程得

$$J_O \cdot \alpha_2 = mg \cdot \frac{l}{2} \cdot \cos\varphi$$

$$\alpha_2 = \frac{mgl\cos\varphi}{2J_O}$$

注意到

$$\alpha_2 = \frac{\mathrm{d}\omega_2}{\mathrm{d}t} = \frac{\mathrm{d}\omega_2}{\mathrm{d}\varphi} \cdot \frac{\mathrm{d}\varphi}{\mathrm{d}t} = \frac{\omega_2 \mathrm{d}\omega_2}{\mathrm{d}\varphi}$$

则有

$$\omega_2 \mathrm{d}\omega_2 = \frac{mgl}{2J_O}\cos\varphi \mathrm{d}\varphi$$

积分上式得

$$\int_0^{\omega_2} \omega_2 \mathrm{d}\omega_2 = \int_0^\varphi \frac{mgl}{2J_O} \cos\varphi \mathrm{d}\varphi$$

$$\omega_2^2 = \frac{mgl}{J_O} \sin\varphi$$

第四节 转动惯量

一、转动惯量的概念和计算

由上节知刚体的转动惯量是刚体转动惯性的度量，其定义为

$$J_z = \sum m_i r_i^2 \qquad (12-9)$$

如果刚体的质量是连续分布的，可用积分表示，即

$$J_z = \int_m r^2 \mathrm{d}m$$

转动惯量是一恒正标量，其值决定于转轴的位置、刚体的质量及其分布，而与刚体的运动状况无关。转动惯量的单位是千克·米^2（kg·m^2）。

工程上常把转动惯量写成刚体总质量 m 与某一当量长度 ρ 的平方的乘积，即

$$J_z = m\rho_z^2 \text{ 或 } \rho_z^2 = \frac{J_z}{m}$$

ρ_z 称为刚体对 z 轴的回转半径。这就是说，若将刚体的质量集中在距离 z 轴为 ρ_z 的圆周上，其转动惯量与原刚体的转动惯量相等。

例 12-6 均质圆盘的质量为 m，半径为 R，求圆盘对通过圆心垂直于圆盘平面的轴 z 的转动惯量 J_z。

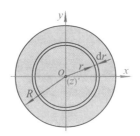

图 12-8 均质圆盘的转动惯量

解　将圆盘分为无数同心的小圆环。取其中一半径为 r，宽度为 dr，质量为 dm 的圆环来研究，若 ρ 是圆盘的密度，h 是圆盘的厚度，则圆环的质量为

$$dm = \rho h(2\pi r \cdot dr)$$

圆环上每一质点到轴 z 的距离都是 r，故圆环对 z 轴的转动惯量为

$$dJ_z = r^2 dm = 2\pi\rho h \cdot r^3 dr$$

$$J_z = \int_0^R 2\pi\rho h r^3 dr = 2\pi\rho h \frac{R^4}{4} = \frac{1}{2}(\pi R^2 h)\rho R^2$$

$$J_z = \frac{1}{2}mR^2$$

显然，J_z 的值与圆盘厚度无关，在质量不变的条件下，J_z 的值与圆柱体的高度无关，即均质圆柱体对通过圆心且垂直端面的轴的转动惯量与上式相同。

常见几何形状均质刚体的转动惯量及回转半径计算公式，见表 12-1。

表 12-1　均质刚体的转动惯量及回转半径

物体种类	简图	转动惯量	回转半径
细直杆		$J_z = \dfrac{1}{12}ml^2$	$\rho_z = \dfrac{1}{2\sqrt{3}}l = 0.289l$
薄圆板		$J_z = \dfrac{1}{4}mR^2$	$\rho_z = 0.5R$
圆柱		$J_z = \dfrac{1}{2}mR^2$ $J_x = J_y = \dfrac{m}{12}(3R^2 + l^2)$	$\rho_z = \dfrac{R}{\sqrt{x}} = 0.707R$ $\rho_x = \rho_y = \sqrt{\dfrac{1}{12}(3R^2 + l^2)}$
空心圆柱		$J_z = \dfrac{1}{2}m(R^2 + r^2)$	$\rho_z = \sqrt{\dfrac{R^2 + r^2}{2}}$

物体种类	简图	转动惯量	回转半径
矩形六面体	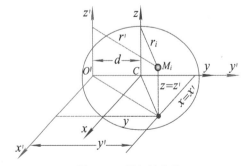	$J_z = \dfrac{1}{2}m(a^2+b^2)$	$\rho_z = \dfrac{\sqrt{a^2+b^2}}{2\sqrt{3}}$
球		$J_z = \dfrac{2}{5}mR^2$	$\rho_z = \sqrt{\dfrac{2}{5}}R$

二、平行轴定理

从转动惯量的定义不难看出，同一刚体对不同轴的转动惯量是不相等的。转动惯量的平行轴定理说明了刚体对相互平行的两轴的转动惯量之间的关系。

设刚体的质量为 m，z 轴通过质心 C，另取一轴 z' 与 z 轴平行，两平行轴间距离为 d，已知刚体对于 z 轴的转动惯量为 J_z，求刚体对 z' 轴的转动惯量。

分别以 O'、C 两点为原点，作直角坐标系 $O'x'y'z'$ 和 $Cxyz$，使 x' 轴与 x 轴平行，y' 轴与 y 轴重合，如图 12-9 所示。在刚体内任取一点 M_i，其质量为 m_i，M_i 到 z 轴与 z' 轴的距离分别为 r_i 和 r_i'，则刚体对 z 轴的转动惯量为

$$J_z = \sum m_i r_i^2 = \sum m_i(x^2 + y^2)$$

扫码看动画

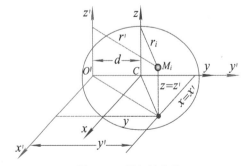

图 12-9　平行轴定理

而刚体对 z' 轴的转动惯量为

$$J_{z'} = \sum m_i r_i'^2 = \sum m_i(x'^2 + y'^2)$$

由于 $x' = x, y' = y+d$，于是

$$J_{z'} = \sum m_i[x^2 + (y+d)^2]$$

$$= \sum m_i(x^2 + y^2) + 2d\sum m_i y + d^2\sum m_i$$

$$= J_z + 2d\sum m_i y + d^2 m$$

因为

$$y_C = \frac{\sum m_i y_i}{m} = 0 \quad y_C = \frac{\sum m_i y_i}{m} = 0$$

所以

$$J_{z'} = J_z + md^2$$

这表明：刚体对于任一 z' 轴的转动惯量，等于它对通过质心并与 z' 轴平行的 z 轴的转动惯量，加上刚体质量与两轴间距离平方的乘积。这就是转动惯量的平行轴定理。

由此定理可知，刚体对于通过质心的轴的转动惯量最小。

例 12-7　均质细长杆长为 l，质量为 m，求杆对通过杆端轴及通过质心轴的转动惯量。

解　建立如图 12-10 所示坐标系，在杆上任取一微段 $\mathrm{d}x$，其质量 $\mathrm{d}m = \dfrac{m}{l}\mathrm{d}x$，其距杆端 O 的距离为 x，则

$$J_{z'} = \int_0^l x^2\mathrm{d}m = \int_0^l \frac{m}{l}x^2\mathrm{d}x = \frac{1}{3}ml^2$$

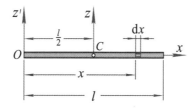

图 12-10　均质细长杆的转动惯量

由转动惯量的平行轴定理

$$J_{z'} = J_z + md^2$$

故

$$J_z = J_{z'} - m(\frac{l}{2})^2 = \frac{1}{12}ml^2$$

第五节　质点系相对质心的动量矩定理

在前面推导动量矩定理时，特别强调矩心、矩轴都必须是固定的，可见，动量矩定理只对惯性系中的固定矩心、矩轴才能成立。但在某些问题中，如采用动的矩心或矩轴，分析问题会变得较为方便，那么当矩心运动时动量矩定理是否成立呢？可以证明，若以质心为原点，建立一随质心平动的坐标系，虽然此坐标系一般是非惯性系，但质点系在相对于此坐标系的运动中，动量矩定理的形式不变。下面就来讨论这一问题。

设质点系的质心为 C，建立随质心平动的坐标系 $Cx'y'z'$。静坐标系为 $Oxyz$。取质点系中的任一质点 M_i，其质量为 m_i，对固定点 O 的矢径为 $\vec{r}_i$，对质心 C 的矢径为 $\vec{r}_i'$，质心 C 对 O 点的矢径为 $\vec{r}_C$。

扫码看动画

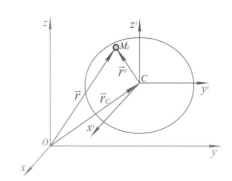

图 12-11　质点系相对质心的动量矩定理

质点系对定点 O 的动量矩和在质心坐标系中对质心 C 的动量矩分别为

$$\vec{L}_O = \sum \vec{M}_O(m_i \vec{v}_{ia}) = \sum (\vec{r}_i \times m_i \vec{v}_{ia}) \tag{12-10}$$

$$\vec{L}'_C = \sum \vec{M}_C(m_i\vec{v}_{ir}) = \sum (\vec{r}'_i \times m_i\vec{v}_{ir}) \qquad （12-11）$$

式中，$\vec{v}_{ia}$，$\vec{v}_{ir}$ 分别为质点 M_i 的绝对速度和相对速度。因为

$$\vec{r}_i = \vec{r}_C + \vec{r}'_i$$

上式两端对时间 t 求导数得

$$\vec{v}_{ia} = \vec{v}_C + \vec{v}_{ir}$$

所以

$$\vec{L}_O = \sum [(\vec{r}_C + \vec{r}'_i) \times m_i(\vec{v}_C + \vec{v}_{ir})]$$

因为

$$\sum m_i\vec{v}_C = m\vec{v}_C , \quad \sum m_i\vec{r}'_i = m\vec{r}'_C$$

所以

$$\vec{L}_O = \vec{r}_C \times m\vec{v}_C + (\sum m_i\vec{r}'_i) \times \vec{v}_C + \vec{L}'_C$$

式中，$\vec{L}'_C = \sum (\vec{r}'_i \times m_i\vec{v}_{ir})$ 是质点系在质心坐标系中对质心 C 的动量矩。又因为

$$\sum m_i\vec{r}'_i = m\vec{r}'_C = 0$$

所以

$$\vec{L}_O = \vec{r}_C \times m\vec{v}_C + \vec{L}'_C \qquad （12-12）$$

此式表明，质点系对固定点 O 的动量矩可分解为下面两项：一是把质点系的质量全部集中到质心而形成的质点对点 O 的动量矩（简称质心的动量矩）；另一项是在质心坐标系中质点系相对质心的动量矩。

根据质点系的动量矩定理有

$$\frac{\mathrm{d}\vec{L}_O}{\mathrm{d}t} = \frac{\mathrm{d}}{\mathrm{d}t}(\vec{r}_C \times m\vec{v}_C + \vec{L}'_C) = \sum (\vec{r}_i \times \vec{F}^e_i)$$

将上式展开，并注意 $\vec{r}_i = \vec{r}_C + \vec{r}'_i$，得

$$\frac{\mathrm{d}\vec{r}_C}{\mathrm{d}t} \times m\vec{v}_C + \vec{r}_C \times m\frac{\mathrm{d}\vec{v}_C}{\mathrm{d}t} + \frac{\mathrm{d}\vec{L}'_C}{\mathrm{d}t} = \sum (\vec{r}_C \times \vec{F}^e_i) + \sum (\vec{r}'_i \times \vec{F}^e_i)$$

因为

$$\frac{\mathrm{d}\vec{r}_C}{\mathrm{d}t} = \vec{v}_C, \frac{\mathrm{d}\vec{v}_C}{\mathrm{d}t} = \vec{a}_C, m\vec{a}_C = \sum \vec{F}^e_i, \vec{v}_C \times m\vec{v}_C = 0$$

所以上式可改写为

$$\vec{v}_C \times m\vec{v}_C + \vec{r}_C \times m\vec{a}_C + \frac{\mathrm{d}\vec{L}'_C}{\mathrm{d}t} = \vec{r}_C \times \sum \vec{F}^e_i + \sum (\vec{r}'_i \times \vec{F}^e_i)$$

即

$$\frac{\mathrm{d}\vec{L}'_C}{\mathrm{d}t} = \sum (\vec{r}'_i \times \vec{F}^e_i) = \sum \vec{M}_C(\vec{F}^e_i)$$

或写为

$$\frac{\mathrm{d}\vec{L}'_C}{\mathrm{d}t} = \sum \vec{M}^e_C \qquad\qquad (12\text{--}13)$$

此式表明：在质心坐标系中，质点系相对质心的动量矩对时间的导数等于质点系所受外力对于质心之矩的矢量和。这就是质点系相对质心的动量矩定理。这个定理在形式上与质点系的动量矩定理完全一致。

第六节　刚体的平面运动微分方程

设刚体的质量对称于某固定平面 Oxy，作用于刚体上的外力可简化为 Oxy 平面内的平面力系 $\vec{F}_1, \vec{F}_2, \cdots \vec{F}_n$，则刚体做平面运动，其质心始终在此平面内。由运动学可知刚体的平面运动可分解为随同基点的平动与相对基点的转动。在动力学中，基点都取在质心 C，质心坐标系 $Cx' y'$ 相对固定坐标系 Oxy 做平动，则刚体的平面运动可分解为随质心 C 的平动和绕质心 C 的转动，这两部分可分别用 x_C 和 y_C 及刚体的转角 φ 来描述，如图 12-12 所示。随同质心 C 平动的规律由质心运动定理来决定，刚体绕质心的转动规律由相对质心的动量矩定理决定，即

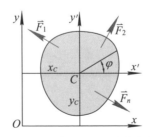

图 12-12　刚体的平面运动微分方程

$$m\vec{a}_C = \sum \vec{F}^e$$

$$\frac{\mathrm{d}\vec{L}'_C}{\mathrm{d}t} = \vec{M}^e_C$$

将前一式投影到 x、y 轴，后一式投影到 Cz' 轴，则有

$$ma_{Cx} = \sum F^e_x$$
$$ma_{Cy} = \sum F^e_y$$
$$\frac{\mathrm{d}L'_{Cz'}}{\mathrm{d}t} = M^e_{Cz'}$$

设刚体对通过质心 C 的 z' 轴的转动惯量为 J_C，则

$$\left. \begin{array}{l} ma_{Cx} = \sum F^e_x \\ ma_{Cy} = \sum F^e_y \\ J_C\alpha = M^e_C \end{array} \right\} \qquad (12\text{-}14\mathrm{a})$$

将 $m\vec{a}_C = \sum \vec{F}^e$ 投影到自然坐标轴上，则得

$$\left. \begin{array}{l} ma^\tau_C = \sum F^e_\tau \\ ma^n_C = \sum F^e_n \\ J_C\alpha = M^e_C \end{array} \right\} \qquad (12\text{-}14\mathrm{b})$$

式（12-14a）及式（12-14b）就是刚体平面运动微分方程。需注意的是，方程组中的三个方程是彼此独立的微分方程，在解题时，如果未知量的数目多于独立的运动微分方程的数目，还需要根据题设条件（如极限摩擦，约束条件下的运动学关系等），列出相应的补充方程。

例 12-8　均质圆柱的质量为 m，半径为 r，从静止开始沿倾角为 θ 的固定斜面向下滚动而不滑动（图 12-13），斜面与圆柱的静摩擦因数为 f_s。试求圆柱质心 C 的加速度 $\vec{a}_C$，以及保证圆柱滚动而不滑动的条件。

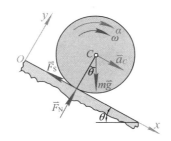

图 12-13 均质圆柱的受力和运动分析

解 取圆柱为研究对象。其所受外力为重力 $m\vec{g}$，$\vec{F}_N$ 及静滑动摩擦力 $\vec{F}_S$，建立图示坐标系 Oxy，圆柱体在 Oxy 平面内做平面运动。

由平面运动微分方程

$$\left.\begin{array}{l} ma_{Cx} = \sum F_x^e \\ ma_{Cy} = \sum F_y^e \\ J_C\alpha = M_C^e \end{array}\right\}$$

得

$$\left\{\begin{array}{ll} ma_C = mg\sin\theta - F_S & (1) \\ 0 = F_N - mg\cos\theta & (2) \\ J_C\alpha = F_S r & (3) \end{array}\right.$$

因为圆柱只滚动而不滑动（也称纯滚动或纯滚），有 $v_C = r\omega$，故有运动学关系：

$$a_C = r\alpha \qquad\qquad (4)$$

均质圆柱：

$$J_C = \frac{1}{2}mr^2$$

联立式（1）（2）（3）（4），解得

$$a_C = \frac{2}{3}g\sin\theta$$

$$F_S = \frac{1}{3}mg\sin\theta$$

$$F_N = mg\cos\theta$$

当圆柱只滚动而不滑动时，摩擦力必须满足 $F_\mathrm{S} \leqslant f_\mathrm{s} F_\mathrm{N}$，将前面所求 F_S 及 F_N 的值代入该式得

$$\tan\theta \leqslant 3f_\mathrm{s}$$

这就是保证圆柱滚动而不滑动的条件。

例 12-9　均质圆柱半径为 r，质量为 m，放在倾角为 60° 的斜面上。一细绳缠绕在圆柱体上，其另一端固定于 A 点，绳与 A 点相连部分与斜面平行，如图 12-14 所示。若圆柱体与斜面的摩擦因数为 $f = \dfrac{1}{3}$，试求圆柱质心 C 沿斜面运动的加速度。

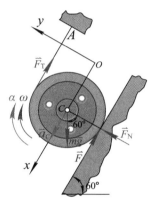

扫码看动画

图 12-14　圆柱的受力和运动分析

解　取圆柱为研究对象。圆柱做平面运动，受力有重力 $m\vec{g}$，绳的拉力 $\vec{F}_\mathrm{T}$，法向反力 $\vec{F}_\mathrm{N}$ 和滑动摩擦力 $\vec{F}$。建立图示坐标系 Oxy。由刚体平面运动微分方程

$$\begin{cases} ma_{Cx} = \sum F_x^e \\ ma_{Cy} = \sum F_y^e \\ J_C\alpha = M_C^e \end{cases}$$

得

$$\begin{cases} ma_C = mg\sin 60° - F_\mathrm{T} - F & (1) \\ 0 = F_\mathrm{N} - mg\cos 60° & (2) \\ J_C\alpha = F_\mathrm{T} r - Fr & (3) \end{cases}$$

式中，

$$J_C = \frac{1}{2}mr^2$$

由运动学条件有

$$a_C = r\alpha \qquad (4)$$

由库伦摩擦定律有

$$F = fF_N \qquad (5)$$

联立求解（1）~（5）式，得

$$a_C \approx 0.35g$$

本章小结

1. 动量矩定理建立了质点或质点系动量矩的变化与外力主矩之间的关系。
质点的动量矩：

$$\vec{M}_O(m\vec{v}) = \vec{r} \times m\vec{v}$$

质点系的动量矩：

$$\vec{L}_O = \sum \vec{M}_O(m_i\vec{v}_i)$$

质点系对轴的动量矩：

$$L_z = \sum M_z(m_i\vec{v}_i) = [\vec{L}_O]_z$$

2. 质点的动量矩定理（相对于惯性参考系）：

$$\frac{\mathrm{d}}{\mathrm{d}t}\vec{M}_O(m\vec{v}) = \vec{M}_O(\vec{F})$$

$$\frac{\mathrm{d}}{\mathrm{d}t}M_z(m\vec{v}) = M_z(\vec{F})$$

质点系的动量矩定理（相对于惯性参考系）：

$$\frac{\mathrm{d}}{\mathrm{d}t}\vec{L}_O = \vec{M}_O^e$$

$$\frac{\mathrm{d}L_z}{\mathrm{d}t} = M_z^e$$

3. 刚体绕定轴 z 转动的动量矩：

$$L_z = J_z \omega$$

质点系相对质心的动量矩定理：

$$\frac{\mathrm{d}\vec{L}'_C}{\mathrm{d}t} = \vec{M}^e_C$$

刚体定轴转动微分方程：

$$J_z \alpha = M^e_z$$

4. 刚体对于 z 轴的转动惯量：

$$J_z = \sum m_i r_i^2$$

转动惯量的平行轴定理：

$$J_{z'} = J_z + md^2$$

式中，J_z 为通过质心轴的转动惯量。

5. 刚体的平面运动微分方程：

$$\begin{cases} ma_{Cx} = \sum F^e_x \\ ma_{Cy} = \sum F^e_y \\ J_C \alpha = M^e_C \end{cases}$$

第十三章　动能定理

学习指南 ↻

1. 学习目标

（1）知识目标。解释元功的概念，计算重力的功、弹性力的功、定轴转动刚体上力的功、力偶的功，说明理想约束力做功和内力做功的特点。

（2）能力目标。计算刚体（系）平动、定轴转动、平面运动的动能，应用质点系的动能定理求解相关动力学问题。

（3）素质目标。培养一题多解的发散思维。

2. 学习重点

（1）刚体（系）平动、定轴转动、平面运动的动能。

（2）质点系动能定理及应用。

3. 学习难点

质点系动能定理及应用。

本章从另一范畴来研究物体的机械运动，用动能来表征物体机械运动的强度，建立动能的变化与力的功之间的关系。本章在动力学理论中占有重要地位。

第一节　力的功

为研究物体动能变化，需先掌握功的概念及计算。作用于物体上力的功，是力在一段路程上对物体作用效应的累积。在功的概念里，包含着力和路程这两个因素。下面讨论力的功的计算方法。

一、直线运动中的功

设物体 A 在常力 $\vec{F}$ 的作用下，沿直线运动走过路程 s，如图 13-1 所示。设力 $\vec{F}$ 和速度方向的夹角为 θ，则力 $\vec{F}$ 在速度方向的投影 $F\cos\theta$ 与其路程 s 的乘积，称为该力 $\vec{F}$ 在路程 s 上所做的功，用 W 表示，即

$$W = Fs\cos\theta \tag{13-1}$$

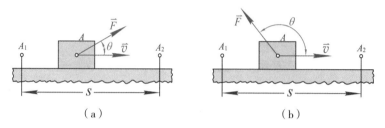

（a）　　　　　　　　　　　（b）

图 13-1　直线运动中力的功

功是代数量，由式（13-1）可知，当 $\theta < 90°$ 时，$W > 0$；当 $\theta > 90°$ 时，$W < 0$。

功的单位是牛顿·米（N·m），称为焦耳（J），故

$$1\,\text{J}=1\,\text{N}\cdot\text{m}$$

二、变力的功

现将功的计算推广到一般情况。

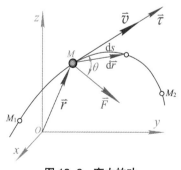

图 13-2　变力的功

设质点 M 在变力 $\vec{F}$ 作用下做曲线运动，如图 13-2 所示。由于质点 M 从

M_1 至 M_2 的运动过程中，$\vec{F}$ 的大小和方向是变化的，不能按式（13-1）计算力的功。为了计算变力 $\vec{F}$ 在曲线路程 M_1M_2 中的功，将曲线 M_1M_2 分成许多微小弧段，每一小弧段长 ds 可视为直线位移；力 $\vec{F}$ 在这微小位移中可视为常力，它做的功称为元功，记为 δW，于是有

$$\delta W = F\cos\theta \cdot \mathrm{d}s = F_\tau \mathrm{d}s \qquad (13\text{-}2\mathrm{a})$$

元功写成 δW 而不写成 $\mathrm{d}W$，是因为在一般情况下元功不一定能表示为某一函数 W 的全微分。

当 ds 足够小时，$\mathrm{d}s = |\mathrm{d}\vec{r}|$，$\mathrm{d}\vec{r}$ 为质点的微小位移，则式（13-2a）可写成

$$\delta W = \vec{F} \cdot \mathrm{d}\vec{r} \qquad (13\text{-}2\mathrm{b})$$

变力 $\vec{F}$ 在全路程上做的功等于元功之和，即

$$W = \int_{M_1}^{M_2} \vec{F} \cdot \mathrm{d}\vec{r} \qquad (13\text{-}3)$$

若以矢量式表示力 $\vec{F}$ 与 $\mathrm{d}\vec{r}$，即

$$\vec{F} = F_x\vec{i} + F_y\vec{j} + F_z\vec{k}$$

$$\mathrm{d}\vec{r} = \mathrm{d}x\vec{i} + \mathrm{d}y\vec{j} + \mathrm{d}z\vec{k}$$

可得功的解析表达式

$$\delta W = \vec{F} \cdot \mathrm{d}\vec{r} = F_x\mathrm{d}x + F_y\mathrm{d}y + F_z\mathrm{d}z$$

及

$$W = \int_{M_1}^{M_2} (F_x\mathrm{d}x + F_y\mathrm{d}y + F_z\mathrm{d}z) \qquad (13\text{-}4\mathrm{a})$$

如果在质点 M 上同时作用有若干个力 $\vec{F}_1$、$\vec{F}_2$、$\cdots$、$\vec{F}_n$ 时，则由

$$\vec{F}_\mathrm{R} = \vec{F}_1 + \vec{F}_2 + \cdots + \vec{F}_n$$

可得

$$\vec{F}_\mathrm{R} \cdot \mathrm{d}\vec{r} = \vec{F}_1 \cdot \mathrm{d}\vec{r} + \vec{F}_2 \cdot \mathrm{d}\vec{r} + \cdots + \vec{F}_n \cdot \mathrm{d}\vec{r}$$

即

$$\delta W = \sum \delta W_i \text{ 或 } W = \sum W_i \qquad (13\text{-}4\mathrm{b})$$

从而可知合力在某一路程上所做的功等于各个分力在同一路程上所做功的代数和。

下面计算几种常见力的功。

（一）重力的功

设有一个受重力 $m\vec{g}$ 作用的物体，重心 M 由 M_1 处沿曲线运动至 M_2，如图 13-3 所示。重力 $m\vec{g}$ 在直角坐标轴上的投影为

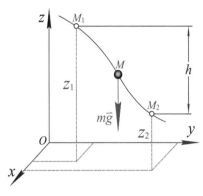

图 13-3　重力的功

$$F_x = 0, F_y = 0, F_z = -mg$$

由式（13-4a）得重力的元功

$$\delta W = -mg \cdot \mathrm{d}z$$

重力 $m\vec{g}$ 在路程 $M_1 M_2$ 上的功为

$$W = \int_{z_1}^{z_2} -mg \cdot \mathrm{d}z = mg(z_1 - z_2) \qquad (13\text{-}5a)$$

如用 h 表示物体重心在 M_1 位置与 M_2 位置的高度差，则重力的功可表示为

$$W = \pm mgh \qquad (13\text{-}5b)$$

由此可见，重力的功等于物体的重量与其重心起始位置与终了位置的高度差的乘积，而与物体运动的路径无关。当重心降低时为正，当重心升高时为负。

（二）弹性力的功

质点 M 与弹簧联结做水平直线运动，弹簧的原长为 l_0，刚度系数是 k（图 13-4）。下面求当质点 M 从 M_1 位置运动到 M_2 位置时弹性力 $\vec{F}$ 所做的功。

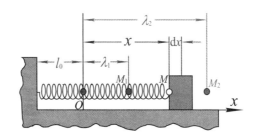

图 13-4 弹性力的功

在弹簧的弹性范围内，弹性力 $\vec{F}$ 的大小与弹簧的变形量 λ 成正比，即

$$F = k\lambda$$

该弹性力的方向恒指向质点的平衡位置 O，取 O 为坐标原点，弹簧变形 $\lambda = |x|$，则弹性力可表示为

$$\vec{F} = -kx\vec{i}$$

弹性力在质点 M 的微小位移 $\mathrm{d}\vec{r} = \mathrm{d}x\vec{i}$ 中的元功为

$$\delta W = \vec{F} \cdot \mathrm{d}\vec{r} = -kx\vec{i} \cdot \mathrm{d}x\vec{i} = -kx\mathrm{d}x$$

因此当质点 M 由弹簧变形为 λ_1 处沿直线运动至 λ_2 处时，弹性力的功

$$W = \int_{M_1}^{M_2} \vec{F} \cdot \mathrm{d}\vec{r} = \int_{\lambda_1}^{\lambda_2} -kx\mathrm{d}x = \frac{1}{2}k(\lambda_1^2 - \lambda_2^2) \qquad (13\text{-}6)$$

可以证明，当质点的运动轨迹不是直线时，弹性力的功的表达式（13-6）仍然适用。这表明，弹性力在有限路程上的功只决定于弹簧起始和终了时的变形，而与运动的路程无关。

（三）摩擦力的功

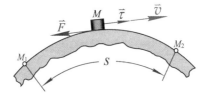

图 13-5 摩擦力的功

质点 M 在粗糙的面上运动，它受到滑动摩擦力的作用，摩擦力大小为

$$F = fF_{\mathrm{N}}$$

f 是动滑动摩擦因数，F_N 是接触面的正压力。摩擦力的方向沿运动轨迹的切线，与速度方向相反，令 $\vec{\tau}$ 是质点运动速度方向的单位矢量，则

$$\vec{F} = -fF_N\vec{\tau}$$

若摩擦力大小不变，其在路程 M_1M_2 上所做的功应为

$$W = \int_{M_1}^{M_2} \vec{F} \cdot \mathrm{d}\vec{r} = \int_{M_1}^{M_2} (-fF_N\vec{\tau}) \cdot (\mathrm{d}s\vec{\tau}) = -\int_{M_1}^{M_2} fF_N \cdot \mathrm{d}s$$

式中，$\mathrm{d}s$ 表示无限小的弧长，若弧长 $M_1M_2=s$，则有

$$W = -fF_N s \qquad\qquad (13\text{-}7)$$

由此可见，动摩擦力的功恒为负值，它不仅决定于质点的起止位置，而且还与其运动路径有关。关于静摩擦力的功及其值的正负，请读者自行分析。

第二节　质点的动能定理

一、质点的动能

设质点的质量为 m，速度为 $\vec{v}$，则质点的动能为

$$T = \frac{1}{2}mv^2 \qquad\qquad (13\text{-}8)$$

动能为标量，恒为正值。

动能与动量一样，也是机械运动强度的一种度量。这两个物理量都与质点的质量和速度有关，但动量是矢量，而动能是标量。

动能的单位为 J，即

$$1\ \mathrm{kg \cdot m^2/s^2} = 1\ \mathrm{kg \cdot m/s^2 \cdot m} = 1\ \mathrm{N \cdot m} = 1\ \mathrm{J}$$

二、质点的动能定理

质点的动能定理建立了质点的动能变化与作用力的功之间的关系。

设质量为 m 的质点在合力 $\vec{F}$ 的作用下做曲线运动，如图 13-6 所示。合力 $\vec{F}$ 的元功为

$$\delta W = \vec{F} \cdot \mathrm{d}\vec{r}$$

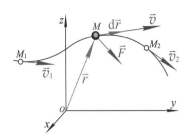

图 13-6　质点的动能定理

由质点运动微分方程：

$$m\frac{\mathrm{d}\vec{v}}{\mathrm{d}t} = \vec{F}$$

在方程两端点乘 $\mathrm{d}\vec{r}$ 得

$$m\frac{\mathrm{d}\vec{v}}{\mathrm{d}t} \cdot \mathrm{d}\vec{r} = \vec{F} \cdot \mathrm{d}\vec{r}$$

因 $\mathrm{d}\vec{r} = \vec{v}\mathrm{d}t$ ，于是上式可写成

$$m\vec{v} \cdot \mathrm{d}\vec{v} = \vec{F} \cdot \mathrm{d}\vec{r}$$

注意到

$$\vec{v} \cdot \mathrm{d}\vec{v} = \frac{1}{2}\mathrm{d}(v^2)$$

则

$$\mathrm{d}(\frac{1}{2}mv^2) = \delta W \tag{13-9}$$

上式表明：质点动能的微分等于作用在质点上合力的元功。这就是微分形式的质点动能定理。

将式（13-9）沿路程 M_1M_2 积分

$$\int_{v_1}^{v_2} \mathrm{d}(\frac{1}{2}mv^2) = \int_{M_1}^{M_2} \delta W$$

可得

$$\frac{1}{2}mv_2^2 - \frac{1}{2}mv_1^2 = W \tag{13-10}$$

上式表明：质点动能的改变量等于作用在质点上的合力在一有限路程上的功。这就是有限形式的质点动能定理。

通过质点动能定理，我们可以更确切地了解功的实质，即功是从量的方面去看运动形式的变化。动能定理建立了速度 $\bar{v}$、力 $\bar{F}$ 和路程 s 之间的联系，因此在分析与此三者有关的动力学问题时显得很方便。

例 13-1 质量为 m 的重物悬挂在刚度系数为 k 的弹簧上，如图 13-7 所示，从弹簧原长突然释放，求弹簧的最大变形。

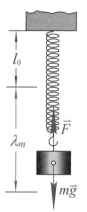

扫码看动画

图 13-7 弹簧上悬挂重物

解 取重物为研究对象。在重物由弹簧原长 l_0 处运动至弹簧最大变形 $l_0+\lambda_m$ 处的过程中，重物所受重力及弹性力所做的功之和为

$$W = mg\lambda_m + \frac{1}{2}k(0-\lambda_m^2) = mg\lambda_m - \frac{1}{2}k\lambda_m^2$$

重物在这一过程中的起止位置速度均为零，由质点动能定理得

$$0 - 0 = mg\lambda_m - \frac{1}{2}k\lambda_m^2$$

所求

$$\lambda_m = 2\frac{mg}{k}$$

如以 λ_j 表示重物在平衡位置时弹簧的变形，即静伸长，则有

$$\lambda_j = \frac{mg}{k}$$

即 $\lambda_m=2\lambda_j$。由此可见荷载的施加方式对系统有很大影响。

例 13-2 冲击实验机的摆锤质量为 20 kg，摆长 l=0.98 m，摆锤从最高点 A 无初速度下落（图 13-8），略去摆杆质量，并把摆锤当作质点，求摆锤到

达最低点 B 时的速度 $\vec{v}_B$ 及在最低位置时摆杆所受的力。

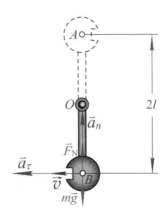

图 13-8 冲击实验机的摆锤

解 以摆锤为研究对象，由 A 至 B 的运动过程中，摆锤受到重力 $m\vec{g}$ 及反力 $\vec{F}_N$ 的作用，因 $\vec{F}_N$ 的方向与摆锤的运动方向垂直，故反力 $\vec{F}_N$ 的功为零，则

$$W = mgh = 2mgl$$

摆锤初速度 $v_1 = 0$，末速 $v_2 = v_B$，由质点动能定理

$$\frac{1}{2}mv_2^2 - \frac{1}{2}mv_1^2 = W$$

得

$$\frac{1}{2}mv_B^2 - 0 = 2mgl$$

解得

$$v_B = 2\sqrt{gl}$$

代入已知数据得

$$v_B = 2\sqrt{9.8 \times 0.98} = 6.17(\text{m/s})$$

摆锤到达最低点时，

$$a_n = {v_B^2}\big/{l}$$

由质点运动微分方程：

$$ma_n = F_N - mg$$

得

$$F_N = mg + ma_n = mg + \frac{4mgl}{l}$$
$$= 5mg$$

代入已知数据得

$$F_N = 5 \times 20 \times 9.8 = 980(\text{N})$$

可见摆杆所受拉力是静止时的五倍。由本例不难看出，当飞机做筋斗飞行时，飞行员必承受座椅一定的附加压力，即所说的过载。

第三节　质点系的动能定理

一、质点系的动能

设质点系由 n 个质点组成，其中第 i 个质点的动能为 $\frac{1}{2}m_i v_i^2$，则质点系内所有质点在某瞬时动能的算术和称为该瞬时质点系的动能，用符号 T 表示，即

$$T = \sum \frac{1}{2}m_i v_i^2 \tag{13-11}$$

它是整个质点系运动强度的一种度量。刚体是工程实际中常见的质点系，因此刚体动能的计算有着重要的意义。刚体做不同的运动时，各点的速度分布不同，其表达式也不同。

（一）平动刚体的动能

当刚体平动时，其上各点的速度都相同，均等于其质心的速度 v_C，则

$$T = \sum \frac{1}{2}m_i v_i^2 = \frac{1}{2}v_C^2 \sum m_i = \frac{1}{2}mv_C^2 \tag{13-12}$$

式中，$\sum m_i = m$ 是刚体的质量。因此，平动刚体的动能等于刚体的质量与质心速度平方乘积的一半。

（二）定轴转动刚体的动能

若定轴转动刚体某瞬时的角速度为 ω，则刚体上各点的速度大小 $v_i = r_i \omega$，

r_i 为该点至转轴 z 的距离，于是定轴转动刚体的动能为

$$T = \sum \frac{1}{2} m_i v_i^2 = \sum \frac{1}{2} m_i r_i^2 \omega^2 = \frac{1}{2} \omega^2 \sum m_i r_i^2$$

因 $\sum m_i r_i^2 = J_z$，是刚体绕定轴 z 的转动惯量，于是得

$$T = \frac{1}{2} J_z \omega^2$$

（13-13）

可见，定轴转动刚体的动能，等于刚体对转轴的转动惯量与其角速度平方乘积的一半。

比较式（13-12）和（13-13）可以看出 J_z 的物理意义。这里，平动速度 v_C 与转动角速度 ω 相对应，而质量 m 则与转动惯量 J_z 相对应。既然质量 m 是刚体平动时惯性的度量，那么，把转动惯量 J_z 作为刚体绕 z 轴转动时惯性的度量，也就十分明显了。

（三）平面运动刚体的动能

由运动学可知，平面运动刚体上各点的速度分析，可按刚体绕瞬轴（通过瞬心并与运动平面垂直轴）的转动来处理。若平面运动刚体某瞬时的角速度为 ω，P 点为该瞬时的速度瞬心，则由式（13-13）可得此时刚体的动能

$$T = \frac{1}{2} J_P \omega^2$$

（13-14）

式中，J_P 是刚体绕瞬轴的转动惯量。由于瞬轴的位置在不断变化，刚体对瞬轴的转动惯量一般是变量。

设刚体的质心到速度瞬心 P 的距离为 r_C（图 13-9），质心速度大小为 v_C。根据转动惯量的平行轴定理有

$$J_P = J_C + m r_C^2$$

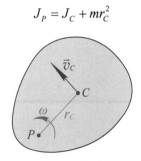

图 13-9　平面运动刚体的动能

式中，m 为刚体的质量，J_C 为刚体对于平行于瞬轴的质心轴的转动惯量，于是，式（13-14）可改写为

$$T = \frac{1}{2}(J_C + mr_C^2)\omega^2$$

$$= \frac{1}{2}J_C\omega^2 + \frac{1}{2}m(r_C\omega)^2$$

$$T = \frac{1}{2}J_C\omega^2 + \frac{1}{2}mv_C^2 \tag{13-15}$$

上式表明，平面运动刚体的动能，等于随质心平动的动能与绕质心转动的动能之和。

二、质点系的动能定理

根据质点的动能定理式（13-9），对质点系中任一质点可写出

$$\mathrm{d}(\frac{1}{2}m_iv_i^2) = \delta W_i$$

式中，δW_i 是作用在第 i 个质点上所有力的元功之和。这样的方程共有 n 个，将其相加得

$$\sum \mathrm{d}(\frac{1}{2}m_iv_i^2) = \sum \delta W_i$$

或

$$\mathrm{d}\sum \frac{1}{2}m_iv_i^2 = \sum \delta W_i$$

$$\mathrm{d}T = \sum \delta W_i \tag{13-16}$$

此式表明，质点系动能的微分，等于作用于质点系上的所有力的元功之和，这就是微分形式的质点系动能定理。

积分式（13-16）得

$$T_2 - T_1 = \sum W_i \tag{13-17}$$

式中，T_1 和 T_2 分别是质点系在某一段运动过程的起点和终点的动能。此式表明，在某一段运动路程中，质点系动能的改变量等于作用在质点系上所有的力在这段路程中所做功的和。这就是有限形式的质点系动能定理。

三、作用在质点系上力系的功

应用动能定理时，需计算质点系上所有力的功。按照质点系受力的不同特点，一种是把作用在质点系上的力按内力和外力来划分，另一种是把作用在质点系上的力按主动力和约束力来划分。下面分别来讨论。

（一）按内力和外力来划分

若用 $\sum W^{(i)}$ 表示质点系内力的功之和，$\sum W^{(e)}$ 表示质点系外力的功之和，则质点系上所有力所做功 $\sum W$ 可表示为

$$\sum W = \sum W^{(i)} + \sum W^{(e)} \qquad （13-18）$$

需要指出的是，质点系内力功之和不一定等于零。下面分析质点系中两质点 A、B 之间相互作用力 $\vec{F}_A$ 和 $\vec{F}_B$ 的元功。

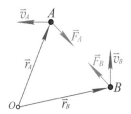

图 13-10　由两个质点组成的质点系

如图 13-10 所示，A、B 两点对固定点 O 的矢径分别为 $\vec{r}_A$ 和 $\vec{r}_B$，则

$$\vec{r}_A = \vec{r}_B + \overline{BA} = \vec{r}_B + \vec{r}$$

又 $\vec{F}_A$ 和 $\vec{F}_B$ 是相互作用力，故 $\vec{F}_B = -\vec{F}_A$，这一对相互作用力的元功之和为

$$\delta W = \vec{F}_A \cdot d\vec{r}_A + \vec{F}_B \cdot d\vec{r}_B$$
$$= \vec{F}_A \cdot d\vec{r}_A - \vec{F}_A \cdot d\vec{r}_B$$
$$= \vec{F}_A \cdot d(\vec{r}_A - \vec{r}_B)$$
$$= \vec{F}_A \cdot d(\overline{BA}) = \vec{F}_A \cdot d\vec{r}$$

令 $\vec{i} = \dfrac{\vec{r}}{r}$，则

$$\delta W = F_A \vec{i} \cdot dr\vec{i}$$

$$= F_A \cdot dr$$

这就说明，当质点系内两质点间距离变化时，内力的元功之和不等于零。因此当机械系统内部包含发动机或变形元件（如弹簧）时，内力的功应当考虑。对于刚体来说，由于任意两质点间的距离始终保持不变，刚体内力功之和恒等于零。

（二）按主动力和约束反力来划分

若用 $\sum W_F$ 表示质点系所受主动力做功之和，$\sum W_{FN}$ 表示质点系所受约束力做功之和，则质点系上所有力所做功

$$\sum W = \sum W_F + \sum W_{FN} \tag{13-19}$$

在许多情形下约束力的功之和等于零，满足这一条件的约束称为理想约束。现将理想约束力的功说明如下。

1. 光滑固定面约束。

其约束反力 $\vec{F}_N$ 恒沿法线方向，在受约束的情况下，位移 $\mathrm{d}\vec{r}$ 沿切线方向（图 13-11），故

$$\delta W = \vec{F}_N \cdot \mathrm{d}\vec{r} = 0$$

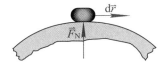

图 13-11　光滑固定面约束反力的功

2. 光滑固定铰链或光滑轴承约束。

这两种约束的约束反力的方向恒与可能发生位移的方向垂直，因此这种约束反力的功也等于零。

3. 光滑铰链约束。

两个刚体在铰接处的约束反力是一对作用力与反作用力，即 $\vec{F}_N + \vec{F}_N' = 0$，当铰接点发生微小位移 $\mathrm{d}\vec{r}$ 时（图 13-12），这两个约束力的元功为

$$\sum \delta W = \vec{F}_N \cdot \mathrm{d}\vec{r} + \vec{F}_N' \cdot \mathrm{d}\vec{r} = (\vec{F}_N + \vec{F}_N') \cdot \mathrm{d}\vec{r} = 0 \tag{13-20}$$

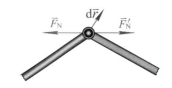

图 13-12　光滑铰链约束反力的功

4.不可伸长的柔性体约束。

如绳索、链条、皮带等柔性体约束，其约束力对质点系而言又是内力，因其不可伸长，由式（13-19）知，其约束力的功为零。

由于理想约束力不做功，故

$$\sum W = \sum W_F \tag{13-21}$$

若约束不是理想约束，摩擦力不能忽略，应将其视为未知的主动力，动摩擦力的功可按式（13-7）来计算。需要补充说明的是，圆轮做无滑动的滚动，如图 13-13 所示，轮与固定面之间存在摩擦力，但因摩擦力作用点 P 是轮的速度瞬心，故摩擦力 $\vec{F}_S$ 所做的功为

$$\delta W = \vec{F}_S \cdot d\vec{r} = \vec{F}_S \cdot \vec{v} dt = 0$$

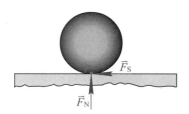

图 13-13　纯滚动圆轮摩擦力的功

由此可知轮沿固定面只滚不滑时，摩擦力所做的功恒为零。

四、作用在刚体上力系的功

应用质点系动能定理求解刚体动力学问题时，均要遇到刚体上的力系的功如何计算的问题。由于刚体运动形式的不同，其功的表达式也不同。

（一）刚体平动的情形

当刚体做平动时，刚体内各点的位移都相同，如以质心的位移 $d\vec{r}_C$ 代表刚

体的位移，则作用于刚体上力系的元功之和为

$$\delta W = \sum \vec{F} \cdot \mathrm{d}\vec{r}_C = \vec{F}_{\mathrm{R}} \cdot \mathrm{d}\vec{r}_C \qquad (13\text{-}22)$$

式中，$\vec{F}_{\mathrm{R}} = \sum \vec{F}$ 是作用于刚体上力系的主矢。

（二）刚体定轴转动的情形

刚体绕定轴 z 转动，其上一力 $\vec{F}$ 的作用点 A 的微小位移为 $\mathrm{d}\vec{r}$。由运动学可知，其方向与 A 点轨迹的切线方向相同，其大小等于 A 点至转轴的距离 R 与微小转角 $\mathrm{d}\varphi$ 的乘积，即

$$\mathrm{d}\vec{r} = R\mathrm{d}\varphi\vec{\tau}$$

若将力 $\vec{F}$ 沿切向、法向及 z 轴方向进行分解，即

$$\vec{F} = \vec{F}_{\tau} + \vec{F}_n + \vec{F}_b$$

其中分力 $\vec{F}_n$，$\vec{F}_b$ 与 $\vec{F}_{\tau}$ 垂直，也与 $\mathrm{d}\vec{r}$ 垂直，如图 13-14 所示。则力 $\vec{F}$ 的元功为

$$\delta W = \vec{F} \cdot \mathrm{d}\vec{r} = (\vec{F}_{\tau} + \vec{F}_n + \vec{F}_b) \cdot \mathrm{d}\vec{r}$$

$$= \vec{F}_{\tau} \cdot \mathrm{d}\vec{r} + \vec{F}_n \cdot \mathrm{d}\vec{r} + \vec{F}_b \cdot \mathrm{d}\vec{r}$$

$$= \vec{F}_{\tau} \cdot \mathrm{d}\vec{r} = F_{\tau}R\mathrm{d}\varphi$$

因为 $F_{\tau}R$ 等于力 $\vec{F}$ 对于转轴 z 的力矩，于是

$$\delta W = M_z(\vec{F})\mathrm{d}\varphi \qquad (13\text{-}23)$$

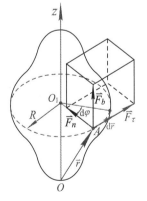

扫码看动画

图 13-14　定轴转动刚体上力的功

如果刚体上作用一个力系，则其元功为各力功的代数和，即

$$\sum \delta W = \sum M_z(\vec{F})\mathrm{d}\varphi = M_z\mathrm{d}\varphi \qquad (13\text{-}24)$$

M_z 为作用在刚体上的力系对转轴的主矩。

若力矩 M_z 是常量，则当刚体转过一角度（$\varphi_2-\varphi_1$）时，力系的总功为

$$W = M_z(\varphi_2 - \varphi_1) \tag{13-25}$$

如果作用在刚体上的是 z 方向的力偶，则该力偶所做的功仍可用上式计算，其中 M_z 应视为力偶矩矢在 z 轴上的投影。

（三）刚体平面运动的情形

当刚体做平面运动时，可将刚体的运动分解为随同质心 C 的平动与绕通过质心 C 的轴的转动，根据前两种情形的分析得知，作用于平面运动刚体上力系的元功为

$$\delta W = \vec{F}_{\mathrm{R}} \cdot \mathrm{d}\vec{r}_C + M_z \mathrm{d}\varphi \tag{13-26}$$

式中，$\vec{F}_{\mathrm{R}}$ 是力系的主矢，M_z 是力系对 C 点的主矩。由上面的结果可知，刚体做平面运动时，可将作用在刚体上的力系向质心简化为一力和一力偶，力系的功就等于此力在质心位移上的功与此力偶在刚体转动的角位移上的功的和。

质点系的动能定理建立了动能的变化和力的功之间的关系，因此对于求解运动量、力和位移等问题，可考虑应用动能定理。要正确应用动能定理，首先必须会正确计算质点系的动能和力的功。

例 13-3　均质细长杆 OA 质量为 m，长为 l，一端 O 用铰链固定，初始时杆自水平位置无初速度地落下，求杆下落至与水平线间的夹角为 φ 时的角速度与角加速度。

扫码看动画

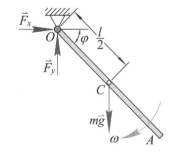

图 13-15　均质细长杆运动和受力分析

解 以杆为研究对象，杆做定轴转动，当杆由水平位置运动到图示位置时其角位移为 φ。杆受约束反力 $\bar{F}_x$、$\bar{F}_y$ 为理想约束力，其做功为零，即

$$\sum W_F = mg\frac{l}{2}\sin\varphi$$

设图示位置杆的角速度为 ω，则杆的始末动能为

$$T_1 = 0$$

$$T_2 = \frac{1}{2}J_O\omega^2 - \frac{1}{2}(\frac{1}{3}ml^2)\omega^2 = \frac{1}{6}ml^2\omega^2$$

由质点系的动能定理

$$T_2 - T_1 = \sum W_F$$

则

$$\frac{1}{6}ml^2\omega^2 - 0 = mg\frac{l}{2}\sin\varphi \qquad (1)$$

解得

$$\omega = \sqrt{\frac{3g}{l}\sin\varphi}$$

上面求得的实际上是 ω 与 φ 的函数关系，将式（1）两边对时间求导数，有

$$\frac{1}{6}ml^2 \cdot 2\omega \cdot \frac{\mathrm{d}\omega}{\mathrm{d}t} = mg\frac{l}{2}\cos\varphi \cdot \omega$$

则杆的角加速度

$$\alpha = \frac{\mathrm{d}\omega}{\mathrm{d}t} = \frac{3g}{2l}\cos\varphi$$

例 13-4 在滑轮机构中，滑轮 O 的质量为 m_1，其半径为 r，滑轮对其质心 O 的回转半径为 ρ，其上作用一逆时针转向矩为 M 的力偶。质量为 m_2 的物体 A 通过绳索与滑轮相连，如图 13-16 所示，求物体 A 上升距离 s 时的速度。假设系统从静止开始运动，绳索的质量和摩擦忽略不计。

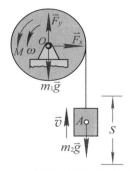

图 13-16　滑轮机构运动和受力分析

解　取滑轮与重物组成的系统为研究对象，系统所受的力有重力 $m_1\vec{g}$ 和 $m_2\vec{g}$，外力偶矩 M，O 处的约束反力 $\vec{F}_x$ 和 $\vec{F}_y$。先计算力系的功，因为 O 点没有位移，力 $m_1\vec{g}$、$\vec{F}_x$、$\vec{F}_y$ 所做的功均为零；只有力偶矩 M 和 $m_2\vec{g}$ 重力做功，则

$$\sum W = M\varphi - m_2 g \cdot s$$

设物块上升距离 s 时的速度为 $\vec{v}$，此时滑轮的角速度为 ω，则系统的始末动能为

$$T_1 = 0$$
$$T_2 = \frac{1}{2}J_O\omega^2 + \frac{1}{2}m_2 v^2$$

根据质点系的动能定理

$$T_2 - T_1 = \sum W$$

得

$$\frac{1}{2}J_O\omega^2 + \frac{1}{2}m_2 v^2 - 0 = M\varphi - m_2 g \cdot s$$

式中，$J_O = m_1\rho^2$；根据运动学条件有 $\omega = \dfrac{v}{r}$，$\varphi = \dfrac{s}{r}$，代入上式中整理得

$$\left(\frac{1}{2}m_1\frac{\rho^2}{r^2} + \frac{1}{2}m_2\right)v^2 = \left(\frac{M}{r} - m_2 g\right)\cdot s$$

解得

$$v = \sqrt{\frac{(M - m_2 gr)2rs}{m_1\rho^2 + m_2 r^2}}$$

例 13-5 一均质圆柱体质量为 m，半径为 r，从静止开始沿倾角为 θ 的斜面无滑动地滚下，如图 13-17 所示，求质心的加速度 $\vec{a}_C$、斜面的法向反力 $\vec{F}_N$ 和摩擦力 $\vec{F}_s$。

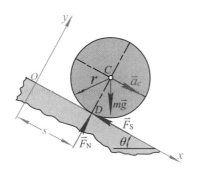

扫码看动画

图 13-17 均质圆柱运动和受力分析

解 取圆柱体为研究对象，作用在圆柱体上的力有重力 $m\vec{g}$、斜面法向反力 $\vec{F}_N$ 和摩擦力 $\vec{F}_s$。因圆柱体做无滑动的滚动，接触点 D 为速度瞬心，力 $\vec{F}_N$ 和 $\vec{F}_s$ 在运动过程中不做功，只有重力 $m\vec{g}$ 做功，设质心 C 沿斜面走过路程为 s，则

$$\sum W = mgs \cdot \sin\theta$$

圆柱做无滑动的滚动，其动能

$$T_1 = 0$$

$$T_2 = \frac{1}{2}J_C\omega^2 + \frac{1}{2}mv_C^2$$

式中，$\omega = \dfrac{v_C}{r}, J_C = \dfrac{1}{2}mr^2$，代入上式得

$$T_2 = \frac{3}{4}mv_C^2$$

根据质点系的动能定理

$$T_2 - T_1 = \sum W$$

则

$$\frac{3}{4}mv_C^2 - 0 = mgs \cdot \sin\theta$$

将上式两边对时间 t 求导数，并注意到 $v_c = \dfrac{\mathrm{d}s}{\mathrm{d}t}$ 及 $a_c = \dfrac{\mathrm{d}v_C}{\mathrm{d}t}$ 的关系，得

$$\frac{3}{4}m \cdot 2v_C a_C = mgv_C \sin\theta$$

则

$$a_C = \frac{2}{3}g\sin\theta$$

求斜面的约束力。取坐标系如图 13–17 所示，由质心运动定理：

$$\begin{cases} ma_{Cx} = \sum F_x^e \\ ma_{Cy} = \sum F_y^e \end{cases}$$

得

$$\begin{cases} ma_C = mg\sin\theta - F_S \\ 0 = F_N - mg\cos\theta \end{cases}$$

则

$$F_S = mg\sin\theta - ma_C = \frac{1}{3}mg\sin\theta$$

$$F_N = mg\cos\theta$$

从上述例题可以看出，应用动能定理解题时，对质点系既要进行受力分析又要进行运动分析。正确地计算质点系上力系的功及始末状态的动能是解题的关键。

本章小结

动能定理建立了质点系动能的变化与作用力的功之间的关系。

1. 动能的计算

（1）质点的动能：

$$T = \frac{1}{2}mv^2$$

（2）质点系的动能：

$$T = \sum \frac{1}{2}m_i v_i^2$$

（3）平动刚体的动能：

$$T = \frac{1}{2}mv_C^2$$

（4）定轴转动刚体的动能：

$$T = \frac{1}{2}J_z\omega^2$$

（5）平面运动刚体的动能：

$$T = \frac{1}{2}J_C\omega^2 + \frac{1}{2}mv_C^2$$

2. 力的功的计算

（1）力的元功：

$$\delta W = \vec{F} \cdot \mathrm{d}\vec{r}$$

（2）重力的功：

$$W = \pm mgh$$

（3）弹性力的功：

$$W = \frac{1}{2}k(\lambda_1^2 - \lambda_2^2)$$

（4）动滑动摩擦力的功：

$$W = -fF_{\mathrm{N}}s$$

（5）作用于转动刚体上力的功：

$$W = \int_{\varphi_1}^{\varphi_2} M_z(\vec{F})\mathrm{d}\varphi$$

力偶的功：

$$W = M(\varphi_2 - \varphi_1)$$

3. 动能定理

微分形式：

$$\mathrm{d}T = \sum \delta W$$

积分形式：

$$T_2 - T_1 = \sum W$$

应用时应注意，内力做功之和不一定等于零；所有理想约束力做功总和为零。因约束力在动能定理方程中不出现，对需要求解约束力的问题，应考虑用其他定理。

第十四章　达朗伯原理

学习指南

1.学习目标

（1）知识目标。解释惯性力的概念，说明质点和质点系的达朗伯原理，阐述刚体平动、定轴转动和平面运动时惯性力系简化结果，计算惯性力系的主矢和主矩。

（2）能力目标。应用达朗伯原理（动静法）求解动力学问题。

（3）素质目标。通过用动静法求解动力学问题培养求异思维和探索精神。

2.学习重点

（1）刚体平动、具有质量对称面的刚体做定轴转动和平面运动时惯性力系的简化结果。

（2）应用达朗伯原理（动静法）求解动力学问题。

3.学习难点

刚体惯性力系的简化。

　　达朗伯原理提供了一种解决动力学问题的普遍方法，这种方法的特点是用静力学中研究平衡的方法来研究动力学问题，因此又称为动静法。动静法在形式上将动力学问题化为静力平衡问题，以静力平衡方程的形式列写动力学方程。利用动静法可以很方便地求解某些动力学问题，某些力学现象利用动静法作形式上的解释也显得十分便利。

第一节 质点的惯性力

设一质点的质量为 m，加速度为 $\bar{a}$，质点所受的力为 $\bar{F}$，根据动力学第二定律有

$$\bar{F} = m\bar{a}$$

假设质点上存在 ·个力 $-\bar{F} = -m\bar{a}$，因为这个力与质点的惯性有关，所以称为质点的惯性力。若用 $\bar{F}_I$ 表示质点的惯性力，则

$$\bar{F}_I = -m\bar{a} \tag{14-1}$$

可见，质点惯性力的大小等于质点的质量与其加速度的乘积，其方向与质点加速度的方向相反，它不是真实地作用于运动质点本身，而是假想地作用于质点上。

将式（14-1）向直角坐标系投影，得质点的惯性力在直角坐标系下的投影为

$$\left.\begin{aligned} F_{Ix} &= -ma_x = -m\frac{\mathrm{d}^2 x}{\mathrm{d}t^2} \\ F_{Iy} &= -ma_y = -m\frac{\mathrm{d}^2 y}{\mathrm{d}t^2} \\ F_{Iz} &= -ma_z = -m\frac{\mathrm{d}^2 z}{\mathrm{d}t^2} \end{aligned}\right\} \tag{14-2}$$

将式（14-1）向自然轴系投影，得质点的惯性力在自然轴系下的投影为

$$\left.\begin{aligned} F_I^{\tau} &= -ma_{\tau} = -m\frac{\mathrm{d}v}{\mathrm{d}t} \\ F_I^{n} &= -ma_n = -m\frac{v^2}{\rho} \end{aligned}\right\} \tag{14-3}$$

第二节 达朗伯原理

先研究质点的达朗伯原理。设质量为 m 的质点 M，在主动力 $\bar{F}$、约束力

$\vec{F}_N$ 的作用下运动，其加速度为 $\vec{a}$，如图 14-1 所示。

扫码看动画

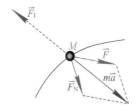

图 14-1　惯性力

根据动力学第二定律有

$$m\vec{a} = \vec{F} + \vec{F}_N$$

上式可改写为

$$\vec{F} + \vec{F}_N + (-m\vec{a}) = 0$$

由式（14-1）可知，矢量 $(-m\vec{a})$ 与质点的惯性力矢量 $\vec{F}_I$ 相等，则上式可写为

$$\vec{F} + \vec{F}_N + \vec{F}_I = 0 \qquad\qquad (14-4)$$

通过上述变换，我们把质点的动力学方程在形式上转化为静力学中的平衡方程，式（14-4）表明，在质点运动的任一瞬时，作用于质点上真实的主动力和约束反力与假想地加上的惯性力在形式上组成一平衡力系，这就是质点的达朗伯原理。应该强调指出，式（14-4）只具有静力学平衡方程的形式，而没有平衡的实质，其实质仍是动力学方程。应用达朗伯原理时，质点除受主动力和约束反力外，再假想地加上惯性力，就可以将动力学问题借用静力学的理论和方法求解，因此这种分析问题的方法又称为动静法。

虽然惯性力对于做加速运动的质点来说是虚加的力，但是，使该质点获得加速度的施力物体受到的反作用力却与质点的惯性力有关，在某些情况下，恰好等于质点的惯性力。例如，在绳的一端系一个质量为 m 的小球，小球在水平面内做匀速圆周运动，如图 14-2 所示。小球受绳的拉力 $\vec{F}_T$，产生向心加速度 $\vec{a}_n$，根据牛顿第二定律有

$$\vec{F}_T = m\vec{a}_n$$

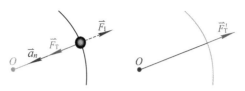

图 14-2 质点的达朗伯原理

小球对于绳的反作用力为 $\vec{F}'_{\mathrm{T}}$，则

$$\vec{F}'_{\mathrm{T}} = -\vec{F}_{\mathrm{T}} = -m\vec{a}_n = \vec{F}_{\mathrm{I}}$$

即小球作用于绳的力等于小球的惯性力。

下面研究质点系的达朗伯原理。由于质点系是由质点组成的，所以只要把质点的达朗伯原理应用于质点系内的每一个质点，就可以得到质点系的达朗伯原理。

设质点系由 n 个质点组成，其中第 i 个质点 M_i 的质量为 m_i，加速度为 $\vec{a}_i$，则该质点的惯性力为 $\vec{F}_{\mathrm{I}i} = -m_i\vec{a}_i$。该质点所受的主动力为 $\vec{F}_i$，约束反力为 $\vec{F}_{\mathrm{N}i}$，于是由质点的达朗伯原理，有

$$\vec{F}_i + \vec{F}_{\mathrm{N}i} + \vec{F}_{\mathrm{I}i} = 0 \qquad (i=1,2,\cdots,n)$$

上式说明作用于任一质点 M_i 上的主动力 $\vec{F}_i$、约束反力 $\vec{F}_{\mathrm{N}i}$ 和质点的惯性力 $\vec{F}_{\mathrm{I}i}$ 在形式上组成一个平衡力系。既然质点系内的每一个质点都在形式上组成一个平衡力系，则作用于整个质点系的力系在形式上也必然是平衡力系。由静力学中力系简化理论可知，力系平衡的条件是力系的主矢和力系向任一点 O 简化的主矩分别等于零，即

$$\left.\begin{array}{l} \sum \vec{F} + \sum \vec{F}_{\mathrm{N}} + \sum \vec{F}_{\mathrm{I}} = 0 \\ \sum \vec{M}_O(\vec{F}) + \sum \vec{M}_O(\vec{F}_{\mathrm{N}}) + \sum \vec{M}_O(\vec{F}_{\mathrm{I}}) = 0 \end{array}\right\} \qquad (14-5)$$

式（14-5）表明，在质点系运动的任一瞬时，作用于质点系上的主动力系、约束反力系和假想在每一个质点上加上的惯性力系在形式上组成一个平衡力系，这就是质点系的达朗伯原理。

若将式（14-5）向直角坐标轴上投影，在一般情况下可得六个形式上的空间力系平衡方程，通常称为动平衡方程，这些"平衡方程"实质就是质点

系的动力学方程。对于刚体和刚体系统的动力学问题，尤其是已知系统的运动求约束反力时，用达朗伯原理来求解有时是十分简便的。

例 14-1　在做水平直线运动的车厢中悬挂一单摆，当列车做匀加速运动时，摆将稳定在与铅垂线成 β 角的位置，如图 14-3（a）所示。试求列车的加速度 $\vec{a}$ 与偏角 β 的关系。

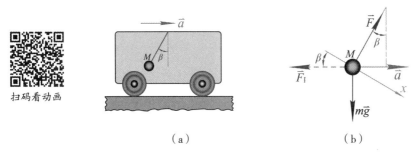

扫码看动画

（a）　　　　　　　（b）

图 14-3　车厢内的小球运动和受力分析

解　取摆锤为研究对象，作用于摆锤上的力有重力 $m\vec{g}$ 与绳子拉力 $\vec{F}$。根据达朗伯原理，再向摆锤假想地加上它的惯性力 $\vec{F}_{\mathrm{I}}$，如图 14-3（b）所示，则问题在形式上转化为汇交力系的平衡问题。取 x 轴垂直于绳子，由动平衡方程：

$$\sum F_x = 0 , \quad mg\sin\beta - F_{\mathrm{I}}\cos\beta = 0$$

式中，$F_{\mathrm{I}} = ma$，解得

$$a = g\tan\beta$$

例 14-2　在半径为 R 的光滑球顶上放一小物块，如图 14-4 所示。设物块自球顶由静止沿球面滑下，求此物块脱离球面时的位置。

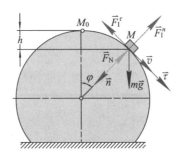

图 14-4　物块的运动和受力分析

解 取物块为研究对象，物块在任一瞬时的位置以 φ 角表示，其所受的作用力有重力 $m\vec{g}$、球面的约束反力 $\vec{F}_N$。由于物块做圆周运动，设此时物块的速度为 $\vec{v}$，则其切向加速度为 $\vec{a}_\tau = \dfrac{dv}{dt}\vec{\tau}$，法向加速度为 $\vec{a}_n = \dfrac{v^2}{R}\vec{n}$。在物块上沿 $\vec{a}_\tau$ 相反的方向假想地加上切向惯性力 $\vec{F}_I^\tau$，其大小为 $F_I^\tau = m\dfrac{dv}{dt}$，沿 $\vec{a}_n$ 相反的方向假想地加上法向惯性力 $\vec{F}_I^n$，其大小为 $F_I^n = m\dfrac{v^2}{R}$。根据达朗伯原理，力 $m\vec{g}$、$\vec{F}_N$ 和虚加的惯性力 $\vec{F}_I^\tau$、$\vec{F}_I^n$ 在形式上组成平衡力系。自然轴系如图 14-4 所示，则物块的动平衡方程为

$$\sum F_\tau = 0 , \quad mg\sin\varphi - m\frac{dv}{dt} = 0 \tag{1}$$

$$\sum F_n = 0 , \quad mg\cos\varphi - F_N - m\frac{v^2}{R} = 0 \tag{2}$$

积分式（1）可得

$$\frac{1}{2}mv^2 - 0 = mgR(1 - \cos\varphi)$$

则

$$v^2 = 2gR(1 - \cos\varphi)$$

将上式代入式（2），解得

$$F_N = mg(3\cos\varphi - 2) \tag{3}$$

从式（3）可知，约束反力 F_N 随着 φ 角的增大而减小。当 $F_N=0$ 时，物块即开始脱离球面，设此时物块的位置以 φ_m 角表示，则

$$\cos\varphi_m = \frac{2}{3}, \varphi_m = 48°11'$$

若设物块下降高度为 h 时开始脱离球面，则

$$\cos\varphi_m = \frac{R-h}{R} = \frac{2}{3}$$

$$h = \frac{R}{3}$$

例 14-3 杆 CD 长 $2L$，两端各装一重物，其质量 $m_1 = m_2 = m$，杆的中间与

铅垂轴 AB 固结，两者的夹角为 β，轴 AB 以匀角速度 ω 转动，轴承 A、B 间的距离为 h（图 14-5）。不计杆与轴的重量，求轴承 A、B 的约束反力。

扫码看动画

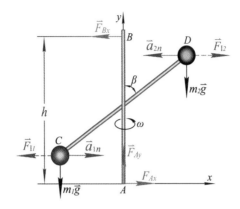

图 14-5　求轴承 A、B 的约束反力

解　取整体为研究对象，在图示位置取坐标系 Axy。作用于系统上的力有重力 $m_1\vec{g}$、$m_2\vec{g}$ 和轴承 A、B 处的约束反力 $\vec{F}_{Ax}$、$\vec{F}_{Ay}$ 和 $\vec{F}_{Bx}$。由于两重物在水平面内做匀速圆周运动，所以两重物只有法向加速度，其大小为 $\vec{a}_{1n} = \vec{a}_{2n} = L\omega^2 \sin\beta$，在两重物上沿法向加速度相反的方向各假想地加上一法向惯性力 $\vec{F}_{I1}^n$、$\vec{F}_{I2}^n$，其大小为

$$\vec{F}_{I1}^n = \vec{F}_{I2}^n = m(L\sin\beta)\omega^2$$

根据达朗伯原理，$m_1\vec{g}$、$m_2\vec{g}$、$\vec{F}_{Ax}$、$\vec{F}_{Ay}$、$\vec{F}_{Bx}$ 和虚加的惯性力 $\vec{F}_{I1}^n$、$\vec{F}_{I2}^n$ 在形式上组成平衡力系，于是由系统的动平衡方程有

$$\sum F_x = 0, \quad F_{Ax} - F_{Bx} + F_{I2}^n - F_{I1}^n = 0$$

$$\sum F_y = 0, \quad F_{Ay} - 2mg = 0$$

$$\sum M_A(\vec{F}) = 0, \quad F_{Bx} \cdot h - 2(mL\omega^2 \sin\beta)L\cos\beta = 0$$

解上述方程得

$$F_{Ax} = F_{Bx} = m\frac{L^2\omega^2}{h}\sin 2\beta$$

$$F_{Ay} = 2mg$$

第三节 刚体惯性力系的简化

应用质点系的达朗伯原理时，需要在每个质点上假想地加一个惯性力，这些力组成一个惯性力系。如果质点系由有限个质点组成，在每个质点假想地加上惯性力是可行的，但是非常烦琐。对于含有无穷多个质点的特殊质点系刚体，在其内每个质点加上它的惯性力，这些惯性力组成一惯性力系，我们可以运用静力学中力系简化的方法将刚体的惯性力系向一点简化，用简化的结果来等效地代替原来的惯性力系。

由静力学的力系简化理论可知，任意力系可向任一点简化，最终简化为一个力和一个力偶，这个力等于力系的主矢，这个力偶的矩等于力系对简化中心的主矩。主矢与简化中心的位置无关，而主矩则一般与简化中心的位置有关。这些结论同样适用于刚体惯性力系的简化。下面分别对刚体做平动、定轴转动和平面运动时的惯性力系进行简化。

一、刚体做平动

当刚体做平动时，每一瞬时刚体内各质点的加速度相同，都等于刚体质心的加速度 $\bar{a}_C$ ，即 $\bar{a}_i = \bar{a}_C$ ，则任一质量为 m_i 的质点 M_i 的惯性力为

$$F_{Ii} = -m_i a_i = -m_i a_C$$

可见，刚体上各质点的惯性力构成空间的平行力系（图 14-6）。将这个力系向质心 C 简化，由平行力系中心的概念可知，这个力系可简化为通过质心 C 的合力，这个合力等于力系的主矢，即

$$\bar{F}_{IR} = \sum \bar{F}_I = \sum (-m_i \bar{a}_i) = -m \bar{a}_C \tag{14-6}$$

式中，$m = \sum m_i$ 为刚体的质量。以上分析表明：刚体做平动时，惯性力系简化为通过质心 C 的一个合力，其大小等于刚体的质量与加速度的乘积，方向与加速度的方向相反。

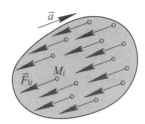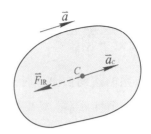

图 14-6　平动刚体惯性力系的简化

二、刚体做定轴转动

这里仅限于研究刚体具有质量对称平面且转轴垂直于此平面的情形。这是工程实际中常见的一种重要情形。

设垂直于转轴的质量对称平面截定轴转动刚体得到平面图形 S，过该平面内任一点 M_i 作与定轴 z 平行的线段 A_iA_i'，M_i 点是线段的中点，如图 14-7（a）所示。

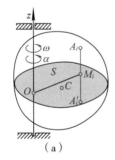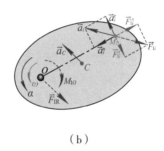

（a）　　　　　　　（b）

图 14-7　定轴转动刚体惯性力系的简化

刚体绕 z 轴转动时，线段 A_iA_i' 始终与 z 轴平行，即该线段做平动。因此，刚体在此线段上的各质点的惯性力可合成为一个力 $\vec{F}_{Ii}$，$\vec{F}_{Ii}$ 作用于线段上各质点的质心处，即对称面 S 内的 M_i 点处，其主矢为

$$\vec{F}_{Ii} = -m_i\vec{a}_i$$

式中，m_i 为线段 A_iA_i' 上所有质点质量之和，$\vec{a}_i$ 为线段上任一点（例如 m_i 点）的加速度。这样，就将整个刚体的惯性力系从空间力系转化为对称平面内的平面力系。再将该平面力系向定轴 z 与对称面的交点 O 点简化，如图 14-7

（b）所示。设刚体的质量为 m，质心的加速度为 a_C，则惯性力系的主矢为

$$\vec{F}_{IR} = \sum \vec{F}_I = \sum (-m_i \vec{a}_i)$$

由质心运动定理可知

$$\sum m_i \vec{a}_i = m\vec{a}_C$$

于是

$$\vec{F}_{IR} = -m\vec{a}_C$$

下面来研究惯性力系对 O 点的主矩。设对称面内任一质点 M_i 的质量为 m_i，其切向加速度为 $\vec{a}_i^\tau$，法向加速度为 $\vec{a}_i^n$，则其切向惯性力为 $\vec{F}_{Ii}^\tau$，法向惯性力为 $\vec{F}_{Ii}^n$，因为 $\vec{F}_{Ii}^n$ 的作用线通过 O 点，所以其对 O 点的力矩 $\sum M_O(\vec{F}_{Ii}^n) = 0$。这样，惯性力系对 O 点的主矩为

$$\begin{aligned}
M_{IO} &= \sum M_O(\vec{F}_{Ii}) = \sum M_O(\vec{F}_{Ii}^\tau) + \sum M_O(\vec{F}_{Ii}^n) \\
&= \sum M_O(\vec{F}_{Ii}^\tau) = -\sum (m_i r_i \alpha) r_i \\
&= -\sum (m_i r_i^2) \alpha \\
&= -J_z \alpha
\end{aligned}$$

以上结果表明，刚体定轴转动时，其惯性力系向转动中心简化为一个力和一个力偶。这个力的大小等于刚体的质量与质心加速度的乘积，方向与质心加速度方向相反，作用线通过转动中心；这个力偶的矩等于刚体对转轴的转动惯量与角加速度的乘积，作用在垂直于转轴的对称平面内，转向与角加速度的转向相反。

显然，当有以下特殊情况时：

（1）转轴通过质心 C，且 $\alpha \neq 0$。由于 $a_C = 0$，故 $F_{IR} = 0$，此时惯性力系简化为一力偶 $M_{IO} = -J_z \alpha$。

（2）刚体做匀速转动，且转轴不通过质心 C。由于 $\alpha = 0$，故 $M_{IO} = 0$。此时惯性力系简化为通过 O 点的一力 $\vec{F}_{IR} = -m\vec{a}_C$。

三、刚体做平面运动

这里仅讨论刚体具有质量对称平面且刚体做平行于此平面运动的情形。与定轴转动的处理方法一样，首先将刚体的惯性力系简化为对称平面的平面

力系，对称平面为平面运动刚体通过质心 C 的平面图形，如图 14-8 所示。

图 14-8　平面运动刚体惯性力系的简化

由运动学知道，若取质心 C 为基点，则刚体的平面运动可分解为随同质心 C 的平动与绕通过质心 C 且垂直于对称平面的轴的转动。随质心 C 平动部分的惯性力系可简化为一合力，即惯性力系的主矢；绕通过质心的轴转动部分的惯性力系又可简化为一力偶，其矩即惯性力系对质心的主矩。根据上述可知惯性力系的主矢和主矩分别为

$$\left.\begin{array}{l} \vec{F}_{IR} = \sum \vec{F}_I = -m\vec{a}_C \\ M_{IC} = \sum M_C(\vec{F}) = -J_C\alpha \end{array}\right\}$$

上式表明，刚体做平面运动时，惯性力系简化为通过质心 C 的一力和一力偶。此力大小等于刚体的质量与质心加速度的乘积，方向与质心加速度的方向相反；此力偶之矩等于刚体对通过质心且垂直于对称平面的轴的转动惯量与角加速度的乘积，转向与角加速度的转向相反。

例 14-4　质量为 m 的货箱放在一平车上，货箱与平车间的摩擦因数为 f_s，尺寸如图 14-9 所示。欲使货箱在平车上不滑也不翻，平车的加速度 a 应为多少？

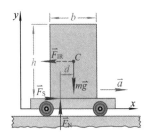

图 14-9　货箱的运动和受力分析

解　取货箱为研究对象，其上的作用力有重力 $m\bar{a}$，摩擦力 $\bar{F}_{\mathrm{S}}$ 和法向约束反力 $\bar{F}_{\mathrm{N}}$。货箱做平动，在质心 C 处沿加速度 $\bar{a}$ 相反的方向虚加惯性力 $\bar{F}_{\mathrm{IR}} = -m\bar{a}$。列出动平衡方程

$$\sum F_x = 0，\quad F_{\mathrm{S}} - F_{\mathrm{IR}} = 0$$

$$\sum F_y = 0，\quad F_{\mathrm{N}} - mg = 0$$

$$\sum M_C(\bar{F}) = 0，\quad F_{\mathrm{S}} \cdot \frac{h}{2} - F_{\mathrm{N}}d = 0$$

解得

$$F_{\mathrm{S}} = F_{\mathrm{IR}} = ma$$
$$F_{\mathrm{N}} = mg$$
$$d = \frac{ah}{2g}$$

货箱不滑的条件是 $F_{\mathrm{S}} \leqslant f_{\mathrm{S}}F_{\mathrm{N}}$，即

$$ma \leqslant f_{\mathrm{S}}F_{\mathrm{N}}$$

$$a \leqslant f_{\mathrm{S}}g$$

由此得货箱不翻的条件是 $d \leqslant \dfrac{b}{2}$，即

$$\frac{ah}{2g} \leqslant \frac{b}{2}$$

$$a \leqslant \frac{b}{h}g$$

故保证货箱不滑也不翻的条件为 a 要小于等于 $f_{\mathrm{S}}g$ 和 $\dfrac{b}{h}g$ 中的小者。

例 14-5　质量为 m、半径为 r 的均质圆盘可绕垂直于盘面的水平轴 O 转动，O 轴正好通过圆盘的边缘，如图 14-10 所示。圆盘从半径 CO 处于铅直的位置 1（图中虚线所示）无初速地转下，求当圆盘转到 CO 成为水平的位置 2（图中实线所示）时 O 轴的约束反力。

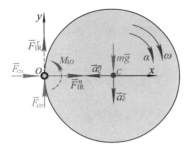

图 14-10　均质圆盘的运动和受力分析

解　取圆盘为研究对象。应用达朗伯原理需知道圆盘在 2 位置时的角速度，对圆盘从位置 1 到位置 2 这一过程应用动能定理，得

$$\frac{1}{2}J_O\omega^2 - 0 = mgr$$

式中，

$$J_O = \frac{1}{2}mr^2 + mr^2 = \frac{3}{2}mr^2$$

代入动能定理表达式解得

$$\omega^2 = \frac{4g}{3r}$$

圆盘在 2 位置受重力 $m\vec{g}$ 及 O 轴的约束反力 $\vec{F}_{Ox}$ 和 $\vec{F}_{Oy}$，如图 14-10（b）所示。为应用达朗伯原理，将惯性力系向 O 点简化，得惯性力 $\vec{F}_{IR}^{\tau}$、$\vec{F}_{IR}^{n}$ 和惯性力偶 M_{IO}，其大小分别为

$$F_{IR}^{\tau} = mr\alpha, \quad F_{IR}^{n} = mr\omega^2, \quad M_{IO} = J_O\alpha = \frac{3}{2}mr^2\alpha$$

方向如图 14-10 所示。则由动平衡方程

$$\sum M_O(\vec{F}) = 0, \quad \frac{3}{2}mr^2\alpha - mgr = 0$$

解得

$$\alpha = \frac{2g}{3r}$$

$$\sum F_y = 0, \quad F_{Oy} + F_{IR}^{\tau} - mg = 0$$

解得

$$F_{Oy} = mg - mr\alpha = \frac{mg}{3}$$

$$\sum F_x = 0 , \qquad F_{Ox} + F_{IR}^{n} = 0$$

解得

$$F_{Ox} = -mr\omega^2 = -\frac{4}{3}mg$$

例 14-6 车辆的主动轮沿水平直线轨道运动，如图 14–11 所示。设轮质量为 m，半径为 r，对轮轴的回转半径为 ρ，车身的作用力可简化为作用于轮的质心的力 $\vec{F}_1$ 和 $\vec{F}_2$ 及驱动转矩 M，轮与轨道间的摩擦因数为 f_s，不计滚动摩擦，求轮心的加速度。

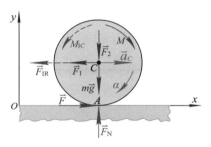

扫码看动画

图 14–11 车轮的运动和受力分析

解 主动轮为研究对象。作用于轮上的主动力有重力 $m\vec{g}$，车身的作用力 $\vec{F}_1$、$\vec{F}_2$ 及驱动转矩 M；约束反力有轨道的法向反力 $\vec{F}_N$ 和摩擦力 $\vec{F}$。主动轮做平面运动，设质心 C 的加速度为 $\vec{a}_C$，轮的角加速度为 α，将轮的惯性力系向质心 C 简化得惯性力 $\vec{F}_{IR}$ 及惯性力偶 M_{IC}，其大小为

$$F_{IR} = ma_C , \qquad M_{IC} = J_C\alpha = m\rho^2\alpha$$

其方向如图 14–11 所示。由达朗伯原理，上述各力在形式上组成一平衡力系，显然这是个平面力系，可写出三个"平衡方程"，但未知量却有 a_C、α、F 和 F_N 四个，需要补充一个方程才能求出全部解。下面分两种情况来研究。

（1）若车轮纯滚而不滑动，则 A 点是车轮的速度瞬心，$\vec{F}$ 为静摩擦力 $\vec{F}_s$，则运动的约束条件为

$$a_C = r\alpha$$

建坐标系如图 14-11，轮的动平衡方程为

$$\sum F_x = 0 , \quad F_S - F_{IR} - F_1 = 0$$

$$\sum F_y = 0 , \quad F_N - mg - F_2 = 0$$

$$\sum M_C(\bar{F}) = 0 , \quad M_{IC} - M + F_S r = 0$$

以上四个方程联立求解得

$$a_C = \frac{(M - F_1 r)r}{m(r^2 + \rho^2)}$$

$$F_N = mg + F_2$$

$$F_S = \frac{F_1 \rho^2 + Mr}{\rho^2 + r^2}$$

要保证车轮纯滚而不滑动，则应满足 $F_S < f_S F_N$，即

$$\frac{F_1 \rho^2 + Mr}{\rho^2 + r^2} < f_S(mg + F_2)$$

解得

$$M < \frac{f_S(mg + F_2)}{(\rho^2 + r^2)r} - \frac{F_1 \rho^2}{r}$$

可见，当 M 一定时，摩擦因数 f_S 愈大，车轮愈不易滑动。故在冰雪路面行车，由于摩擦因数减小使车轮容易打滑，车轮常安装防滑链或在路面撒沙，以增大摩擦因数。

（2）若车轮有滑动，则摩擦力为动摩擦力，即有

$$F = fF_N \approx f_S F_N$$

式中，f 为动摩擦因数，则

$$\sum F_x = 0 , \quad -ma_C - F_1 + F = 0$$

解得

$$a_C = \frac{f_S(mg + F_2) - F_1}{m}$$

显然，这也就是纯滚时加速度所能达到的最大值。

👍 本章小结

1. 质点的惯性力定义为

$$\vec{F}_I = -m\vec{a}$$

应用达朗伯原理解题时，惯性力不是作用于物体上的真实力，而是物体由于受到施力物体作用产生加速度，物体给予施力物体的反作用力。达朗伯原理就是把物体给予施力物体的反作用力假想地加在物体本身上而形成的动静法。

2. 质点的达朗伯原理：在质点运动的任一瞬时，真实作用于质点上的主动力 $\vec{F}$、约束反力 $\vec{F}_N$ 和虚加的惯性力 $\vec{F}_I$ 在形式上组成平衡力系，即

$$\vec{F} + \vec{F}_N + \vec{F}_I = 0$$

3. 质点系的达朗伯原理：在质点系运动的任一瞬时，真实作用于质点系上的主动力系、约束反力系和假想地加于质点系上的惯性力系在形式上组成平衡力系，即

$$\sum \vec{F} + \sum \vec{F}_N + \sum \vec{F}_I = 0$$
$$\sum \vec{M}_O(\vec{F}) + \sum \vec{M}_O(\vec{F}_N) + \sum \vec{M}_O(\vec{F}_I) = 0$$

4. 刚体惯性力系的简化结果。

（1）刚体做平动时，惯性力系简化为一个通过质心的合力：

$$\vec{F}_{IR} = -m\vec{a}_C$$

（2）刚体做定轴转动时，具有质量对称平面的且转轴垂直于此平面其交点为 O 的定轴转动刚体，惯性力系向 O 点简化的结果为一力 $\vec{F}_{IR}$ 和一力偶 M_{IO}：

$$\vec{F}_{IR} = -m\vec{a}_C$$
$$M_{IO} = -J_z \alpha$$

（3）刚体做平面运动时，具有质量对称平面且对称面在自身平面内运动的情形，惯性力系向质心 C 点简化的结果为一力 $\vec{F}_{IR}$ 和一力偶 M_{IC}。

$$\vec{F}_{IR} = -m\vec{a}_C$$
$$M_{IC} = -J_C \alpha$$

第十五章　刚体定点运动与陀螺近似理论

学习指南 ☝ ┄┄┄┄┄┄┄┄┄┄┄┄┄┄┄┄┄┄┄┄┄┄┄┄┄┄┄┄┄●

1. 学习目标

（1）知识目标。解释刚体定点运动、刚体一般运动和欧拉角的概念，说明刚体转动时角速度合成定理，解释陀螺的概念，阐述赖柴定理的内容，描述陀螺的定轴性和章动性，说明陀螺的进动性及进动规律，解释陀螺效应和陀螺力矩理论。

（2）能力目标。综合运用力学知识分析陀螺的运动，应用陀螺的运动特性解释陀螺现象，分析陀螺仪的工作原理。

（3）素质目标。提升基于陀螺近似理论的专业素养。

2. 学习重点

（1）陀螺的进动性及进动规律。

（2）陀螺效应和陀螺力矩。

3. 学习难点

（1）陀螺的进动规律。

（2）陀螺效应。

本章将给出刚体定点运动的概念、刚体定点运动的欧拉运动学方程和欧拉动力学方程，并对在工程中获得大量应用的陀螺的运动规律和特性进行简要的分析。通过学习，了解和掌握飞行器相对质心的运动（姿态变化）规律，以及陀螺仪在现代导航技术中的应用。

第一节　刚体定点运动的概念·欧拉角

刚体运动时，若刚体内或其延拓体上有一点在空间的位置保持不动，则这种运动称为刚体的定点运动。刚体定点运动也是刚体运动的一种基本形式，这是因为刚体的一般运动可视为随同任选基点的平动和相对基点的定点运动的叠加。工程中，锥形行星轮的运动［图 15-1（a）］、陀螺的运动［图 15-1（b）］、以及框架陀螺仪中转子的运动［图 15-1（c）］等都是刚体定点运动的实例。

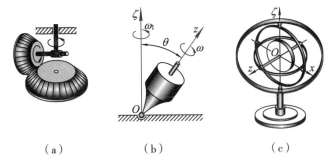

（a）　　　　　　（b）　　　　　　（c）

图 15-1　刚体定点运动实例

一、确定定点运动刚体位置的独立变量个数

我们知道，确定物体位置的独立参变量个数与它的运动方程的个数相同。一个质点，确定它的位置需要 3 个独立的参变量；做定轴转动的刚体，确定它的位置需要 1 个独立的参变量；做平面运动的刚体，确定它的位置需要 3 个独立的参变量。显然，确定定点运动刚体在空间的位置，只要确定刚体内不在同一直线上的三个点的位置，刚体的位置就确定了。每一质点既然要三个独立变量来确定它的位置，而确定刚体的位置需要确定刚体内不共线的三点 A、B、C（图 15-2）的位置，因此，确定刚体的位置需要 9 个变量，但这 9 个变量并不独立，由刚体上任意两点间的距离保持不变的性质，三点间的距离 AB、BC、CA 是常数，所以实际上只要 6 个独立变量就可以确定做一般运动刚体在空间的位置。对定点运动刚体，相对于刚体的一般运动，又固定了其上一点的位置，因此，确定定点运动刚体的位置只要 3 个独立变量。

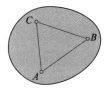

图 15-2　刚体内不共线的三点 *A*、*B*、*C*

二、欧拉角

为了确定定点运动刚体在空间的位置，以定点 O 为原点，取固定坐标系 $O\xi\eta\zeta$，再取与刚体固连的动坐标系 $Oxyz$（图 15-3），则动坐标系 $Oxyz$ 的运动就代表了刚体的运动，刚体在空间的位置就取决于动坐标系 $Oxyz$ 在定坐标系 $O\xi\eta\zeta$ 中的位置。

确定动坐标系位置的方法很多，比较常用的是引进三个欧拉角。

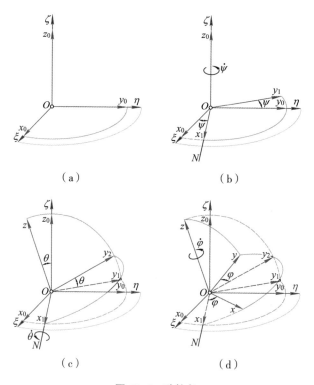

图 15-3　欧拉角

在图 15-3（d）中，动坐标平面 Oxy 与定坐标平面 $O\xi\eta\zeta$ 的交线 ON 称为

节线，用 ψ 表示节线 ON 与定轴 ζ 之间的夹角，这个角在坐标平面 $O\xi\eta$ 内。用 θ 表示动轴 z 与定轴 ζ 之间的夹角，这个角在与节线 ON 相垂直的平面 $Oz\zeta$ 内。用 φ 表示动轴 x 与节线 N 之间的夹角，这个角在动平面 Oxy 内。上述三个角度 ψ、θ、φ 分别以 ζ、ON、z 为轴，按照右手规则决定其正负号。这三个角统称为欧拉角，其中 ψ 称为进动角，θ 称为章动角，而 φ 称为自转角。三个欧拉角唯一地确定了动坐标系 $Oxyz$ 相对于定坐标系 $O\xi\eta\zeta$ 的位置，从而唯一地确定了绕定点转动的刚体在空间的位置。

设运动开始时，动坐标系 $Ox_0y_0z_0$ 与固定坐标系 $O\xi\eta\zeta$ 相重合 [图 15-3 (a)]，以下说明只需通过下列三次转动就能使动坐标系运动到任意位置 $Oxyz$。首先做进动，将 $Ox_0y_0z_0$ 绕定轴 ζ 转过 ψ 角 [图 15-3 (b)]，使 $Ox_0y_0z_0$ 转到 $Ox_1y_1z_0$，动轴 x_1 与节线 ON 重合；然后做章动，将 $Ox_1y_1z_0$ 绕节线 ON 转过 θ 角 [图 15-3 (c)]，使 $Ox_1y_1z_0$ 转到 Ox_1y_2z；最后做自转，使 Ox_1y_2z 绕轴 z 轴转 φ 角 [图 15-3 (d)]，使 Ox_1y_2z 转到 $Oxyz$。

当刚体运动时，欧拉角 ψ、θ、φ 一般将随时间而变化，所以欧拉角是时间 t 的单值连续函数，可以写成表达式：

$$\psi = f_1(t) , \quad \theta = f_2(t) , \quad \varphi = f_3(t) \tag{15-1}$$

这一组方程称为刚体的定点运动方程，它完全确定了绕定点转动的刚体每一瞬时在空间的位置。

第二节　欧拉运动学方程

欧拉运动学方程建立了欧拉角及其导数与刚体定点运动角速度投影的关系式。

一、刚体定点运动的角速度

刚体同时绕两个相交轴的转动，是刚体定点运动的特例。现在通过这个特例来说明如何确定刚体定点转动的角速度。

如图 15-4 (a) 所示，设刚体相对于框架 OAB 以角速度 $\bar{\omega}_1$ 绕 z_1 轴转动，

z_1 轴又以角速度 $\bar{\omega}_2$ 绕定轴 z_2 转动，显然，刚体绕轴 z_1 与轴 z_2 转动的合成运动即是刚体相对固定点 O 的定点运动。取框架 OAB 为动参考系，则前一转动为相对运动，后一转动为牵连运动。

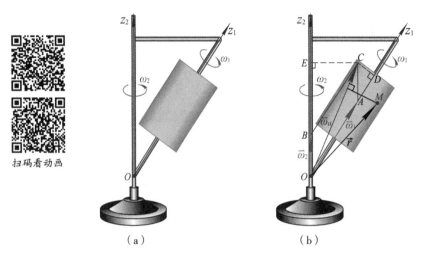

扫码看动画

（a）　　　　　　　　　　（b）

图 15-4　刚体定点运动的角速度合成定理

下面我们来证明刚体的定点运动就是绕过定点的某一瞬时轴的转动。

如图 15-4（b）所示，设矢量 OA 和 OB 分别表示相对角速度 $\bar{\omega}_1$ 和牵连角速度 $\bar{\omega}_2$，以矢量 OA 和 OB 为邻边作平行四边形 $OACB$，得对角线 OC。现在来证明，OC 所在直线就是瞬时转动轴，矢量 OC 就代表刚体定点运动的绝对角速度 $\bar{\omega}$。

显然，两个转轴的交点即为定点，其绝对速度等于零。为了证明 OC 直线是瞬时转动轴，只需证明 C 点的绝对速度也等于零。根据速度合成定理，C 点的绝对速度 $\bar{v}_a = \bar{v}_e + \bar{v}_r$，其中 C 点的牵连速度大小等于 $\bar{\omega}_2 \cdot EC$，方向垂直于纸面向里；C 点的相对速度大小等于 $\bar{\omega}_1 \cdot CD$，方向垂直于纸面向外。容易看出，乘积 $\bar{\omega}_2 \cdot EC$ 和 $\bar{\omega}_1 \cdot CD$ 都等于平行四边形 $OACB$ 的面积，从而 C 点的牵连速度 $\bar{v}_e$ 和相对速度 $\bar{v}_r$ 大小相等、方向相反，故 C 点的绝对速度为零。根据刚体的性质，若其上两点的速度为零，则该两点连线上各点的速度必然都为零，即 OC 所在直线上各点的速度为零，称 OC 所在直线为刚体定点运动的瞬时转动轴，简称瞬轴。很明显，瞬轴在空间的位置一般是随时间而变的，而且在不同的瞬时，瞬轴在刚体内的位置也并不相同。从这个意义上来说，刚体的定点运动，就是在不同瞬时，刚体就像绕通过定点的某根轴的定轴转动一样，只不过这根轴（瞬轴）的方位随时间在不断地变化。

下面我们来分析定点运动刚体的角速度与绕过定点的相交轴转动的角速度之间的关系。

设点 M 为刚体内不在瞬轴上的任意一点，其矢径为 $\bar{r}$，如图 15-4（b）所示。则该点的牵连速度和相对速度为

$$\bar{v}_e = \bar{\omega}_2 \times \bar{r}$$

$$\bar{v}_r = \bar{\omega}_1 \times \bar{r}$$

故 M 点的绝对速度为

$$\bar{v}_a = \bar{v}_e + \bar{v}_r = (\bar{\omega}_2 + \bar{\omega}_1) \times \bar{r}$$

另外，若以 $\bar{\omega}$ 表示刚体绕瞬轴转动的绝对角速度，则点 M 的速度为

$$\bar{v}_a = \bar{\omega} \times \bar{r}$$

比较上两式可得

$$\bar{\omega} = \bar{\omega}_2 + \bar{\omega}_1$$

亦即

$$\bar{\omega} = \bar{\omega}_1 + \bar{\omega}_2$$

上式很容易推广到刚体绕 n 个相交轴转动的一般情形，即

$$\bar{\omega} = \bar{\omega}_1 + \bar{\omega}_2 + \cdots + \bar{\omega}_n \tag{15-2}$$

上式表明，刚体绕多个相交轴转动的合成运动，可视为绕通过定点 O 的某一瞬轴的转动，绕瞬轴转动的角速度等于各分转动角速度的矢量和。

二、欧拉运动学方程

当刚体运动时，三个欧拉角一般都随时间变化，其对应的转动角速度分别为

$$\left.\begin{array}{l} \dot{\psi} = \dfrac{\mathrm{d}\psi}{\mathrm{d}t} \\[2mm] \dot{\theta} = \dfrac{\mathrm{d}\theta}{\mathrm{d}t} \\[2mm] \dot{\varphi} = \dfrac{\mathrm{d}\varphi}{\mathrm{d}t} \end{array}\right\} \tag{15-3}$$

式中，$\dot{\psi}$ 称为进动角速度，$\dot{\theta}$ 称为章动角速度，$\dot{\varphi}$ 称为自转角速度。这三个转动是同时进行的，其合成运动是绕瞬时轴的转动。

为了用 $\dot{\psi}$、$\dot{\theta}$ 与 $\dot{\varphi}$ 表示刚体绕瞬轴的角速度，设 $\vec{k}$、$\vec{n}$、$\vec{k}'$ 分别代表轴 z、节线 ON 和轴 ζ 方向的单位矢量 [图 15-5（a）]，则根据刚体绕相交轴转动的合成法则，由式（15-2）得

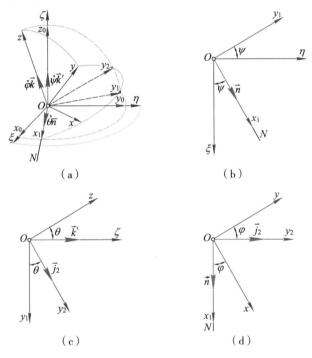

图 15-5 欧拉角的产生

$$\vec{\omega} = \dot{\psi}\vec{k}' + \dot{\theta}\vec{n} + \dot{\varphi}\vec{k} \qquad (15-4)$$

刚体绕瞬轴转动的角速度 $\vec{\omega}$ 在刚体坐标系（动坐标系）下的分量表达式可写为

$$\vec{\omega} = \omega_x\vec{i} + \omega_y\vec{j} + \omega_z\vec{k} \qquad (15-5)$$

式中，$\vec{i}$，$\vec{j}$，$\vec{k}$ 分别是动坐标系 x, y, z 轴的单位矢量。

下面分析角速度 $\vec{\omega}$ 在动轴 x、y、z 上的投影 ω_x、ω_y、ω_z 与欧拉角及其导数之间的关系。为此应找出式（15-4）中单位矢量 $\vec{k}'$ 与 $\vec{n}$ 和单位矢量 $\vec{i}$、$\vec{j}$、$\vec{k}$ 之间的关系。

根据欧拉角的描述，动坐标系 $Ox_0y_0z_0$ 经过三次定轴转动转到 $Oxyz$ 的位置，即先做进动，再做章动，最后做自转。每次转动后与转轴垂直的各坐标轴方位的变化如图 15-5 所示。

由图 15-5（c）得

$$\vec{n} = \cos\varphi\vec{i} - \sin\varphi\vec{j}$$
$$\vec{j}_2 = \sin\varphi\vec{i} + \cos\varphi\vec{j}$$

由图 15-5（b）可以看出

$$\vec{k}' = \sin\theta\vec{j}_2 + \cos\theta\vec{k}$$

即

$$\vec{k}' = \sin\theta(\sin\varphi\vec{i} + \cos\varphi\vec{j}) + \cos\theta\vec{k} = \sin\theta\sin\varphi\vec{i} + \sin\theta\cos\varphi\vec{j} + \cos\theta\vec{k}$$

将上面的 $\vec{k}'$ 与 $\vec{n}$ 的表达式代入式 15-4 得

$$\vec{\omega} = (\dot{\psi}\sin\theta\sin\varphi + \dot{\theta}\cos\varphi)\vec{i} + (\dot{\psi}\sin\theta\cos\varphi - \dot{\theta}\sin\varphi)\vec{j} + (\dot{\psi}\cos\theta + \dot{\varphi})\vec{k}$$

故角速度 $\vec{\omega}$ 在动坐标系下的投影为

$$\left.\begin{aligned}
\omega_x &= \dot{\psi}\sin\theta\sin\varphi + \dot{\theta}\cos\varphi \\
\omega_y &= \dot{\psi}\sin\theta\cos\varphi + \dot{\theta}\sin\varphi \\
\omega_z &= \dot{\psi}\cos\varphi + \dot{\varphi}
\end{aligned}\right\} \tag{15-6}$$

式（15-6）称为刚体定点运动的欧拉运动学方程。当然也可将式（15-4）投影到固定坐标系 $O\xi\eta\zeta$ 各轴上，得到 $\vec{\omega}$ 在固定坐标系下的投影。若欧拉角 ψ、θ、φ 都是已知的时间函数时，则按式（15-6）可计算出角速度在三个动坐标轴上的投影。若已知刚体定点运动的角速度而欲求刚体的定点运动方程，则问题归结为一组非线性微分方程的求解问题。

第三节　欧拉动力学方程

欧拉动力学方程就是动量矩定理应用于定点运动刚体的投影方程式。它反映了定点运动刚体的运动与受力之间的关系，也就是刚体定点运动的运动微分方程。

一、定点运动刚体内各点速度在坐标轴上的投影

刚体的定点运动，可以视为每一瞬时绕通过定点的瞬轴的转动。这样，每一瞬时刚体内各点的速度相对于瞬轴的分布就和定轴转动时的情形完全相似。设一刚体某瞬时以绝对角速度 $\bar{\omega}$ 绕瞬轴 OP 转动（图 15-6），则刚体上矢径为 $\bar{r}$ 的点 M 的绝对速度为

$$\bar{v} = \bar{\omega} \times \bar{r} \tag{15-7}$$

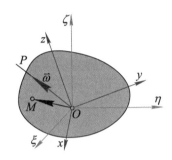

图 15-6　定点运动刚体绕瞬轴转动

现在来研究速度在动坐标系下的投影表达式。在刚体上选定固定坐标系 $O\xi\eta\zeta$ 和固连于刚体的动坐标系 $Oxyz$，设 $\bar{i}$、$\bar{j}$、$\bar{k}$ 分别为动坐标系 x、y、z 轴的单位矢量，则刚体的绝对角速度 $\bar{\omega}$ 和点 M 的矢径 $\bar{r}$ 在动坐标系 $Oxyz$ 下的投影表达式为

$$\bar{\omega} = \omega_x \bar{i} + \omega_y \bar{j} + \omega_z \bar{k}$$

$$\bar{r} = r_x \bar{i} + r_y \bar{j} + r_z \bar{k}$$

将上两式代入式（15-7）得

$$\bar{v} = \bar{\omega} \times \bar{r} = \begin{vmatrix} \bar{i} & \bar{j} & \bar{k} \\ \omega_x & \omega_y & \omega_k \\ x & y & z \end{vmatrix} = (\omega_y z - \omega_z y)\bar{i} + (\omega_z x - \omega_x z)\bar{j} + (\omega_x y - \omega_y x)\bar{k}$$

速度 $\bar{v}$ 也可表示为

$$\bar{v} = v_x \bar{i} + v_y \bar{j} + v_z \bar{k}$$

比较上述两式，则点 M 的速度在动坐标系各轴上的投影为

$$\left. \begin{array}{l} v_x = \omega_y z - \omega_z y \\[2mm] v_y = \omega_z x - \omega_x z \\[2mm] v_z = \omega_x y - \omega_y x \end{array} \right\} \tag{15-8}$$

由于动坐标系固连于刚体，因此 M 点的坐标 x、y、z 是确定值，不随时间而改变。这样，当瞬时角速度在动轴上的投影 ω_x、ω_y、ω_z 已知时，可用上式求得刚体上任意点的绝对速度。

需指出的是，在固定坐标系下，动坐标系三个坐标轴方向的单位矢量 $\vec{i}$、$\vec{j}$、$\vec{k}$ 对时间的一阶导数，即单位矢量端点的速度，由式（15-7）可得

$$\left. \begin{array}{l} \dfrac{\mathrm{d}\vec{i}}{\mathrm{d}t} = \vec{\omega} \times \vec{i} \\[3mm] \dfrac{\mathrm{d}\vec{j}}{\mathrm{d}t} = \vec{\omega} \times \vec{j} \\[3mm] \dfrac{\mathrm{d}\vec{k}}{\mathrm{d}t} = \vec{\omega} \times \vec{k} \end{array} \right\} \tag{15-9}$$

二、定点运动刚体对固定点的动量矩

为应用动量矩定理求得定点运动刚体的运动微分方程，需先写出刚体对固定点的动量矩表达式。

对刚体内任一质点 M，若其对固定点的矢径为 $\vec{r}$，质量为 m，速度为 $\vec{v}$（图 15-6），则质点 M 对固定点 O 的动量矩为 $\vec{r} \times m\vec{v}$。

整个刚体对固定点 O 的动量矩

$$\vec{L}_O = \sum (\vec{r}_i \times m_i \vec{v}_i) \tag{1}$$

若将 $\vec{L}_O$ 写成动坐标系下的投影形式，即

$$\vec{L}_O = L_x \vec{i} + L_y \vec{j} + L_z \vec{k} \tag{2}$$

经过简单的运算，可得

$$\left. \begin{array}{l} L_x = \sum (ymv_z - zmv_y) \\[2mm] L_y = \sum (zmv_x - xmv_z) \\[2mm] L_z = \sum (xmv_y - zmv_x) \end{array} \right\} \tag{3}$$

式中，$(x、y、z)$、$(v_x、v_y、v_z)$ 分别为矢径 $\vec{r}$、速度 $\vec{v}$ 在动坐标系 $x、y、z$ 轴上的投影。

将式（15-8）代入式（3），经整理得

$$L_x = \sum m(y^2 + z^2)\omega_x - \sum mxy\omega_y - \sum mzx\omega_z$$
$$L_y = -\sum mxy\omega_x + \sum m(z^2 + x^2)\omega_y - \sum myz\omega_z \qquad (4)$$
$$L_z = -\sum mzx\omega_x - \sum myz\omega_y + \sum m(x^2 + y^2)\omega_z$$

或记为

$$\left. \begin{array}{l} L_x = J_x\omega_x - J_{xy}\omega_y - J_{zx}\omega_z \\ L_y = -J_{xy}\omega_x + J_y\omega_y - J_{yz}\omega_z \\ L_z = -J_{zx}\omega_x - J_{yz}\omega_y + J_z\omega_z \end{array} \right\} \qquad (15\text{-}10)$$

上式就是定点运动刚体对固定点的动量矩的投影表达式。式中

$$J_x = \sum m(y^2 + z^2)$$
$$J_y = \sum m(z^2 + x^2)$$
$$J_z = \sum m(x^2 + y^2)$$

分别为刚体对于 $x、y、z$ 轴的转动惯量；而式中

$$J_{xy} = \sum mxy$$
$$J_{yz} = \sum myz$$
$$J_{zx} = \sum mzx$$

分别称为刚体对于 $x、y$ 轴，$y、z$ 轴和 $x、z$ 轴的惯性积。惯性积与转动惯量一样，它是表征刚体的质量对于坐标系分布状况的几何性质的一种物理量，与转动惯量具有相同的单位。但需指出，刚体的转动惯量恒为正值，而惯性积可为正值、负值或零。

若以 O 点为原点所取的直角坐标系 $Oxyz$ 恰好满足如下条件

$$J_{xy} = \sum mxy = 0$$
$$J_{yz} = \sum myz = 0$$
$$J_{zx} = \sum mzx = 0$$

则 Ox 轴、Oy 轴和 Oz 轴称为刚体对于 O 点的惯性主轴。此时，$Oxyz$ 坐标系

称为惯性主轴坐标系。而刚体对于惯性主轴的转动惯量称为主转动惯量。

在惯性主轴坐标系下，动量矩表达式（15-10）可简化为

$$\left.\begin{array}{l} L_x = J_x\omega_x \\ L_y = J_y\omega_y \\ L_z = J_z\omega_z \end{array}\right\} \tag{15-11}$$

故动量矩

$$\vec{L}_O = L_x\vec{i} + L_y\vec{j} + L_z\vec{k} \tag{15-12a}$$

可写为

$$\vec{L}_O = J_x\omega_x\vec{i} + J_y\omega_y\vec{j} + J_z\omega_z\vec{k} \tag{15-12b}$$

此外，$\vec{\omega}$ 矢量表达式为

$$\vec{\omega} = \omega_x\vec{i} + \omega_y\vec{j} + \omega_z\vec{k}$$

一般地，刚体的三个主转动惯量 J_x、J_y、J_z 并不相等。也就是说，一般地 $\vec{L}_O \neq C\vec{\omega}$（$C$ 为常数），故此时动量矩 $\vec{L}_O$ 的方向与角速度矢 $\vec{\omega}$ 的方向并不共线。

三、刚体定点运动的欧拉动力学方程

设刚体绕固定点 O 运动，某瞬时的角速度为 $\vec{\omega}$，固定坐标系为 $O\xi\eta\zeta$，固连于刚体的动坐标系为 $Oxyz$，如图 15-6 所示。根据式（15-12a），刚体对固定点 O 的动量矩为

$$\vec{L}_O = L_x\vec{i} + L_y\vec{j} + L_z\vec{k}$$

将 $\vec{L}_O$ 在固定坐标系下对时间 t 求一阶导数，注意到上式中投影 L_x、L_y、L_z 及单位矢量 $\vec{i}$、$\vec{j}$、$\vec{k}$ 均是时间 t 的函数，则有

$$\frac{\mathrm{d}\vec{L}_O}{\mathrm{d}t} = \frac{\mathrm{d}}{\mathrm{d}t}(L_x\vec{i}) + \frac{\mathrm{d}}{\mathrm{d}t}(L_y\vec{j}) + \frac{\mathrm{d}}{\mathrm{d}t}(L_z\vec{k}) \tag{1}$$

式中，

$$\frac{\mathrm{d}}{\mathrm{d}t}(L_x\vec{i}) = \frac{\mathrm{d}L_x}{\mathrm{d}t}\vec{i} + L_x\frac{\mathrm{d}\vec{i}}{\mathrm{d}t} \tag{2}$$

由式（15-9）知

$$\frac{\mathrm{d}\vec{i}}{\mathrm{d}t} = \vec{\omega} \times \vec{i}$$

即

$$\frac{\mathrm{d}\vec{i}}{\mathrm{d}t} = \vec{\omega} \times \vec{i} = \begin{vmatrix} \vec{i} & \vec{j} & \vec{k} \\ \omega_x & \omega_y & \omega_z \\ 1 & 0 & 0 \end{vmatrix} \tag{3}$$

将式（3）代入式（2）得

$$\frac{\mathrm{d}}{\mathrm{d}t}(L_x\vec{i}) = \frac{\mathrm{d}L_x}{\mathrm{d}t}\vec{i} + \omega_z L_x \vec{j} - \omega_y L_x \vec{k} \tag{4}$$

同理，经类似的运算得

$$\frac{\mathrm{d}}{\mathrm{d}t}(L_y\vec{j}) = -\omega_z L_y \vec{i} + \frac{\mathrm{d}L_y}{\mathrm{d}t}\vec{j} + \omega_x L_y \vec{k} \tag{5}$$

$$\frac{\mathrm{d}}{\mathrm{d}t}(L_z\vec{k}) = \omega_y L_z \vec{i} - \omega_x L_z \vec{j} + \frac{\mathrm{d}L_z}{\mathrm{d}t}\vec{k} \tag{6}$$

将式（4）（5）（6）代入式（1），经整理得

$$\frac{\mathrm{d}\vec{L}_O}{\mathrm{d}t} = (\frac{\mathrm{d}L_x}{\mathrm{d}t} + \omega_y L_z - \omega_z L_y)\vec{i} + (\frac{\mathrm{d}L_y}{\mathrm{d}t} + \omega_z L_x - \omega_x L_z)\vec{j} + (\frac{\mathrm{d}L_z}{\mathrm{d}t} + \omega_x L_y - \omega_y L_x)\vec{k} \tag{7}$$

根据质点系的动量矩定理

$$\frac{\mathrm{d}\vec{L}_O}{\mathrm{d}t} = \vec{M}_O$$

式中，$\vec{M}_O$ 为作用在刚体上的所有外力对固定点 O 的主矩，将其写成动坐标系下的投影形式，则

$$\frac{\mathrm{d}\vec{L}_O}{\mathrm{d}t} = \vec{M}_O = M_x\vec{i} + M_y\vec{j} + M_z\vec{k} \tag{8}$$

比较式（7）与式（8），则得

$$\left. \begin{array}{l} \dfrac{\mathrm{d}L_x}{\mathrm{d}t} + \omega_y L_z - \omega_z L_y = M_x \\[2mm] \dfrac{\mathrm{d}L_y}{\mathrm{d}t} + \omega_z L_x - \omega_x L_z = M_y \\[2mm] \dfrac{\mathrm{d}L_z}{\mathrm{d}t} + \omega_x L_y - \omega_y L_x = M_z \end{array} \right\} \tag{15-13}$$

在惯性主轴坐标系下，将式（15-11）各值代入式（15-13），则得

$$
\left.
\begin{aligned}
J_x\dot\omega_x + (J_z - J_y)\omega_y\omega_z &= M_x \\
J_y\dot\omega_y + (J_x - J_z)\omega_x\omega_z &= M_y \\
J_z\dot\omega_z + (J_y - J_x)\omega_x\omega_y &= M_z
\end{aligned}
\right\}
\qquad (15\text{-}14)
$$

上式称为刚体定点运动的微分方程，它建立了刚体所受外力矩与刚体运动变化之间的关系，也称为刚体定点运动的欧拉动力学方程。

三个欧拉动力学方程和三个欧拉运动学方程是六个非线性常微分方程，若已知刚体所受外力及运动的初始条件，欲确定刚体的运动规律，问题归结为六个非线性常微分方程的求解。现已证明，这个问题只在几种特殊情形才能求得精确解，而在一般情形下只能求得近似解。

应该指出的是，对刚体的一般运动，可将其运动视为随同质心的平动与相对质心的转动，随同质心平动的规律由质心运动定理确定，而相对质心的运动规律，可应用相对质心的动量矩定理及本章研究问题的方法，得到三个与欧拉动力学方程相类似的方程。从理论上讲，刚体的所有运动均是可解的。

第四节　赖柴定理·进动规律

在日常生活中，常看见这样的奇特现象。例如，自行车的轮子不转动时，若无车架支撑，自行车不能直立于地面；但当车轮高速转动时，车身就不会倒下，车轮转得越快，车的运动就越稳定。又如玩具陀螺，它未转动时，一般不易立住，但当陀螺绕其对称轴高速转动时，不但可以立住，而且不易倒下。这种现象称为陀螺现象。

扫码看动画

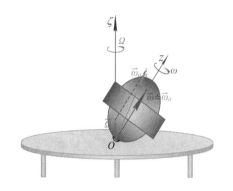

图 15-7　陀螺的角速度分析

在工程实际中，把具有一个固定点，并绕自身对称轴高速转动的刚体称为陀螺。如图 15-7 所示，设有一陀螺以角速度 $\bar{\omega}$ 绕对称轴 Oz 转动，同时 Oz 轴又以角速度 $\bar{\Omega}$ 绕定轴 $O\zeta$ 转动，前者称为自转，Oz 轴也称自转轴，$\bar{\omega}$ 称为自转角速度；后者称为进动，$\bar{\Omega}$ 称为进动角速度。由式（15-2）可知，陀螺绕定点 O 转动的角速度 $\bar{\omega}_a$ 为

$$\bar{\omega}_a = \bar{\Omega} + \bar{\omega} \tag{15-15}$$

工程实际中遇到的陀螺，一般都是绕自转轴高速转动的刚体，其自转角速度 ω 高达每分钟两万转，甚至三万转以上，而进动角速度 Ω 却很小，一般有 $\omega \gg \Omega$。因此可近似认为 $\bar{\omega}_a \approx \bar{\omega}$，即陀螺的绝对角速度 $\bar{\omega}_a$ 近似等于自转角速度 $\bar{\omega}$。按照第十三章的动量矩理论，则陀螺对于定点 O 的动量矩矢 $\bar{L}_O$ 也可近似表示为

$$\bar{L}_O \approx J_z \bar{\omega} \tag{15-16}$$

式中，J_z 是陀螺对于自转轴 Oz 的转动惯量，动量矩矢 $\bar{L}_O$ 与自转轴 Oz 重合。若陀螺对定点 O 的动量矩为 $\bar{L}_O$，外力对 O 点的主矩为 $\bar{M}_O$，根据动量矩定理有

$$\frac{\mathrm{d}\bar{L}_O}{\mathrm{d}t} = \bar{M}_O \tag{15-17}$$

则在外力矩 $\bar{M}_O$ 作用下，动量矩矢 $\bar{L}_O$ 方向的变化可以近似表示为陀螺自转轴位置的变化。由于实际陀螺的自转角速度与进动角速度相差甚远，因此在许多工程实际问题中，近似理论已有足够的准确性，得到了广泛的应用。

下面根据高速转动陀螺的动量矩表达式及动量矩定理，来导出赖柴定理。

当陀螺绕固定点 O 转动时，一般来说，动量矩矢 $\vec{L}_O$ 的大小和方向都随时间而改变。因此，动量矩矢 $\vec{L}_O$ 的端点将在空间描出它的矢端曲线，如图 15–8 所示，若把动量矩矢 $\vec{L}_O$ 理解为陀螺自转轴上点 E 的矢径，由运动学可知 E 点沿矢端曲线 ab 运动的速度 $\vec{u}$ 等于它的矢径对时间 t 的导数，于是可得

$$\vec{u} = \frac{\mathrm{d}\vec{L}_O}{\mathrm{d}t}$$

由动量矩定理可得

$$\vec{u} = \vec{M}_O \tag{15–18}$$

即质点系对于固定点 O 的动量矩矢 $\vec{L}_O$ 端点的运动速度 $\vec{u}$ 等于作用于该质点系的所有外力对于同一点 O 的主矩 $\vec{M}_O$，称为赖柴定理。这个定理是动量矩定理的运动学表述，动量矩矢端 E 的速度大小与外力主矩大小相等，方向与外力主矩方向相同。由于 E 点是和自转轴相重合的动量矩矢 $\vec{L}_O$ 的端点，因此外力主矩 $\vec{M}_O$ 确定了陀螺自转轴的运动。

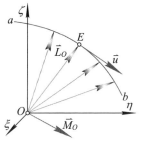

扫码看动画

图 15–8　赖柴定理

由上述结论，可得陀螺运动的两个重要特性。

1.陀螺受外力矩作用，当外力矩矢与自转轴不重合时，自转轴将进动。

图 15–9（a）所示的陀螺，以角速度 $\vec{\omega}$ 高速自转，由于陀螺对点 O 动量矩 $\vec{L}_O = J_z\vec{\omega}$，其方向与自转角速度 $\vec{\omega}$ 相同，和陀螺转子的自转轴 Oz 重合，如图 15–9（b）。设在自转轴 Oz 的 C 处加一向下的力 $\vec{F}$，则外力 $\vec{F}$ 对定点 O 之矩为 $\vec{M}_O(\vec{F}) = \vec{r}_C \times \vec{F} = \vec{M}_O$，其中 $\vec{r}$ 为 C 点矢径，外力矩矢 $\vec{M}_O$ 方向沿内环轴 x，它和自转轴 Oz 不重合。根据赖柴定理，动量矩矢 $\vec{L}_O$ 的端点 E 的速度 $\vec{u}$ 应与外力矩 $\vec{M}_O$ 相等。可见，陀螺转轴将绕固定轴 ζ 转动即进动，若进动角速度

为 $\vec{\Omega}$ ，则

$$\vec{u} = \vec{\Omega} \times \vec{L}_O = \vec{\Omega} \times J_z \vec{\omega} = \vec{M}_O \qquad (15\text{--}19)$$

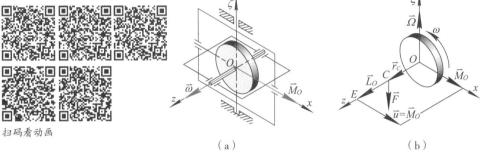

（a） （b）

图 15-9 三自由度陀螺

于是可得进动角速度大小为

$$\Omega = \frac{M_O}{J_z \omega \sin\theta} \qquad (15\text{--}20)$$

式中，θ 角为自转轴 Oz 与固定轴 $O\zeta$ 之间的夹角。

以上说明，陀螺在外力矩作用下，只要外力矩矢不与陀螺自转轴重合，则陀螺就要发生进动。进动角速度矢 $\vec{\Omega}$ 的方向不沿外力矩矢 $\vec{M}_O$ 的方向，而是力图使转子自转角速度矢 $\vec{\omega}$ 沿最短途径向外力矩矢 $\vec{M}_O$ 的方向偏转。上述决定进动方向的规律称为进动规律。进动角速度的大小由式（15-20）确定。从式中可见，进动角速度与外力矩成正比，而与自转角速度成反比。在外力矩不变的条件下，自转角速度越大，则进动角速度越小，当然，由于阻力、摩擦的影响，自转角速度逐渐减小，则进动角速度将显著增大。

2. 自由陀螺保持自转轴在惯性参考系中的方位不变。

如果陀螺的重心与固定点重合，轴承的摩擦力和空气阻力忽略不计，又不受其他外力作用的陀螺，称为自由陀螺。由于 $M_O = 0$，有

$$\frac{\mathrm{d}\vec{L}_O}{\mathrm{d}t} = 0, \qquad \vec{L}_O = 常矢量$$

因而可知 $\vec{L}_O$ 的方位在惯性空间中保持不变，也就是陀螺自转轴的方位保持不变，这种特性称为陀螺的定轴性。

进动性和定轴性是陀螺运动的两个基本特性。在工程技术上，利用陀螺

的基本特性，设计出许多包含陀螺的指示仪和控制元件。例如飞机上使用的陀螺地平仪、转弯侧滑仪、陀螺磁罗盘等陀螺仪表，就是利用陀螺的这两个基本特性设计的。又如，为了保证鱼雷发射的准确性，在鱼雷中安装一导向系统，以自由陀螺作为该系统的定向元件。当鱼雷在发射器中瞄准后，陀螺仪的转子开始绕自己的自转轴高速转动。如果发射后，鱼雷一旦偏离了目标，则由于自由陀螺的定向性，自转轴仍指向目标，这时鱼雷的纵轴（前进方向）与陀螺的自转轴产生相对偏角 θ，如图 15-10 所示。于是调节系统开始工作，对鱼雷的前进方向作适当调整，以保证命中目标。

图 15-10　陀螺的定轴性应用

第五节　陀螺力矩与陀螺效应

陀螺效应是在高速转动的机械中，当转子的对称轴的方位改变时发生的一种力学现象。

设转子以角速度 ω 绕对称轴 z 高速转动，如图 15-11 所示，它的动量矩 $\vec{L}_O = J_z\vec{\omega}$，方向沿此对称轴。当轴线不动时，轴承反力在铅直平面内，并与重力平衡。

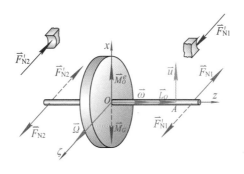

扫码看动画

图 15-11　陀螺力矩与陀螺效应分析

如果转子安装在飞机、轮船或其他可动的物体上，由于这些物体的运动，迫使对称轴 z 改变方向。如果 z 轴以角速度 Ω 绕 ζ 轴转动，则动量矩矢端点 A 获得速度 $\bar{u}$ ，

$$\bar{u} = \bar{\Omega} \times \bar{L}_O$$

根据赖柴定理知，这时作用于转子的外力主矩矢量的方向与 $\bar{u}$ 一致，由于重力矩等于零，显然外力主矩 $\bar{M}_O^e$ 等于轴承的动反力 $\bar{F}_{N1}$ 和 $\bar{F}_{N2}$ 所组成的力偶的矩，这两个力与 $\bar{u}$ 垂直，在水平面内，指向如图 15–11 所示。于是得

$$\bar{M}_O^e = \bar{u} = \bar{\Omega} \times J_z \bar{\omega}$$

根据作用与反作用定律，转子同时对轴承作用两个力 $\bar{F}_{N1}'$ 与 $\bar{F}_{N2}'$，它们与轴承反力 $\bar{F}_{N1}$ 和 $\bar{F}_{N2}$ 等值而反向。由 $\bar{F}_{N1}'$ 和 $\bar{F}_{N2}'$ 组成的力偶的矩称为陀螺力矩（或称回转力矩），以 $\bar{M}_G$ 记之，显然

$$\bar{M}_G = -\bar{M}_O^e = J_z \bar{\omega} \times \bar{\Omega} \tag{15–21}$$

由此可知，当机械中高速转动部件的对称轴被迫在空间改变方位时，即对称轴被迫进动时，转动部件必对约束作用一个附加力偶。这种现象称为陀螺效应，这个附加力偶的矩称为陀螺力矩，记为 $\bar{M}_G$，它的大小由下式决定：

$$M_G = J_z \omega \Omega \sin(\bar{\omega}, \bar{\Omega}) \tag{15–22}$$

它的作用平面为陀螺自转角速度 $\bar{\omega}$ 与进动角速度 $\bar{\Omega}$ 所在的平面。陀螺力矩的转向可以这样确定：若将自转角速度矢 $\bar{\omega}$ 以最小角度转向进动角速度矢 $\bar{\Omega}$，其转向即为陀螺力矩转向；或按右手法则，四指从 $\bar{\omega}$ 方向以最小角度握向 $\bar{\Omega}$ 方向，拇指的指向即是陀螺力矩矢 $\bar{M}_G$ 的指向。

陀螺效应可能使机器零件（特别是轴承）由于附加压力过大而损坏。例如，飞机上的涡轮发动机转子或轮船上汽轮机转子，当飞机或轮船的运动方向改变，即对转子轴产生强迫进动时，就会有陀螺效应出现。在转子轴的轴承上产生附加动压力，甚至导致轴承的破坏。陀螺压力通过轴承传给飞机或轮船的机体，有时甚至会影响飞机或轮船航行的稳定性。

例 15-1 某型飞机发动机的涡轮转子对其自转轴的转动惯量 $J=22$ kg·m²，右旋转速 $n=10000$ r/min，轴承 A、B 间的距离 $l=60$ cm，如图 15–12（a）所示。

若飞机以角速度 $\Omega=0.25$ rad/s 在水平面左盘旋，试求涡轮发动机转子的陀螺力矩及 A、B 上的陀螺压力。

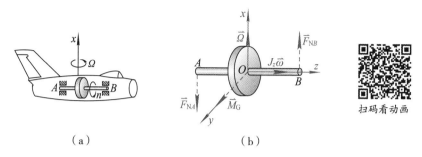

（a）　　　　　　　　　　（b）

扫码看动画

图 15–12　涡轮发动机转子的陀螺力矩及 A、B 上的陀螺压力

解　取高速旋转的涡轮转子为研究对象。建立坐标系如图 15–12 所示，转子自转角速度

$$\omega=\frac{2\pi n}{60}=\frac{2\pi\times1000}{60}=1047(\text{rad/s})$$

根据 $M_{\mathrm{G}}=J_z\omega\Omega\sin\theta$，陀螺力矩的大小为

$$M_{\mathrm{G}}=J_z\omega\Omega\sin90^\circ=22\times1047\times0.25=5758.5(\text{N}\cdot\text{m})$$

$\vec{M}_{\mathrm{G}}$ 方向沿 y 轴方向，见图 15–12。这里必须指出，陀螺力矩不是作用在陀螺转轴上，而是具体的作用在两个轴承上。两个轴承上的陀螺压力大小相等方向相反，构成陀螺力矩。陀螺压力的大小为

$$F_{\mathrm{NA}}=F_{\mathrm{NB}}=\frac{M_{\mathrm{G}}}{l}=\frac{5758.5}{0.60}=9597.5(\text{N})$$

方向如图 15–12 所示。

陀螺效应也有被加以利用的一面，航海陀螺稳定器（消摇器）、碾米碾子等都是利用陀螺效应的例子。如图 15–13 所示，是农村常见的碾米碾子，碾子在平面上的运动是绕自转轴转动的同时，又绕铅垂轴进动，转动方向如图。根据陀螺理论，自转轴方位发生变化，就必然出现陀螺效应。碾子的运动可视为规则进动，由陀螺理论 $\vec{M}_{\mathrm{G}}=J_z\vec{\omega}\times\vec{\Omega}$ 可得对碾盘面的压力 F_{N}，即

$$F_{\mathrm{N}}=W+\frac{J_z\Omega^2}{R}$$

式中，W 为碾子自重，J_z 为碾子绕自转轴的转动惯量，R 为碾子半径，Ω 为

进动角速度大小。

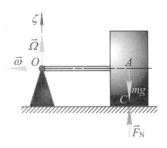

图 15-13　碾子的陀螺效应

由此可见，碾子对碾盘平面的压力，都大于碾子本身的自重。一般情况下，这个压力是自重的 2 ~ 3 倍，或者更多。超过自重那一部分，便是由陀螺效应引起的陀螺压力，其值是比较大的。

👍 本章小结

1.刚体的定点运动：刚体运动时，若刚体内或其延拓体上有一点在空间的位置保持不动，则这种运动称为刚体绕定点运动。

绕定点运动的刚体具有三个自由度，常用三个欧拉角决定其位置，即进动角 Ψ、章动角 θ、自转角 φ。

2.欧拉运动学方程。刚体绕瞬轴转动的角速度 $\bar{\omega}$ 在动坐标系上的投影：

$$
\left.\begin{array}{l}
\omega_x = \dot{\psi} \sin\theta \sin\varphi + \dot{\theta} \cos\varphi \\
\omega_y = \dot{\psi} \sin\theta \cos\varphi + \dot{\theta} \sin\varphi \\
\omega_z = \dot{\psi} \cos\varphi + \dot{\varphi}
\end{array}\right\}
$$

上式称为刚体定点运动的欧拉运动学方程。

3.欧拉动力学方程。在惯性主轴坐标系下：

$$
\left.\begin{array}{l}
J_x \dot{\omega}_x + (J_z - J_y) \omega_y \omega_z = M_x \\
J_y \dot{\omega}_y + (J_x - J_z) \omega_x \omega_z = M_y \\
J_z \dot{\omega}_z + (J_y - J_x) \omega_x \omega_y = M_z
\end{array}\right\}
$$

上式建立了刚体所受外力矩与刚体运动变化之间的关系，称为刚体定点运动的微分方程，也称为刚体定点运动的欧拉动力学方程。

4. 陀螺的概念：绕对称轴上某定点 O 运动的刚体称为陀螺。

5. 陀螺的两个基本特性。

（1）进动性：陀螺受外力矩作用时，当外力矩方向和自转轴不重合时，陀螺将进动，进动角速矢 $\bar{\Omega}$ 的方向是力图使自转角速度矢 $\bar{\omega}$ 沿最短途径向外力矩矢 $\bar{M}_O$ 的方向偏转。公式为

$$\bar{M}_O = \bar{\Omega} \times J_z \bar{\omega}$$

式中，$\bar{\Omega}$ 为进动角速度，$\bar{\omega}$ 为自转角速度，J_z 为陀螺绕对称轴的转动惯量。

（2）定轴性：自由陀螺的对称轴在惯性参考系中的方位保持不变。即

$$\bar{L}_O = 常矢量$$

6. 陀螺力矩与陀螺效应：陀螺进动时，陀螺作用在支承物上的附加力矩，称为陀螺力矩。它是惯性力矩，可按下式计算：

$$\bar{M}_G = J_z \bar{\omega} \times \bar{\Omega}$$

当迫使高速自转陀螺的转动轴改变方位时，就要产生陀螺力矩，这种现象称为陀螺效应。

为了加深对理论力学基本理论的理解，扩展力学问题的研究思路和方法，强化解决工程实际问题的能力，本章分别从理论力学的三个组成部分，即静力学、运动学和动力学三方面，列举三个案例并提供解决方案，供学有余力和对飞行训练实际问题感兴趣的同学参考。

第一节　某型飞机座舱三维激光扫描与逆向建模

为了对某型飞机座舱内部流场进行数值模拟分析，首先需要重建飞机座舱三维几何模型。基于三维激光扫描技术获取的点云数据，通过逆向建模软件进行三维几何重建，可以快速、高精度地还原被测物的原貌，建模效率高、效果好，目前该方法在逆向工程中得到了广泛应用。但由于技术保密等原因，关于飞机机体的三维扫描和逆向建模的相关研究和文献报道非常少。虽然三维激光扫描技术能在短时间内获取数以万计的点云数据，但由于扫描过程中目标对象自遮挡、飞机座舱盖玻璃反光、机舱内部空间限制等原因，需要对飞机座舱或局部进行多次扫描并进行数据整合。因此，采用更为有效的方法整合获取的数据，并根据研究需要对模型进行修改完善，是获得研究所需的飞机座舱三维几何模型的基础，对上述三维扫描建模过程进行研究具有重要的理论价值和广阔的应用前景。

一、数据采集

（一）仪器设备

武汉中观自动化科技有限公司产 RigelScan Elite 手持式蓝色激光 3D 扫描仪（见图 16-1），测量精度 0.01 mm，扫描范围 600 mm×550 mm。笔记本电脑，配置 i7-10850H，GFX NVIDIA Quadro RTX 5000 16GB，64GB（2x32GB）DDR4 2666，1TB SSD PCIe TLC，Win10 PRO。

图 16-1　RigelScan Elite 手持式蓝色激光 3D 扫描仪

（二）扫描流程

1. 准备工作。

在开始扫描前首先要确定周边环境是否满足扫描条件，为了尽量避免强光、逆光、反射等光线问题，以及雨雪、大雾等特殊恶劣天气对扫描环境的影响，选择在机库里对飞机座舱进行扫描。其次要进行扫描仪校准工作，从而保证扫描精度。再次要对扫描物表面进行处理，考虑到尽量减小对飞机使用的影响，避免用显像剂覆盖表面，而是在扫描前粘贴标志点，扫描完成后用工具将所有标志点抠除干净。

2. 粘贴标志点。

为了更加真实地重建飞机座舱三维几何模型，且为后期拼接数据提供依据，需要在飞机座舱表面粘贴标志点。根据某型飞机整体尺寸和形状特征，选择黑色外圈直径 10 mm，白色内圈直径 6 mm 的标志点（图 16-2）。将标志点粘贴在飞机座舱的平面或曲面处，每三个标志点呈 V 字形排列，避免共线，避开特征区域，以尽可能少的标志点覆盖机舱表面。

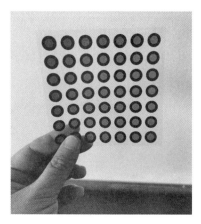

图 16-2　三维扫描用标志点

3. 三维扫描。

连接三维扫描仪和笔记本电脑，保持被扫描机舱在扫描空间内，测量速率选择标准模式，即 480000 次/秒，拿好扫描仪对飞机座舱的外观和内饰开始三维扫描。通过改变扫描仪镜头的角度和位置，使飞机座舱的各个组成部分都能被扫描仪扫到。扫描仪照射机舱表面标志点，标志点反射的光线被扫描仪软件自动识别为绿色的荧光点，软件自动确定这些荧光点的空间位置。机舱上不同位置的标志点产生的反射光的位置也不同，这些大量的绿色荧光点能反映出飞机座舱的整体形貌，从而初步还原飞机座舱。

4. 导出数据。

点击"停止扫描"键，等待软件对扫描数据处理完毕后，自动生成初步扫描得到的机舱模型，如图 16-3 所示。

图 16-3　初步扫描模型数据

二、数据处理

扫描实物获得的各荧光点的三维坐标、颜色信息、反射强度的集合称之为"点云"。逆向建模是将"点云"经过专业软件拟合成面片，再经过逆向建模软件产生三维数据模型，对产品进行实物重构。本文使用的逆向建模软件为 Geomagic Design X 软件。

（一）点云处理

数据处理时需要清除扫描时非标志点位置反射光所产生的杂点生成的扫描数据。使用逆向建模软件中的"杂点消除"功能可以从点云中删除不必要的点，然后使用"采样""平滑"等优化功能，利用"构造面片"命令将优化处理后的点云数据进行"封装"，把上述大量孤立的数据点按照机舱外观特征连接在一起，得到一个完整连续的舱体，如图 16-4 所示。

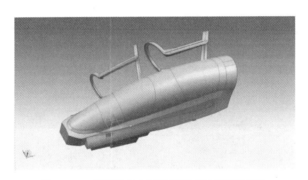

图 16-4　处理后的点云数据得到的机舱连接体

（二）面片修补

通过软件中的"检索缺陷"命令可自动发现干涉单元面和多余单元面，将其移动或删除，提高面片的质量。将由不同扫描方向获得的三维扫描数据进行拼接时可能会出现"折叠""悬空"等异常的面片，或者出现孔洞，需要利用"修补"或"填补"功能修复上述缺陷。另外，由于飞机座舱结构比较复杂，在进行机舱几何体三维重建时，根据研究需求应进行适当地简化处理，以提高后续有限元分析时的网格质量。由于本研究的目的是对机舱内部空气流动进行数值模拟分析，因此在逆向建模时对机舱内的喷管和喷口等关键部位进行了突出显示（图 16-5），对机舱仪表板、座椅凸台等对机舱内部流场影响很小的凸起或凹坑部位进行了"平滑"和"删除特征"处理（图16-6）。

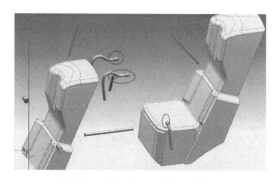

图 16-5　飞机后舱的喷管和喷口

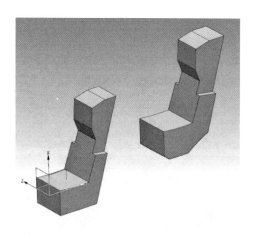

图 16-6　座椅表面简化处理

（三）拉伸实体

由于扫描机舱时不扫描机舱以外部分机体，所以由扫描后的点云数据重建的机舱不能封闭，为了使机舱几何模型封闭，对机舱实体部分沿不同方向进行了拉伸，如图16-7、图16-8、图16-9所示。

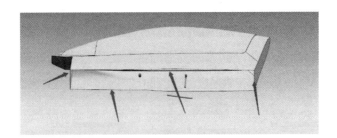

图 16-7　机舱外壳向下延长

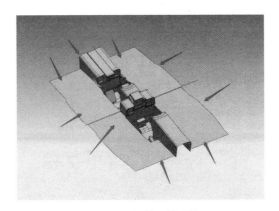

图 16-8　机舱四周延长

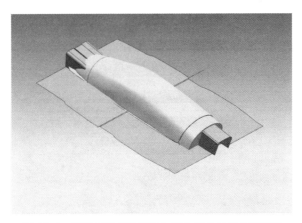

图 16-9　机舱四周与外壳延长部分相交封闭内部空间

（四）曲面拟合与缝合

逆向建模软件具有曲面拟合功能，可根据面片情况使用拟合运算创建曲面。由于飞机座舱盖玻璃反光、透明，且不能进行喷粉处理，扫描后无法获得座舱盖完整模型，就需要利用曲面拟合功能重建座舱盖。飞机座舱中结构或材质不同的每个组成部分都可用单独的区域色块来表示，这些区域色块可以用曲面拟合的方式还原出曲面，相互独立的曲面可以通过相互缝合形成一个中空的曲面体，如图 16-10 所示。

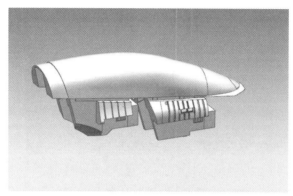

图 16-10 曲面拟合与缝合后的飞机实体

（五）布尔求差

由于机舱壳体和内部结构有壁厚，使得飞机外壳包裹的空间与机舱内部空气体积有偏差，为了方便后续对机舱内部流场进行数值模拟分析，现对机舱内部包裹的空气区域进行分割，即首先做一个长方体将飞机实体覆盖，然后将长方体和飞机进行布尔求差，如图 16-11、图 16-12、图 16-13 所示。

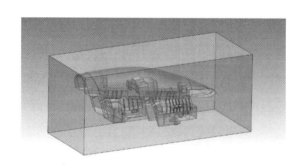

图 16-11 长方体覆盖飞机

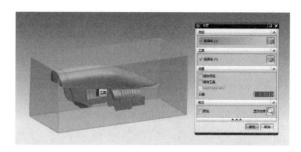

图 16-12　长方体和飞机布尔求差

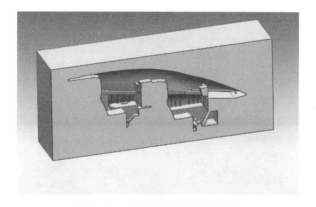

图 16-13　长方体内部中空包裹空气

三、模型精度分析

（一）分析原则

虽然由三维扫描获取点云重构三维模型的技术已日趋完善，但对于点云模型质量的评价方法研究目前尚未成熟。在为数不多的评价方法中，目前较为普遍认可的方法是将重构模型与目标对象实际尺寸进行比对，分析其偏差大小。由于本研究重构飞机座舱三维几何模型的目的不是用于逆向加工，而是用于流体力学仿真分析，所以在进行模型精度分析时，不能单纯考查几何尺寸和形状的还原度，还要考虑模型对项目实际需求的满足度和建模过程中的工作量。

（二）分析结果

根据项目研究需求，多次简化数据，得到方便 Ansys 分析的模型，模型文件大小由最初的 44.9M 减小到 4.59M，舱体模型面数 130（图 16-14），座椅模型面数 26（图 16-15），管路模型面数 448（图 16-16）。对机舱内几个关键部位尺寸进行测量（图 16-17），利用逆向建模软件的"精度分析"功能，得出舱体模型精度 4~8 mm（图 16-18）。

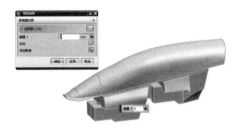

图 16-14　舱体模型面数

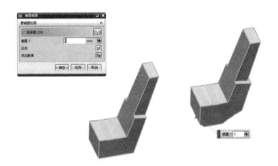

图 16-15　座椅模型面数

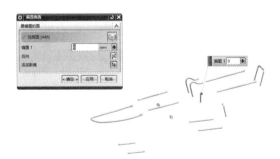

图 16-16　管路模型面数

图 16-17　喷口直径测量

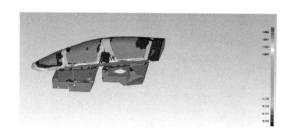

图 16-18　舱体模型精度

四、模型验证

将上述方法建立的飞机座舱三维几何模型导入 Ansys 有限元软件进行分析，发现机舱部分结构有干涉。如图 16-19 所示，背部喷管和后舱座椅有干涉，于是将有干涉的部分按照实际位置进行了微调。经过多次调整及分析，证明优化后的模型（图 16-20）能够满足机舱内部空气流动及传热数值模拟分析的需求。

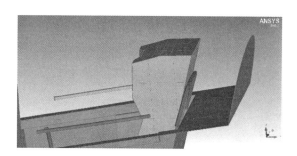

图 16-19　背部喷管和后舱座椅有干涉

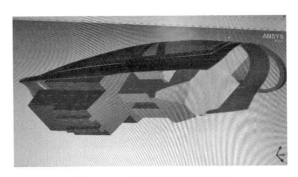

图 16-20　舱体有限元模型验证

五、结束语

本案例以某型飞机座舱为研究对象，利用三维激光扫描获得飞机座舱点云数据，对点云拼接和逆向建模方法进行了探索研究。探讨了三维激光扫描和逆向建模过程中的数据采集、数据处理、模型精度分析、模型验证等流程，实现了某型飞机座舱的三维几何重建。这种逆向建模方法既保留了机舱实物的关键尺寸和形貌，又为后续机舱内部流场和温度场数值模拟分析提供了方便。下一步，将该模型导入 Ansys 有限元分析软件对座舱流场和温度场进行数值模拟分析及实验验证，从而改进某型飞机环控系统，提高飞机座舱的热舒适度和飞行员战斗力。

第二节　跳伞着陆动作可视化实施诊断与考核系统

本案例研发数字化跳伞着陆分析和打分系统，目的是通过在训练中引入信息技术，帮助新跳伞员在跳伞着陆动作训练过程中尽快掌握动作的技术要领，减少盲目的重复训练，提高训练效率，降低跳伞员受到伤害的可能性，从而达到最佳的训练效果。通过数字化分析训练手段，新跳伞员可以对技术动作进行有效改进，达到迅速提高跳伞能力、显著降低跳伞损伤率的目的，这对提高空降兵和航空兵部队的跳伞训练实效和战斗力具有重要意义。

一、研制主要过程

1.基于网络上的模型库收集用于再现跳伞动作的运动人体模型，建立跳伞员的人体结构模型。

2. 利用两个相机分别拍摄标定模板图像，通过相机标定来还原场景中三维坐标与图像上二维坐标的对应关系。

3. 为避免相机重复标定过程，将两个相机的相对距离通过铁杆固定，在已知位置拍摄跳伞员模拟跳伞着陆的过程，对拍摄的图像进行处理，由 RGB 格式图像转换为 HIS 格式图像，分割背景并捕获腿部标定色彩。

4. 将捕获的彩色点和人体模型进行绑定，以实现模型运动与人体运动的同步，再现跳伞员着陆时腿部三维运动过程。

5. 通过捕获的彩色点的三维坐标计算膝关节屈曲角度和踝关节跖屈角度，并根据跳伞着陆动作评分标准对动作的标准程度进行打分。

6. 设置逐帧播放和回放功能实现人体三维运动轨迹观察，通过输入膝关节屈曲角度和踝关节跖屈角度实现对人体骨骼模型运动动作的编辑修改。

二、主要研制内容

1. 实现跳伞员技术动作的数字平台。

（1）使用视频采集设备和运动捕捉技术获取跳伞员的着陆动作，重构了跳伞员的动作数据。

（2）建立了支持两种方式的技术动作重建方法：①从捕获的跳伞员腿部特征实施人体腿部骨骼模型的绑定；②通过对跳伞员腿部的颜色标定，计算出颜色重心进行三维人体腿部骨架线的重建。

2. 根据已有的相关技术创建一种基于 OpenCV 的标定方法对摄像机进行标定，该方法可自动确定参照模板上的角点及其坐标值来计算摄像机的参数，从而提高标定的精度。

3. 实现面向跳伞员着陆动作的三维人体运动跟踪原型系统，并能够自动跟踪跳伞员的腿部运动信息，输出膝关节屈曲角度和踝关节跖屈角度。

4. 设计了一个可以实时捕获人体腿部运动的系统，实现了跟踪的自动初始化，以及自动从跟踪错误中恢复，并在一定程度上处理光照变化、身体自遮挡等问题，可视化地直观诊断和设计跳伞员腿部的技术动作，并辅助教员进行训练决策。

三、实现方案

（一）总体思路

利用高精度的运动捕获设备和现有的计算机视觉方法，在人体结构建模的基础上，构造一个高效、专业的人体模型，并形成实现项目指标的应用软件。充分利用计算机辅助分析和运动仿真手段，在现代运动理论和人体生理学理论的指导下，根据跳伞着陆动作评判标准，实现打分评价功能。在测试和试用的基础上，发展符合跳伞着陆要求的模拟方法。

（二）具体步骤

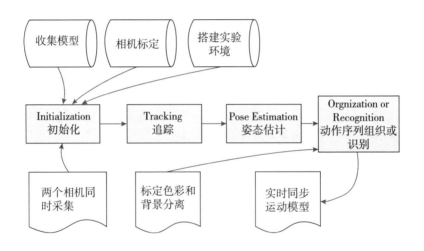

图 16-21　软件平台框架

项目实现的软件平台框架如图 16-21 所示，具体实现步骤如下。

1.初始化阶段完成视频对象的初始跟踪点确认，并初始化模型参数。为实现初始化，需完成的主要工作有：

（1）收集模型。骨骼模型收集自网上人体骨骼国内开源模型库，线框模型通过视频窗口描绘实时生成。

（2）相机标定。基于 OpenCV 的标定法，通过黑白棋盘格 8×9（5 cm×5 cm/个）角点提取获取相机内外参数。

（3）搭建实验环境。采用普通工业相机进行拍摄，避免自然光直射，使拍摄背景尽量简单，选用黄色和绿色麻面纸各裁剪出 3 个色块（7 cm × 7 cm/个），分别粘贴于被测人体的髋关节、膝关节和踝关节处，以减少环境背景对图像采集的影响，提高相机捕获精度。

（4）两个相机同时采集。通过将两个相机的网线同时连接网口图像采集卡实现两个相机同步采集（图 16–22）。

图 16–22　两个相机同步采集

2. 跟踪阶段在视频的时序属性或空间属性的基础上，完成特征对象的提取。

3. 姿态估计阶段根据运动模型估计运动状态。

4. 动作序列组织阶段实现运动数据的去噪、平滑和格式化，输出基于人体结构模型的运动序列数据。运动捕捉返回的数据，直接经过姿态动作序列组织阶段得到运动序列数据来完成腿部的动作还原。该阶段实施前后需分别完成以下两步工作：

（1）标定色彩和背景分离。在视频图像上点选色块，通过 OpenCV 函数提取色块确定位置，忽略背景，计算机内存单独处理。

（2）实时同步运动模型。人体空间坐标与模型坐标绑定，通过 setdlgitem 函数弹出骨骼模型窗口，通过 showimage 函数绘制线框模型。

四、试用情况

试用对象为飞行学员、伞训教员、伞训战士（图 16-23）。试用情况表明，该系统性能稳定，试用效果较好，能够满足跳伞着陆动作考核的基本要求。

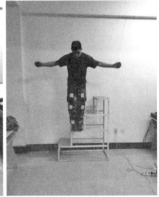

图 16-23　系统试用

五、主要技术指标

1. 系统对人体模拟跳伞着陆动作以两种人体模型（线框模型、骨骼模型）实时显示逼真的三维效果，可再现人体下肢主要关节点的运动轨迹（图 16-24）。

2. 系统对人体姿态可以人工编辑修改，保证模型动作与人体动作匹配度不低于 80%（图 16-25）。

3. 系统可输出伞训者两种关键动作参数：膝关节屈曲角度和踝关节跖屈角度，可给定伞训者模拟跳伞着陆动作成绩，实现计算机实时考核（图 16-26）。

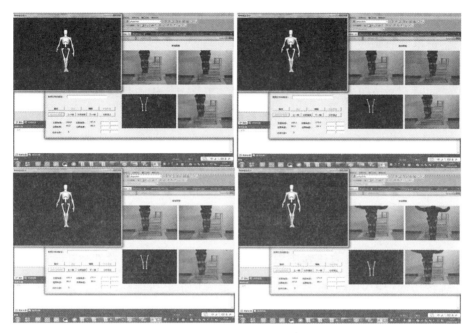

图 16-24　主要技术指标 1

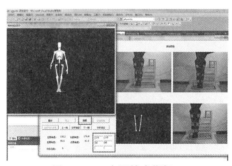

图 16-25　主要技术指标 2

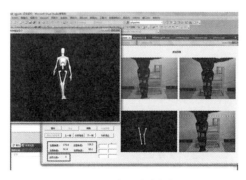

图 16-26　主要技术指标 3

六、结束语

本案例研制的"跳伞着陆动作可视化实时诊断与考核系统"实现了既定的技术指标，达到了较好的试用效果，能够满足跳伞着陆动作考核的基本要求。同时，系统研制过程的实践证实了基于颜色标识点提取的双目识别三维人体模型构建理论的可行性，该理论的成功实践对计算机视觉技术的发展具有一定的促进作用。

第三节　固定滚轮训练人体关节力矩计算逆动力学

固定滚轮训练是身体在固定的轮子里，通过重心左右移动变化控制轮子连续转动的一种训练。经常训练，可发展人体前庭机能稳定性，提高空间定向能力、抗眩晕能力和灵敏协调能力。对飞行中横滚等高难度飞行动作起到较好的辅助作用，为适应现代战机奠定良好的身体基础。为提高固定滚轮训练效果和成绩，即提高单位时间内转动圈数，需要分析训练过程中的动作要领及其所对应的肌肉激活程度和关节力矩。肌肉力和关节力矩无法通过仪器设备直接测量，目前比较常用的方法是通过采集人体关键部位的运动学数据，利用逆动力学软件进行分析计算，其理论基础是牛顿三维运动方程和欧拉三维运动方程。

一、反作用力和力矩的动力学分析原理

（一）牛顿三维运动方程

图 16-27 演示了这部分计算动力学，远端反作用力和力矩在与近端相反的方向上。

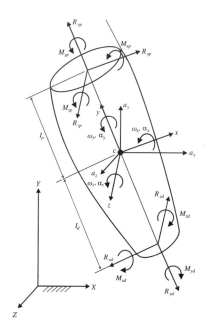

图 16-27　求解逆动力学方程的三维自由体图

第一步，计算全球参考系统中段近端的反作用力：

$$\sum F_X = ma_X \quad \text{或} \quad R_{XP} - R_{XD} = ma_X$$

$$\sum F_Y = ma_Y \quad \text{或} \quad R_{YP} - R_{YD} - mg = ma_Y$$

$$\sum F_Z = ma_Z \quad \text{或} \quad R_{ZP} - R_{ZD} = ma_Z$$

式中，a_X, a_Y, a_Z 是节段质心在全球参考系统的 X, Y, Z 方向的加速度分量，R_{XP}, R_{XD}, R_{YP}, R_{YD}, R_{ZP}, R_{ZD} 分别是近端和远端的 X,Y,Z 轴方向的反作用力。

第二步，采用矩阵变换［G to A］将近端和远端反作用力转化为解剖轴。近端和远端反作用力在 x, y, z 解剖轴上分别是：R_{XP}, R_{XD}, R_{YP}, R_{YD}, R_{ZP}, R_{ZD}。

第三步，基于 M_{xd}, M_{yd}, M_{zd} 采用［G to A］矩阵将前面在全球参考系统下计算的远端力矩转换为解剖轴，这样就有了用来计算解剖轴上的近端力矩所需的变量。

（二）节段的欧拉三维运动方程

三维动力学分析的运动方程是欧拉方程。如果这些方程是相对于节段的主（解剖）轴编写的，并且它们的原点位于节段的质心处，则可以在旋转运动方程中进行相当大的简化。因此，图 16-27 中节段的 x-y-z 轴满足这些条件。节段在其坐标系中的角速度为 ω。运动的旋转方程为

$$I_x \alpha_x + (I_z - I_y) \omega_y \omega_z = \sum M_x = R_{zd} l_d + R_{zp} l_p + M_{xp} - M_{xd}$$

$$I_y \alpha_y + (I_x - I_z) \omega_x \omega_z = \sum M_y = M_{yp} - M_{yd}$$

$$I_z \alpha_z + (I_y - I_x) \omega_x \omega_y = \sum M_z = -R_{xd} l_d - R_{xp} l_p + M_{zp} - M_{zd}$$

式中，I_x，I_y，I_z 为关于 x-y-z 轴的转动惯量；ω_x，ω_y，和 ω_z 为关于 x-y-z 轴的角速度 ω 的分量；α_x，α_y，α_z 为关于 x-y-z 轴的角加速度 α 的分量；M_{xd}，M_{yd}，M_{zd} 为先前关于 x-y-z 轴变换的远端力矩；R_{xd}，R_{xp}，R_{yd}，R_{yp}，R_{zd}，R_{zp} 为先前转换的关于 x-y-z 轴的关节反作用力；l_p，l_d 为质心到近端和远端关节的距离。

这三个方程的未知量是关于 x，y，z 轴的三个力矩（M_{xp}，M_{yp}，M_{zp}），要注意 y 轴（节段的长轴）的力矩不涉及近端和远端反作用力，因为这些作用力绕这个轴的臂为零。

二、固定滚轮训练运动学数据采集示例

人体运动学数据采集的方法比较多，目前比较常用的方法是三维运动捕捉。三维运动捕捉根据工作原理的不同，又分为光学捕捉和惯性捕捉等。本案例采用的是 Xsens 惯性三维运动捕捉系统，可穿戴的柔性动捕服不妨碍受试者做动作，且动作捕捉和软件计算精度较高。

（一）固定滚轮训练的运动捕捉

二维固定滚轮练习分为左（右）侧转和前（后）转，本案例研究的是左（右）侧转。首先给受试者穿上 Xsens 惯性三维动捕服，然后让受试者在地上沿直线走动，进行标定。接下来让受试者进行固定滚轮练习，采集头部、四肢、手部、脚部等关键部位的速度、加速度等运动学数据。

1. 左侧转：两脚站在横踏板上，绑好保护带，两手正握轮柱或小环（图 16-28）。臀部左移，蹬左脚，左右臂依次用力支撑，向左转动，经倒立部位后左手推轮柱，蹬右脚，臀部移向右侧，连续转动。

2. 右侧转：动作要领同左侧转，但方向相反。

3.制动：轮转至身体正立过垂直位置后，臀部迅速移向转动的相反方向。

扫码看动画

图 16-28　固定滚轮训练三维运动捕捉

（二）固定滚轮训练的运动输出

通过 Xsens 惯性三维运动捕捉系统 MVN Analyze 软件输出 C3D 格式运动数据和视频（图 16-29），可输出数据主要包括关节角度、刚体运动学数据、刚体坐标、身体重心位置、传感器原始数据等。

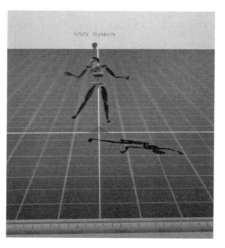

扫码看动画

图 16-29　固定滚轮训练三维运动输出

（三）固定滚轮训练的肌骨模型

将上述 C3D 格式运动数据导入 Anybody 人体肌肉骨骼建模仿真系统软件

（图16-30），解算受试者做固定滚轮训练过程中的肌肉激活度和关节力矩，进而为指导固定滚轮训练提供技术指导和理论支持。

扫码看动画

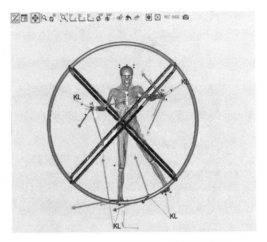

图 16-30　固定滚轮训练三维肌骨模型

三、结束语

本案例以固定滚轮训练为例，简要介绍了动力学第一类基本问题，即已知运动求受力的逆向动力学问题的求解过程和基本原理。通过人体三维运动捕捉等测量手段获取人体运动学数据，将这些运动学数据导入人体逆向动力学软件，可计算输出所需的人体关节力（矩）、肌肉激活度、肌肉力等力学参量。

本章小结

1. 飞机座舱三维扫描与逆向建模的方法为静力学部分建立刚体几何模型提供了一种新的研究思路和方法。

2. 跳伞着陆动作可视化实时诊断与考核系统为采集人体运动学参数提供了一种简单经济高效的测量方法。

3. 固定滚轮训练肌肉激活度和关节力矩计算逆动力学分析方法是解决动力学第一类基本问题的典型案例。

参考文献

［1］哈尔滨工业大学理论力学教研室 . 理论力学［M］. 北京：高等教育出版社，2009.

［2］朱照宣，周起钊，殷金生 . 理论力学：上册［M］. 北京：北京大学出版社，1982.

［3］朱照宣，周起钊，殷金生 . 理论力学：下册［M］. 北京：北京大学出版社，1982.

［4］刘延柱，朱本华，杨海兴 . 理论力学［M］. 3 版 . 北京：高等教育出版社，2009.

［5］沈英，周显波，张忠君 . 理论力学［M］. 长春：时代文艺出版社，2004.

［6］DAVID A. WINTER. Biomechanics and Motor Control of Human Movement［J］. Fourth Edition. Waterloo, Ontario, Canada: John Wiley & Sons, Inc. , 2009.

［7］朱明 . 航空体育：下册［M］. 长春：空军航空大学出版社，2014.